U0262896

河流生态系统诊断与修复
——以西安沣河为例

丁爱中　潘成忠　李小艳　白乙娟　张淑荣　著

科学出版社

北京

内 容 简 介

　　本书在河流生态系统基本理论的基础上，提供识别、诊断、评价、治理、修复、评估与管理等系统性理论基础和技术方法。分为上、下两篇，共 10 章。阐述河流生态系统基本要素、结构、功能及生态系统特征，开展面源污染识别、特征分布、来源解析及运移规律分析，讨论河流水质对污染源的响应，探究河流生物群落结构与水质环境要素的相关性，开展河流代谢功能评价，系统性阐述河流污染源治理、水质净化、河岸带生态修复及河流管理技术体系。

　　本书融入多家科研单位多年的研究成果，涉及河流生态系统诊断与修复领域基础理论和技术方法，既有系统性，又具有技术实用性，可为水利、水环境、生态、景观、园林等专业领域的科研人员、技术人员及管理人员提供参考，也可作为高等院校及科研院所相关专业的参考用书。

图书在版编目(CIP)数据

河流生态系统诊断与修复：以西安沣河为例／丁爱中等著. —北京：科学出版社，2022.3

ISBN 978-7-03-071342-1

Ⅰ．①河…　Ⅱ．①丁…　Ⅲ．①河流–环境生态评价–研究–陕西②河流–生态环境–生态恢复–研究–陕西　Ⅳ．①X522. 02

中国版本图书馆 CIP 数据核字（2022）第 008829 号

责任编辑：霍志国　孙　曼／责任校对：杜子昂
责任印制：吴兆东／封面设计：东方人华

科 学 出 版 社 出版

北京东黄城根北街 16 号
邮政编码：100717
http://www.sciencep.com

北京中科印刷有限公司 印刷

科学出版社发行　各地新华书店经销

*

2022 年 3 月第 一 版　开本：720×1000　1/16
2022 年 3 月第一次印刷　印张：21 1/4
字数：428 000

定价：138. 00 元
（如有印装质量问题，我社负责调换）

参加本书编写人员及单位

郭玉静　北京师范大学

李梦丹　北京师范大学

郑　蕾　北京师范大学

智建辉　北京师范大学

陈德盛　北京师范大学

赵　轩　北京师范大学

刘　伟　北京师范大学

李家科　西安理工大学

杨永哲　西安建筑大学

周正朝　陕西师范大学

张付申　中国科学院生态环境研究中心

前　　言

　　河流是生命的源泉,是连接陆地与海洋的纽带。河流生态系统如同地球的血液,维系着地球的生命支持系统,是人类生存和发展的摇篮。河流生态系统有生物栖息、调节气候、净化污染物、补充地下水、维持生物多样性等生态功能,也为人类提供淡水水源、物质生产、航运、输沙、发电、景观、文化娱乐等服务功能。

　　工业文明以来,人类社会经济发展迅猛,城镇化不断增加,一方面全球范围内土地利用方式的改变导致自然水文循环发生变化,另一方面水资源过度开发利用导致河流断流、枯竭,生活污水和工业废水的大量排入、森林和河岸植被的无节制砍伐使河流生态环境受到极大破坏,河流功能逐渐丧失。此外,大量修建堰坝、河道裁弯取直、边坡硬质化等工程引起河流水文情势改变,破坏自然河流的连续性,造成生态功能退化。人类逐渐认识到生态环境破坏危及子孙后代的生存发展,提出可持续发展理念,因此水资源管理、水污染控制、河流修复、生物多样性保护等相关议题在世界范围内受到广泛的关注。

　　从 1972 年斯德哥尔摩人类环境会议后,我国认识到环境问题对经济社会发展的重大影响,逐步开展环境整治与生态恢复工作。“十八大”提出建设美丽中国,坚持“绿水青山”、“山水林田湖草是生命共同体”,全国范围内开始实施水污染防治计划。为缓解资源和环境的瓶颈制约,国务院审议通过水体污染控制与治理科技重大专项(简称“水专项”)。针对河流,提出选择典型河流创立河流管理支撑技术体系,制定污染河流水污染综合整治方案,重点突破污染河流治理与生态修复的集成技术,实现由河流水质功能达标向河流生态系统完整性过渡的国家河流污染防治战略目标。因此,本书得益于水专项和北京市科技计划课题资金支持。

　　本书融合了作者多年来的研究成果,撰写目的是为河流生态系统治理与修复提供识别、诊断、评价、治理、修复、评估、管理等系统性理论基础和技术方法。本书分为上、下两篇。上篇为河流生态系统诊断与评价,共五章内容。第 1 章阐述河流生态系统基本要素、结构和功能,了解河流生态系统特征。第 2 章探讨河流面源污染识别与解析,重点从面源识别方法、数据库建立及模拟结果,为河流面源污染负荷、分布特征、来源解析及运移规律提供全面分析方法。第 3 章讨论河流水质对污染源的响应,即分析河流环境要素,阐述河流点源与面源特征及污染负荷对河流水质影响,提出污染源削减措施及治理对策。第 4 章阐述河流生物群落结构分析，即分析河流生物要素，重点从底栖生物群落、水体氮循环细菌群落，以及微生物群落与水环境相关性探究河流水体生物特征。第 5 章开展河流代谢功能评价，即探究河流功能，从河流代谢概念、理论基础、计算方法、计算结果、健康评价详细阐述河流代谢评价过程，为后续实施河流生态修复提供支撑。

下篇为河流生态系统修复，共五章内容，其在上篇基础上开展系统治理与修复技术阐述。第 6 章概括了河流生态系统修复技术体系，从污染源治理、水质净化、河岸带生态修复及河流管理系统性梳理相关治理及修复技术。第 7 章阐述河流污染源控制，即从点源、面源、内源角度论述分散型农村污水处理技术、社（园）区生活污水处理技术、沉积物处理与资源化技术。第 8 章从人工湿地技术和促流净水技术阐述河流水质生物-生态强化净化。第 9 章阐述河岸带构建与生态修复，重点对植物过滤带净化从机理、影响因素、净化效果、模型模拟及净化效益分析展开，并介绍河岸带构建技术。第 10 章介绍河流监测、评估与管理，从河流生态监测方法、监测指标，引出河流健康评价方法，并在河流管理上引入最新的"基于自然的解决方案"理念及河流适应性管理。

本书是集体的智慧结晶。本书在《渭河典型重污染支流综合整治技术集成与示范》及《凉水河流域水环境治理和生态恢复技术研发与集成》技术报告基础上，由白乙娟（第 2、3、4、5 章和 7.2、7.3、10.2 节）、郭玉静（第 1、8 章）、李梦丹（第 9 章和 7.1 节）整理初稿，李小艳补充部分章节（第 6 章和 10.1、10.3 节）并对全书章节进行修订。在本书出版之际，谨向他们表示诚挚的谢忱。

河流生态系统修复在中国是一个正在蓬勃发展的新兴领域，受作者知识水平有限，本书难免会有不足之处，恳请读者给予指正。

作　者

2021 年 12 月

于北京师范大学

目　　录

上篇　河流生态系统诊断与评价

下篇　河流生态系统修复

上篇
河流生态系统诊断与评价

第1章 河流生态系统基本理论

1.1 河流生态系统基本概念

河流是地球上水文循环的重要途径，是自然界最重要的生态系统之一。河流生态系统由水体本身、水生群落和周围环境组成，是一个具有特殊结构和功能的动态平衡系统，各个生态系统间，尤其是陆地和水域，它们之间的能量流动和物质传输是通过河流系统得以实现的。河流生态系统具有自我保护、自我维持调控的功能，可抵抗一定的外界干扰和修复一定的外界损伤，如河水靠自净能力和纳污能力，稀释、分解河流中的营养盐和污染物，并使其在自然界中迁移和转化。

河流生态系统是指河流中生物群落和非生物河流环境共同作用构成的生态系统。河流生态系统是以河流为主体的自然生态系统，涵盖了水体、陆地、河岸带以及周边湿地与沼泽等，是一个复合生态系统。河流生态系统主要由生物和非生物环境组成，生物属于生命系统，非生物环境属于生命支撑系统，两者相互作用、相互制约，使得河流生态系统成为具备物质循环、能量流动和信息传递等多种生态功能的动态非线性系统。

河流生态系统作为重要的生态廊道，在整个生态系统中发挥着重要的作用，具有维持生态系统结构稳定及改善自然生态环境等功能，不仅对周围环境的生态系统具有调节作用，还能为动物提供栖息地。河流也为人类的生产生活提供基本的保障，人类社会的生存和发展与河流休戚相关。

1.2 河流生态系统结构与功能

1.2.1 河流生态系统结构

河流生态系统主要由生产者、消费者、分解者和环境要素所构成。河流生态系统的初级生产者主要是植物，包括大型植物（挺水植物、浮叶植物、漂浮植物和沉水植物）、浮游植物和附着植物等。河流生态系统的消费者主要是动物，包括浮游动物、底栖动物和鱼类，这类生物主要以其他生物为食物，属异养生物。微生物分解者主要为细菌和真菌。它们生长在河流中任何地方，包括水流、河床底泥、石头和植物表面等，分解河流中动植物的残体、粪便和各种复杂的有机物，吸收某些分解产物，最终将有机物分解为简单的无机物，而这些无机物参与物质循环后可被生产者重新利用。

相对而言，河流生态系统的食物网较简单，易受环境影响，从而使生态系统面临危机。相反，一旦环境影响消失，河流生态系统的恢复也快于其他水生态系统。任何生态系统中都存在着两种最主要的食物链，即捕食食物链和碎屑食物链，前者以活的动植物为起点，后者是以死生物或腐屑为起点。在河流生态系统中，大部分生物量不是被取食而是死后被微生物分解，以碎屑食物链为主。只有在天气晴好，水底藻类群落发育良好的山溪，才可能以捕食食物链为主。

1.2.2　河流生态系统功能

河流生态系统主要承担了物种迁移、物质循环、能量流动等功能。

1. 物种迁移

物种迁移是生态系统一个重要过程，它扩大和加强了不同生态系统间的交流和联系，提高了生态系统服务的功能。自然界中众多的物种在不同生境中发展，通过流动汇集成一个个生物群落，赋予生态系统以新的面貌。每个生态系统都有各自的生物区系。物种既是遗传的单元，又是适应变异的单元。一个物种具有一个独特的基因库，同一种群可自由交配，享有共同的基因库，所以，物种迁移也就意味着基因流动。

2. 物质循环

河流生态系统中的物质循环主要包括水、氮、磷、硫、非必需元素的循环和营养物的再循环。生物圈的物质在生物、物理和化学作用下发生的转化和变化，是生态系统的一种重要功能。

在每个生态系统中，虽然生物种类在不断相互取代，但功能之间的关系能保持相对稳定。如果有污染胁迫，群落的这种稳定性就会被破坏，种类数就会减少，多样性指数就会下降，同时，生态系统的结构和功能都会发生变化。

3. 能量流动

生态系统的能量流动是单一方向的。能量以光能的状态进入生态系统后，以热的形式不断地逸散于环境中。在生态系统中流动的能量，很大一部分被各个营养级的生物利用，通过呼吸作用以热的形式散失。散失到空间的热能无法再汇到生态系统中参与流动。能量在生态系统内流动的过程中，不断递减，但是除能的效率逐渐提高。

1.2.3　河流生态系统模型

20 世纪 80 年代以来，各国学者提出了一系列的关于河流生态系统的概念和理论，其中较有影响力的有：河流连续体概念（river continuum concept，RCC），强调了生物群落在整条河流中的时空变化连续体；串连非连续体概念（serial discontinuity concept，SDC），旨在强调大坝对河流生态系统的影响；溪流水力学概念（stream hydraulics concept，SHC），说明了流速场的变化对生物群落的影响；洪水脉冲概念（flood pulse concept，FPC），强调了洪水对河流洪泛区和洪水涨落过程对生物群落的影响，是对 RCC 的补充和完善；自然水流范式（nature flow paradigm，NFP），说明了天然河流对保护原始物种多样性和河流生态系统完整性具有决定性意义。此外还有流域概念（catchment concept）、河流生产力模型（riverine productivity model，RPM）、近岸保持力概念（inshore retentivity concept，IRC）等。

河流连续体是描述河流结构和功能的一个方法，是指自河流源头起分上、中、下游三部分，形成一个连续的、流动的、独立完整而空间异质的系统。它应用生态学原理，把河流网络看作是一个连续的整体系统，强调河流生态系统的结构和功能与流域的统一性。这种由上游的诸多小溪直至下游河口组成的河流系统的连续性，不仅指地理空间上的连续，更重要的是指生态系统中生物学过程及其物理环境的连续。按照河流连续体理论，从河流源头到下游，河流系统内的宽度、深度、流速、流量、水温等物理变量具有连续变化特征，生物体在结构和功能方面与物理体系的能量耗散模式保持一致，生物群落的结构和功能会随着动态的能量耗散模式做出实时调整。该理论还概括了沿河流纵向有机物的数量和时空分布变化，以及生物群落的结构状况，使得有可能对于河流生态系统的特征及变化进行预测。但是，河流连续体描述的上、中、下游的能量传递和物质循环过程是一种特例，缺乏一般性，因此限制了这种模型的应用（图 1-1）。

在河流连续体概念的基础上，Ward（1989）将河流生态系统描述为四维系统，即具有纵向、横向、垂向和时间尺度的生态系统，如图 1-2 所示。

纵向上，河流是一个线性系统，从河源到河口均发生物理、化学和生物变化。河流是生物适应性和有机物处理的连续体。生物物种和群落随上、中、下游河道物理条件的连续变化而不断地进行调整和适应，但中间应注意因人类活动造成的连续性中断。

横向上，河流与其周围区域的横向流通性也很重要。河流与周围的河滩、湿地、死水区、河汊等形成了复杂的系统，河流与横向区域之间存在着能量流、物质流等多种联系，共同构成了小范围的生态系统。自然产生的洪水漫溢与回落过程可以促进营养物质迁移扩散和水生动物的繁殖过程。出于防洪的需要，人们沿

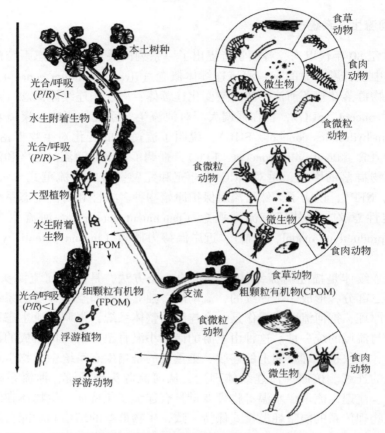

图 1-1　基于河流连续体概念的河流结构和功能（Vannote et al., 1980）

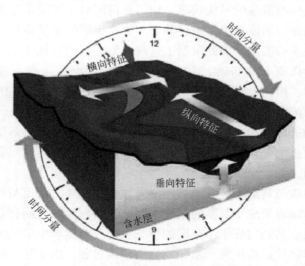

图 1-2　河流系统的四维框架模型（FISRWG, 2001）

河两岸筑起堤防，把河流约束在两条堤防范围内，使洪水不能肆虐危害人类生存。但是堤防妨碍了汛期主河流与周围河滩、湿地、死水区、河汊之间的流通，阻止了水流的横向扩展，形成了一种侧向的水流非连续性，导致鱼类、无脊椎动物等生物群落减少，最终有可能导致河流周围区域的生态功能退化。

垂向上，与河流发生相互作用的垂直范围不仅包括地下水对河流水文要素和化学成分的影响，而且包括生活在下层土壤中的有机体与河流的相互作用。人类活动的影响主要是不透水材料衬砌的负面作用。如果对自然河流进行人工渠道化改造，采用不透水的混凝土或浆砌块石材料作为护坡材料或河床底部材料，将基本割断地表水与地下水间的通道，也会割断物质流。

在时间尺度上，河流四维模型强调在河流修复中要重视河流演进历史和特征，需要对历史资料进行收集整理，以掌握长时间尺度的河流变化过程与生态现状的关系。水域生态系统是随着降雨、水文变化及潮流等条件在时间与空间中扩展或收缩的动态系统。水域生境的易变性、流动性和随机性表现为流量、水位和水量的水文周期变化和随机变化，也表现为河流淤积与河流形态的变化，以及泥沙淤积与侵蚀的交替变化造成河势的摆动。这些变化决定了生物种群的基本生存条件。

1.3　河流生态系统基本要素

1.3.1　水文过程

水文过程，指水文要素在时间上持续变化或周期变化的动态过程，其承载着陆地水域物质流、能量流、信息流和物种流过程，是生态过程和生态功能演变的驱动机制。水文特征是描述水流的统计或动态特性的定量指标，也被称为水文指标、水文指数或诊断特征。水文特征包括从简单的统计数据，如时间序列的平均值和分位数，到复杂的指标，如与流域蓄洪-排泄行为有关的描述符。Richter 等（1996）提出了五种统计特征类型来描述由人类影响引起的水文变化，分别为流量大小、年最大值的大小和持续时间、年最大值的时间、高流量脉冲和低流量脉冲的频率和持续时间以及径流变化的速率和频率。Poff（1997）提出水文情势要素是表达水文特征的重要指标，流量、频率、持续时间、出现时机、转变速率五个要素能够描述其整体特征。水文特征被广泛使用，其应用包括基于水文条件评估生态栖息地、选择水文模型结构和参数，分析水文变化，并在未来扩大的流域进行预测。许多特征作为流域水文过程的替代使用。例如，使用特征对流域的功能类型进行分类，定义流域之间的相似性，或绘制整个景观的水文过程。

1.3.2　地貌过程

河流生态系统的地貌和水文特征，以及它们的时空变异性，控制着水分运动的强度和方向，从而建立生物群落经历的条件。河流—河岸—山地过渡交错带从上游向河口过渡。沿水道的位置，河流及其景观之间的连通性会被扩大或限制，塑造了过渡交错带的界限和波动，河流生态系统中的河床古道和河漫滩的异质性塑造了优先流。水流的强度和波动方向影响了过渡区营养物质的运输和生物活性，产生了生物多样性。

河流地貌过程是地表物质在力的作用下被侵蚀、搬运和堆积的过程。决定这一过程的实质是地表作用力与地表物质抵抗力的对比关系。侵蚀地貌过程是在溯源侵蚀、下蚀和侧蚀共同作用下形成的；搬运地貌过程是河流泥沙在河流中的输移过程；堆积地貌过程则是河流泥沙在河流搬运能力减弱的情况下发生沉积的过程。地貌过程是形成水系类型、河道、河漫滩、阶地及河流廊道特征的主要因素。

1.3.3　物理化学过程

河流生态系统中的水质物理参数包括流量、温度、电导率、悬移质、浊度、颜色。水质化学量测参数包括 pH、碱度、硬度、盐度、生化需氧量、溶解氧、有机碳等。其他水化学主要控制性指标包括阴离子、阳离子、营养物质（磷酸盐、硝酸盐、亚硝酸盐、氨、硅）等。

1. 物理过程

（1）泥沙。河流的变化以水流和泥沙的相互作用为纽带，河流泥沙运动从物理现象上可以分为侵蚀、输运、沉积堆积等过程，各过程所涉及的时空尺度变化范围极大。泥沙问题研究包含了物理现象的宏观和微观两方面过程，在一些情况下必须考虑地质构造的上升、下降这种大尺度、长时期的过程，有时又必须考虑雨滴下落对坡地表面土壤的击溅侵蚀作用，以及颗粒与颗粒之间和颗粒与水体中污染物质之间的相互作用。

（2）水温。河流水温受上游水温、河段内的过程以及入流水温的影响。影响入流水温最重要的因素是地表和地下入流的水平衡。陆地表面流入河流的水体通过接触被太阳加热的地表获得热量。与此相反，地下水通常在夏季温度较低，并可反映流域的年平均温度。通过浅层地下水流入的水流温度可能介于年均水温和径流的环境温度之间。通过地表径流进入河流的水量和温度都受流域内不透水表面比例的影响。太阳辐射是影响水温的主要因素。消除荫蔽或降低河流基流，都可使河道内水温增至超过鱼类生存的临界最大值。因此，维持或恢复正常的温度范围是生态恢复的重要目标之一。

2. 化学过程

河流作为全球水循环的重要组成部分在元素地球化学循环中起着重要作用，它不仅是海陆间物质能量交换的重要通道，其水化学特征也反映了流域内元素的地球化学行为。影响河流水化学性质的因素主要包括岩石化学风化、人类活动、蒸发结晶和大气沉降过程。科学家已经能够确定水中大部分常规溶解物质的内在循环转化过程，主要是氧（O）、碳（C）、氮（N）、磷（P）、硫（S）等营养物质及常见微量元素的行为。由于流域岩性的复杂性（特别是岩性复杂的大流域）以及越来越强烈的大气沉降和人类活动贡献的离子对河流水化学的影响，判别河水离子来源愈发困难，单纯的定性化描述方法已不足以准确解释水样离子来源。因此，估算河水离子来源的定量化方法如质量平衡法和溶解物质同位素示踪法得到了广泛的应用。

1.3.4　生物群落

生活在河流廊道的生物群落，既包括淡水水生生物，也包括河漫滩及其周围的陆生生物。河流生物群落以河流–河漫滩系统为栖息地，其生命现象和生物学过程与河流栖息地特征密切相关。

1. 水生生物

在淡水生态系统中，河流、湖泊和湿地是淡水水生生物的主要生境，水是最重要的生境要素。淡水生态系统中的动植物与淡水生境交互作用，形成了特定的结构和功能。

1）生物群落

生物群落（biotic community）是指在一个特定的地区中由多个种群共同组成的、具有一定秩序的集合体。生物群落可以有不同的尺度，具体视所研究的对象而定。大型生物群落具有较大的规模和复杂的结构，与相邻生物群落具有相对独立性，如滨河带生物群落。小型生物群落的规模有限，不一定是典型的独立单位，在不同程度上依赖于相邻生物群落，如底栖动物群落。

2）淡水生物群落主要类群

淡水生物群落的分类方法有多种。如果按照生态学而不是分类学划分，淡水生物群落主要有以下类群：浮游植物、浮游动物、大型水生植物、底栖动物、周丛生物以及鱼类。

2. 陆生生物

1）河漫滩植被

河漫滩是指河道两侧或一侧，随洪水淹没与退水变化的区域。河漫滩属于时空高度变动区域。河漫滩植被的水源主要依赖于洪水过程和降雨。河漫滩的地貌、土壤、降雨和光照以及洪水的频率、水位、持续时间及排水条件是决定河漫滩植物群落结构特征的主要外部因素。

2) 陆生动物

河流廊道是许多野生生物群落的理想栖息地。河流及河漫滩植被为动物提供了水源以及包括植物枝桠、花蜜、花蕾、果实和种子等多种食物。大量的动物物种与某些植物群落有密切的相关性，有些物种则依赖于植物群落的某些发育阶段。河流廊道形成的空间格局，更为大量陆生生物提供了多样性的生境。河漫滩植被对局部小气候具有一定调节作用，增加了野生动物的生境适宜性。河流廊道空间格局的高度异质性，使边缘效应趋于最大化。这种格局使各类物种有可能进入更多类型的栖息地以获得更多的资源，这对维持生物多样性和遗传完整性十分重要。在景观格局中河流廊道不仅是鱼类的洄游通道，也是野生动物迁徙、运动的走廊。陆生动物群落与河流廊道的食物、水、覆盖物以及空间格局等要素的交互作用，决定了陆生动物区系的构成。

河流生态系统的栖息地重叠于水文地貌模块之上，通过这些栖息地，确定生物群落及其组成种群的结构和动力学特征。广泛的研究和理论将此模块（尤其是流量动力学）联系到鱼类和大型脊椎动物群落上。近来，地表水与地下水交换以及其产生的不同区域或"生物小环境"已经得到了认可。在河床为砂质的河流中，表层底栖动物往往由于冲刷作用而消失，而深层底栖生物因受保护而免于冲走，地表水与地下水在交换过程中通过砂质基质传递有机物质，因此在地表水与地下水的高速率交换过程中，深层生物可能会旺盛繁殖。当然，生物群落中包括含官能团的有机物，从反硝化细菌和硝化细菌到活跃的掠食者，这些掠食者将大型生物粒子转化为小的颗粒和溶解的养分（鱼），所以这些生物群落是生物地球化学动力学的重要组成部分。

第 2 章 河流面源污染识别与解析

2.1 面源污染关键源区识别

2.1.1 识别区域

沣河属黄河流域渭河水系，是渭河右岸的一级支流。沣河流域地处东经108°35′~109°09′，北纬33°50′~34°20′，沣河发源于西安市长安区喂子坪乡鸡窝子以南的秦岭北侧，流经西安市长安区、鄠邑区以及咸阳市秦都区等十余个乡镇，于咸阳市秦都区入渭河。沣河及其支流在1998年即被列为西安市地表饮用水水源地之一，也是西安市长安区城镇人民的重要集中式生活饮用水水源地和主要工农业生产水源地。沣河流域地理位置见图2-1。

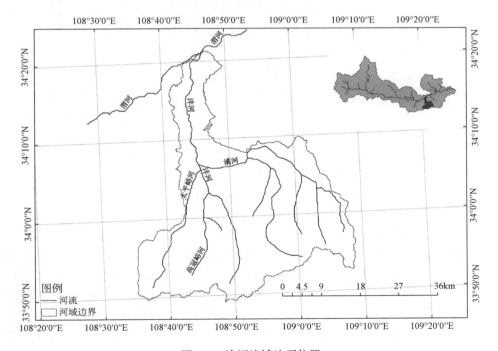

图 2-1 沣河流域地理位置

沣河全长 78km，流域面积 1386km²，其中山区为 863.6km²，主河道比降 8.2‰。沣河流域长度 61.54km，流域最大宽度 38km，平均宽度 22.5km，流域完整系数 0.365，不对称系数 0.458，河网密度 0.632。沣河支流众多，其中流域面积大于 10km² 的一级支流有 5 条，二级支流有 9 条，三级支流有 7 条（图 2-2）。

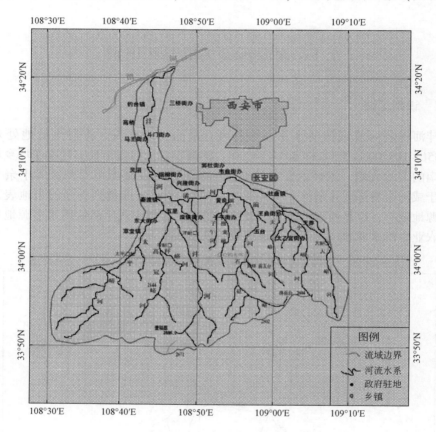

图 2-2　沣河流域水系图

根据其河道特征，沣峪口以上为上游，峪口至秦渡镇为中游，秦渡镇以下至河口为下游。沣峪河（沣峪口以上）是沣河的源流，源头至沣峪口有十余条小沟从左右岸流入。沣峪口以上地势陡峭，河流急，深山植被较好，沣河源头至沣峪口长 26km，流域面积 165.8km²，河道比降 5.3%，多年平均径流量为 0.86 亿 m³。出峪口后沣河流向西北，沿途有高冠裕河、太平峪河和漷河汇入，沣峪口至沣汇渠长 11.8km。沣河由沣汇渠至入渭河长 32.7km。河道处于冲积平原，河道较比直，主河道比降为 0.84‰。高冠裕河、太平峪河和漷河为沣河的三大支流。高冠裕河发源于高冠裕内大北沟，于北大村东北口汇入沣河，长 36.1km，流域面积

167.2km², 河道平均比降为 3.53‰。太平峪河发源于秦岭北麓鄠邑区太平峪三岔河, 于庆镇村东北口汇入沣河, 长 44.5km, 流域面积 214km², 河道平均比降 1.91%。潏河发源于大峪罗家坪的甘花溪, 于沣汇渠以南汇入沣河, 长 64.2km, 流域面积为 687km², 河道平均比降为 0.97%。

2.1.2　识别方法

构建沣河流域 SWAT 模型输入数据库, 包括: 沣河流域 DEM 图、水系图、土地利用图和土壤类型图; 径流、泥沙、降雨等水文资料和流域水质资料; 流域气象站的日最高最低气温、日相对湿度、日风速、日蒸发量、日太阳辐射量等气象资料等。

根据流域 DEM 图和水系图生成河网、划分子流域, 并计算子流域和河道的地形参数, 然后叠加土地利用图和土壤类型图得到 SWAT 最小计算单元水文响应单元 (HRU); 模型参数敏感性分析, 选择敏感参数, 根据沣河流域实测的径流、泥沙和水质资料对 SWAT 模型进行参数校准和验证, 采用三个评价指标 (分别是相对误差、相关系数 R^2 和 Nash-Sutcliffe 效率系数) 检验合理性; 利用验证好的模型计算沣河流域不同代表年面源污染负荷, 分析沣河流域面源污染物产出的时间和空间分布特性, 并定量模拟农业管理措施改变等面源污染控制措施的效果, 提出主要面源污染物的控制措施与对策。

2.1.3　数据库建立

1. SWAT 模型输入数据

SWAT 模型模拟计算需要资料包括数字地形图、流域水系图、土地利用图和土壤类型图等 GIS 图件; 研究区内降水量站点和气象站点分布; 实测的气象数据, 如日最高最低气温、日降水、日风速、日相对湿度和日太阳辐射量等; 研究区内土壤属性数据、各种农作物管理措施的有关参数以及用于模型参数率定的水文数据, 如实测径流、泥沙和水质资料等。

采用沣河流域 1:250 000 DEM 图, 网格大小为 90m×90m, 结合 GIS 对研究区进行了子流域的划分和河网的生成; 所采用的土地利用类型划分为耕地、林地、草地、水域和居民用地五种; 土壤类型图分辨率较高, 土壤属性都有完整数据。另外, 统计了沣河流域内斗门、秦渡、高桥、王曲、砭子沟、太平峪、仙人岔、石砭峪、新贯寺、青岗树、鸡窝子、邢家岭、煤厂、大峪共 14 个降水量站 2001~2006 年逐日降水量资料, 以及西安市气象站 2001~2006 年的日最高最低气温、日平均风速、日平均相对湿度资料。对流域进行水文响应单元划分, 共划分为 28 个水文响应单元, 生成 SWAT 模型输入数据库。

2. SWAT 模型的校准与验证

SWAT 模型是一个具有物理基础的分布式面源污染模型，它更多地使用了物理化学方程来描述流域内的各种物理化学现象，大量参数取值的准确性决定了模型的可靠性。

1）敏感性分析

运用模型自带模块，选择秦渡镇水文站资料对 SWAT 模型径流、泥沙、污染物进行参数敏感性分析。模型进行 438 次循环运算，得到模型参数敏感性结果如下：对径流敏感度高的参数有 CN_2、ALPHA_BF、SOL_Z、SOL_AWC；对泥沙敏感度高的参数有 CN_2、SPCON、SLOPE；对污染物敏感度高的参数有 CH_K_2、CANMX。

2）模型校准与验证

校准是调整模型参数、初始和边界条件以及限制条件，以使模型模拟结果与实测数据相接近的过程；验证就是评价模型校准的可靠性的过程。

SWAT 模型的校准和验证分为三个部分：水量部分的校准与验证、泥沙部分的校准与验证、水质部分的校准与验证。模型校准与验证采用的是秦渡镇水文站的实测径流、泥沙和污染物数据。

3）模型适用性评价指标

模型效率的高低反映了模型在研究区域的适应性。选用 3 个指标用于评价 SWAT 模型在沣河流域的适应性，分别是相对误差（RE）、决定系数（R^2）以及 Nash-Sutcliffe 效率系数（E_{ns}）：RE 为模型模拟相对误差；若 RE<0，说明模型预测或模拟值偏小；若 RE>0，说明模型预测或模拟值偏大；若 RE=0，则说明模型模拟结果与实测值正好吻合。R^2 在 Microsoft Excel 中应用线性回归法求得，R^2 也可以进一步用于实测值与模拟值之间的数据吻合程度评价，$R^2=1$，表示非常吻合；当 $R^2<1$ 时，其值越小则反映出数据吻合程度越低。E_{ns} 若为负值，说明模型模拟平均值比直接使用实测平均值的可信度更低。

对 SWAT 模型进行校准时首先进行径流参数校准，其模拟值与实测值月均误差应小于实测值的 20%，月决定系数 $R^2>0.6$，且 $E_{ns}>0.5$。其次，对泥沙负荷进行参数校准，并使模拟值与实测值月均误差应小于实测值的 30%，月决定系数 $R^2>0.6$，且 $E_{ns}>0.5$。最后进行污染负荷参数校准，并使模拟值与实测值月均误差应小于实测值的 30%，月决定系数 $R^2>0.6$，且 $E_{ns}>0.5$。至此，完成沣河流域 SWAT 模型校准的全部过程。在此基础上采用另外一组数据对模型进行验证，最终确定模型参数值。

4）径流校准与验证

应用秦渡镇水文站 2001~2006 年径流资料进行模型校准与验证，采用 RE、

E_{ns}、R^2 进行评价，其校准与验证结果如表 2-1 和表 2-2 所示。

表 2-1　月地表径流校准期和验证期模拟结果评价

模拟期	月均值（m³/s）		RE	R^2	E_{ns}
	实测值	模拟值			
校准期（2001～2004 年）	2.57	3.05	19%	0.62	0.68
验证期（2005～2006 年）	2.78	3.54	27%	0.60	0.61

表 2-2　月径流校准期和验证期模拟结果评价

模拟期	月均值（m³/s）		RE	R^2	E_{ns}
	实测值	模拟值			
校准期（2001～2004 年）	5.92	6.93	17%	0.75	0.82
验证期（2005～2006 年）	6.30	6.94	10%	0.70	0.82

　　径流模拟符合模型精度要求，模拟值与实测值之间的拟合良好，因为流域内无气象站资料，所以采用离流域最近的西安市气象站资料进行模拟，基础资料和模型自身的不足都对模型有一定影响。综合各方面因素，可以认为 SWAT 模型对沣河流域流量部分具有较好适用性。

　　5）泥沙校准与验证

　　应用秦渡镇水文站 2001～2006 年泥沙资料进行模型校准与验证，采用 RE、E_{ns}、R^2 进行评价，其校准与验证结果如表 2-3 所示，可以认为泥沙部分的模拟基本满足模型评价要求，SWAT 模型适用于泥沙部分的模拟。

表 2-3　月泥沙校准期和验证期模拟结果评价

模拟期	月均值（t）		RE	R^2	E_{ns}
	实测值	模拟值			
校准期（2001～2004 年）	6638.05	6491.89	-2%	0.60	0.51
验证期（2005～2006 年）	4403.78	5862.45	33%	0.71	0.73

　　6）污染物校准与验证

　　调整参数使污染物模拟值与实测值吻合，如表 2-4、表 2-5 所示。氨氮（NH_3-N）、总磷（TP）月污染负荷模拟值与实测值的相对误差在 ±30% 内，$E_{ns} \geqslant 0.5$ 且 $R^2 \geqslant 0.6$，精度满足模拟要求。

表 2-4　月 NH₃-N 负荷校准期和验证期模拟结果评价

模拟期	月均值（kg）		RE	R^2	E_{ns}
	实测值	模拟值			
校准期（2001～2004 年）	2389.87	2072.67	−13%	0.78	0.75
验证期（2005～2006 年）	5250.34	3575.68	−31%	0.75	0.57

表 2-5　月 TP 负荷校准期和验证期模拟结果评价

模拟期	月均值（kg）		RE	R^2	E_{ns}
	实测值	模拟值			
校准期（2003～2004 年）	1446.02	1127.61	−22%	0.66	0.71
验证期（2005～2006 年）	598.54	731.40	−22%	0.82	0.57

　　污染物基本满足模型模拟要求，但是模拟结果不够精确。由于面源污染负荷是通过实测浓度乘以地表径流估算得来，所以本身就存在很大误差。前面径流校准和泥沙校准部分也存在一定误差，会对污染物部分产生影响。模型评价表明污染物部分的模拟满足模型精度要求，认为将 SWAT 模型应用于沣河流域的面源污染模拟计算基本上是合理可行的。

2.1.4　识别结果

　　用 SWAT 模型对不同代表年的面源污染进行模拟计算，预测不同来水情况下面源污染程度，由此更好地进行流域面源污染控制。

　　以秦渡镇水文站 1956～2009 年实测多年年径流量作为基础数据，采用 P-Ⅲ型水文频率分析软件对径流量进行频率分析，选取不同代表年，最终确定沣河流域在 2003 年为丰水年，2005 年为平水年，2004 年为枯水年。运用 SWAT 模型对沣河全流域进行不同代表年面源污染负荷量计算，结果见表 2-6。

表 2-6　不同代表年面源污染负荷量计算结果

水平年	降水量（mm）	泥沙量（t）	氨氮（kg）	硝酸盐氮（kg）	有机氮（kg）	可溶磷（kg）	有机磷（kg）
丰水年（2003 年）	1083	171446	70870	247700	13070	44650	3408
平水年（2005 年）	960	86378	42820	172700	9297	23700	2375
枯水年（2004 年）	752	58894	22820	98360	4572	15770	1155

由表 2-6 可以看出，随降水量和径流量变化，丰水年、平水年、枯水年的降水量、泥沙量和面源污染负荷依次减小，表明泥沙量和面源污染负荷量的变化趋势和降水量有密切关系。

1. 沣河流域面源污染的时间特征

运用模型对沣河流域 2003 年、2004 年、2005 年三个代表年不同月份降雨量、泥沙量和污染负荷量进行模拟。结果表明，三年中每年的降雨量、泥沙量和面源污染负荷都集中在汛期（6~10 月），其中，2003 年汛期降水量、泥沙量、硝氮（即硝酸盐氮）负荷、有机氮负荷和有机磷负荷占全年的比例分别为 79%、95%、25%、96% 和 96%；2004 年汛期降水量、泥沙量、硝氮负荷、有机氮负荷和有机磷负荷占全年的比例分别为 69%、78%、54%、77% 和 88%；2005 年汛期降水量、泥沙量、硝氮负荷、有机氮负荷和有机磷负荷占全年的比例分别为 82%、92%、65%、92% 和 86%。无论是泥沙还是污染物的产出，在降雨较多的月份都比降雨较少的月份多，符合面源污染物的产生规律，面源污染是伴随着降雨径流过程特别是暴雨过程产生的，所以各种面源污染年内主要在汛期产生，集中在降雨量较大的月份。一般在这段时间内，会有多场大型暴雨发生，随暴雨过程会产生很强的输沙过程。降雨量、径流量和泥沙量是明显正相关的，伴随大量水流和泥沙输出，必然同时携带大量的面源污染物。

2. 面源氮磷污染负荷的空间特征

面源污染的产生具有很强的空间性，与研究区内降雨量、土壤特性、土地利用以及地形有极其密切的关系。SWAT 模型作为一个分布式模型，结合 GIS 可以研究流域内（图 2-3）面源污染空间分布。

选择的模拟年份为 2003 年（丰水年）、2004 年（枯水年）和 2005 年（平水年），三年期间沣河流域的土地利用、植被覆盖情况不会有明显大的变化，所以面源污染负荷的空间变化将由流域内降雨量大小及其在空间上的分布情况决定。对三个代表年的流域内降雨、径流、泥沙和面源污染的空间变化规律进行分析。

1）流域内降雨量的空间分布

由 2003 年（丰水年）、2004 年（枯水年）、2005 年（平水年）各年降雨量和三年平均降雨量分布图（图 2-4）可以看出，降雨量较大的地区集中在靠近秦岭周边植被覆盖良好的山地地区，中下游居住和耕地地区降水量较小。从整个流域来看，三个代表年降雨量分布情况大致相同，各年降雨量最少的地区主要集中在流域东北部和北部；降水量最大的区域集中在上游秦岭周边的山地地区以及长安区（流域中部）。

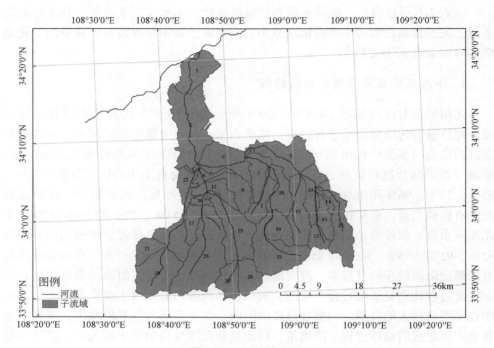

图 2-3 子流域划分图

2）流域内径流的空间分布

2003 年（丰水年）、2004 年（枯水年）、2005 年（平水年）各年径流深和三年平均径流深分布图（图 2-5）显示径流分布与降雨量呈正相关关系；径流最大的区域集中在上游秦岭周边的山地地区、流域中部及流域东部，因为这部分地区的降雨量很大，且地形坡度大，所以相应的径流很大，是主要的集水区域。

3）流域内泥沙负荷的空间分布

2003 年（丰水年）、2004 年（枯水年）、2005 年（平水年）各年泥沙负荷和三年平均泥沙负荷分布图（图 2-6）显示，沣河流域的产沙区主要分布在流域中部长安区、滦镇地区。这些地区靠近秦岭的周边山地，土壤类型主要为棕壤性土、棕壤和褐土，地形坡度大于下游地区，土壤侵蚀量大，所以该区域泥沙产出是最大的。下游耕地和居民区地形平坦，土壤侵蚀量小，所以泥沙产量很小。

4）流域内硝氮负荷的空间分布

2003 年（丰水年）、2004 年（枯水年）、2005 年（平水年）各年硝氮负荷和三年平均硝氮负荷分布图（图 2-7）显示，硝氮负荷比较大的地区集中在流域中部长安区、流域西部草堂镇和秦渡镇，以及流域东部太乙宫和王莽地区，这些地区是主要的耕种区且降水量也很大，所以硝氮负荷比较大。

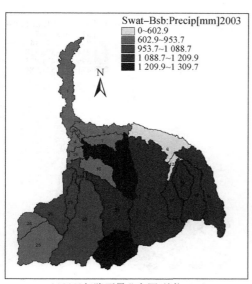

(a)2003年降雨量分布图(单位:mm)

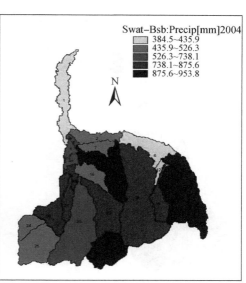

(b)2004年降雨量分布图(单位:mm)

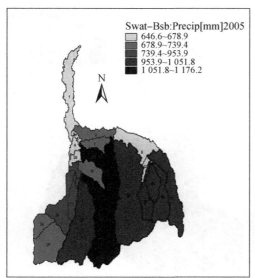

(c)2005年降雨量分布图(单位:mm)

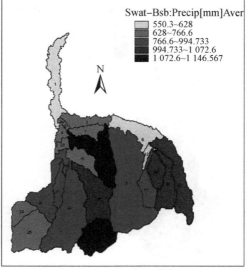

(d)年平均降雨量分布图(单位:mm)

图 2-4　2003~2005 年各年降雨量和三年平均降雨量分布图

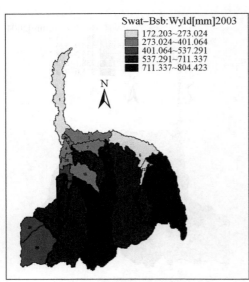

(a)2003年径流深分布图(单位:mm)

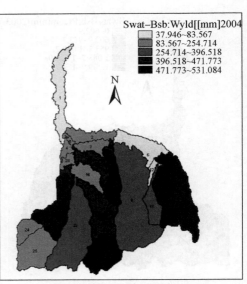

(b)2004年径流深分布图(单位:mm)

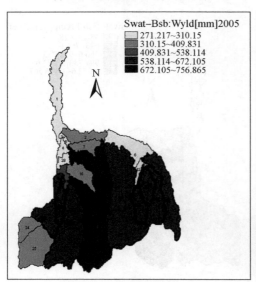

(c)2005年径流深分布图(单位:mm)

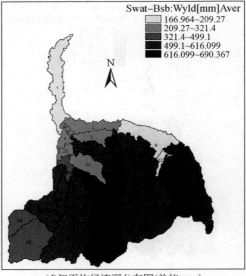

(d)年平均径流深分布图(单位:mm)

图 2-5　2003～2005 年各年径流深和三年平均径流深分布图

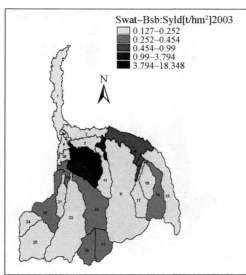
(a)2003年泥沙负荷分布图(单位:t/hm²)

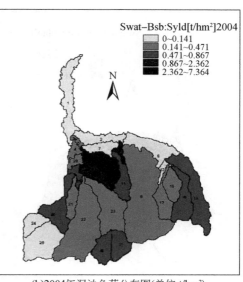
(b)2004年泥沙负荷分布图(单位:t/hm²)

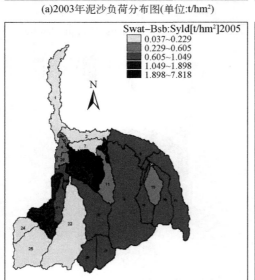
(c)2005年泥沙负荷分布图(单位:t/hm²)

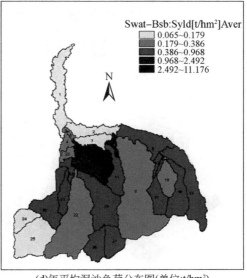
(d)年平均泥沙负荷分布图(单位:t/hm²)

图 2-6　2003~2005 年各年泥沙负荷和三年平均泥沙负荷分布图

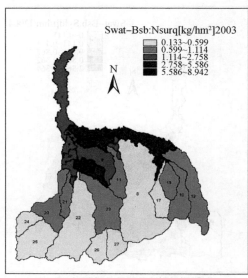

(a)2003年硝氮负荷分布图(单位:kg/hm²)

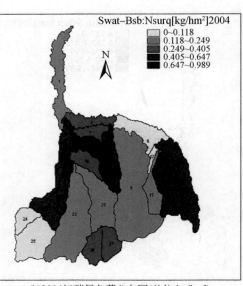

(b)2004年硝氮负荷分布图(单位:kg/hm²)

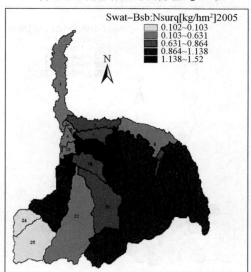

(c)2005年硝氮负荷分布图(单位:kg/hm²)

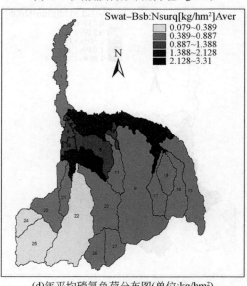

(d)年平均硝氮负荷分布图(单位:kg/hm²)

图 2-7　2003～2005 年各年硝氮负荷和三年平均硝氮负荷分布图

5）流域内有机氮（氨氮）负荷的空间分布

2003 年（丰水年）、2004 年（枯水年）、2005 年（平水年）各年有机氮负荷和三年平均有机氮负荷分布如图 2-8 所示，有机氮负荷分布和泥沙分布情况基本相同。有机氮负荷较大的区域分布在流域中部长安区以及流域西部草堂镇和秦渡镇，这些地区是耕地区，对应的土壤类型为棕壤性土、棕壤和褐土。因为氨氮由有机氮直接转化而来，所以氨氮空间分布同有机氮分布。

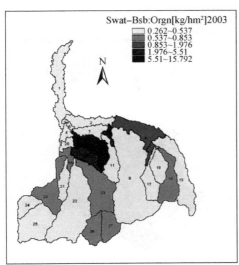

(a)2003年有机氮负荷分布(单位:kg/hm²)

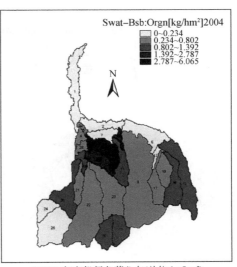

(b)2004年有机氮负荷分布(单位:kg/hm²)

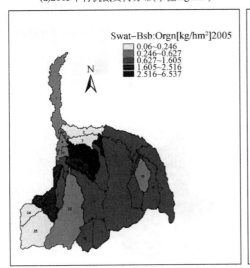

(c)2005年有机氮负荷分布(单位:kg/hm²)

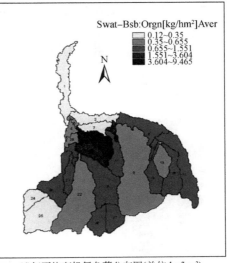

(d)年平均有机氮负荷分布图(单位:kg/hm²)

图 2-8　2003～2005 年各年有机氮负荷和三年平均有机氮负荷分布图

　　6）流域内有机磷负荷的空间分布

　　2003 年（丰水年）、2004 年（枯水年）、2005 年（平水年）各年有机磷负荷和三年平均有机磷负荷分布图（图 2-9）显示，流域有机磷负荷与泥沙分布大致相同。有机磷负荷较大的区域分布在流域中部长安区的五星、滦镇、子午地区，以及流域西部草堂镇和秦渡镇地区，这些地区是耕地区，对应的土壤类型为棕壤性土、棕壤和褐土。

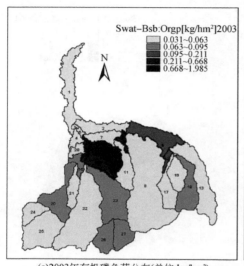

(a)2003年有机磷负荷分布(单位:kg/hm²)

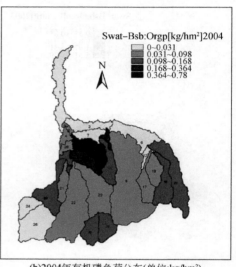

(b)2004年有机磷负荷分布(单位:kg/hm²)

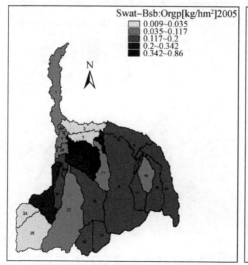

(c)2005年有机磷负荷分布(单位:kg/hm²)

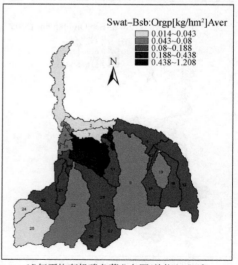

(d)年平均有机磷负荷分布图(单位:kg/hm²)

图 2-9　2003～2005 年各年有机磷负荷和三年平均有机磷负荷分布图

7）流域内可溶磷负荷的空间分布

2003 年（丰水年）、2004 年（枯水年）、2005 年（平水年）各年可溶磷负荷和三年平均可溶磷负荷分布图（图 2-10）显示，流域可溶磷负荷主要分布在流域西部秦渡镇、中部长安区的五星、滦镇、子午、东大、细柳地区以及西部草堂镇。可溶磷主要由降雨产生的地表径流带出，其产出和径流有关系，这些地区的径流量比较大，所以随之产生的可溶磷负荷也比较大。

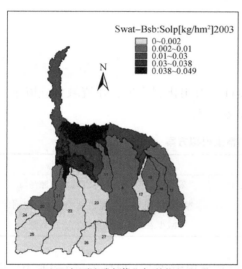

(a)2003年可溶磷负荷分布(单位:kg/hm²)

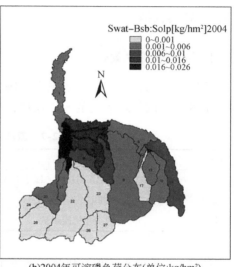

(b)2004年可溶磷负荷分布(单位:kg/hm²)

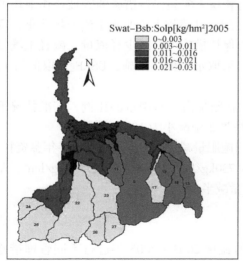

(c)2005年可溶磷负荷分布(单位:kg/hm²)

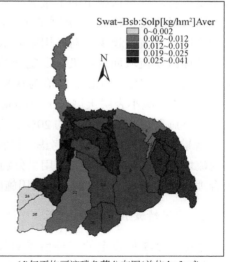

(d)年平均可溶磷负荷分布图(单位:kg/hm²)

图 2-10 2003～2005 年各年可溶磷负荷和三年平均可溶磷负荷分布图

从上面的分析可以看出，氮磷面源污染负荷与降雨密切相关，土壤侵蚀、土地利用、农业活动以及土壤等因素都对氮磷面源污染负荷有影响，并不是单一由降雨决定。此外，泥沙负荷分布和氮磷面源污染负荷分布有很好的相关性，这说明控制沣河流域水土流失，减少土壤侵蚀，可以减小沣河流域面源污染负荷。另外，沣河上游各种娱乐场所排放的生活污水等和中下游居民养殖、耕地的化肥施用都是沣河流域氮磷面源污染控制的重点。

2.1.5　措施模拟

1. 情景分析方案设定

沣河流域的面源污染主要来自土壤侵蚀、农田化肥流失，在流域建立以下三种情景进行不同管理措施的效果模拟，见表2-7。

表2-7　流域内情景模拟方案

情景	情景设定	说明
情景1	流域内采取水土保持措施，减小 USLE_P	采取水土保持措施可以减少面源污染
情景2	改进化肥施用方式	减小表层土壤施肥量占总施肥量的比例
情景3	改变化肥施用量	减少农田化肥施用量，合理施肥

情景1：采取水土保持措施，改变 USLE 方程中的水土保持因子 USLE_P，该因子是指特定保持措施下的土壤流失量与相应未实施保持措施的顺坡耕作地块的土壤流失量之比，USLE_P 取值在 0~1 之间，其值越大说明水土流失越严重，反之则说明水土流失越少。对农田采取水土保持措施可以减少径流量，减轻土壤侵蚀，从而减少流域面源污染。设定开始未采取水土保持措施，USLE_P 取值为1，情景1情况下设定 USLE_P 取值为0.8。

情景2：减小表层土壤（0~10mm）施肥量占总施肥量的比例，基准情况下表层土壤施肥量占总施肥量的20%，在情景2中减小为10%。

情景3：基于合理施肥的考虑，将农田施肥量减少。根据陕西省统计年鉴资料，沣河流域2003~2005年化肥施用量分别为730kg/hm²、760kg/hm²、794kg/hm²，基于合理施肥的考虑，将流域各年农田施肥量减半。

2. 不同情景模拟结果分析

根据表2-7所设定的三种情景对沣河流域2003~2005年进行不同管理措施的效果模拟，模拟结果见表2-8~表2-10。

表 2-8　不同情景下 TN 面源污染负荷模拟结果

情景	年份	初始值（kg）	情景值（kg）	变化量（kg）	变化率（%）
情景 1	2003	366710	325210	−41500	−11.32
	2004	134994	121356	−13638	−10.10
	2005	243707	223528	−20179	−8.28
情景 2	2003	366710	365711	−999	−0.27
	2004	134994	134066	−928	−0.69
	2005	243707	242501	−1206	−0.49
情景 3	2003	366710	363251	−3459	−0.94
	2004	134994	131503	−3491	−2.59
	2005	243707	239141	−4566	−1.87

表 2-9　不同情景下 TP 面源污染负荷模拟结果

情景	年份	初始值（kg）	情景值（kg）	变化量（kg）	变化率（%）
情景 1	2003	48058	39491	−8567	−17.83
	2004	16925	14090	−2835	−16.75
	2005	26075	21839	−4236	−16.25
情景 2	2003	48058	47872	−186	−0.39
	2004	16925	16725	−200	−1.18
	2005	26075	25823	−252	−0.97
情景 3	2003	48058	47356	−702	−1.46
	2004	16925	16209	−716	−4.23
	2005	26075	25111	−964	−3.70

表 2-10　不同情景下 NH_3-N 面源污染负荷模拟结果

情景	年份	初始值（kg）	情景值（kg）	变化量（kg）	变化率（%）
情景 1	2003	70870	58360	−12510	−17.65
	2004	22820	19680	−3140	−13.76
	2005	42820	36300	−6520	−15.23
情景 2	2003	70870	70501	−369	−0.52
	2004	22820	22580	−240	−1.05
	2005	42820	42406	−414	−0.97

情景	年份	初始值（kg）	情景值（kg）	变化量（kg）	变化率（%）
	2003	70870	69465	−1405	−1.98
情景 3	2004	22820	21929	−891	−3.90
	2005	42820	41254	−1566	−3.66

情景 1 中 2003 ~ 2005 年各年的 TN、TP 和 NH_3-N 负荷输出量都得到较大幅度的削减，通过在沣河流域采取水土保持措施，可以减小径流量、降低流域土壤侵蚀程度，从而减小溶解态和吸附态氮磷污染物输出，达到面源污染控制的效果。

情景 2 的结果表明，改变施肥方式、减少施用于土壤表层的各种化肥量的比例对减小流域氮磷面源污染负荷有一定的作用。土壤侵蚀是氮磷面源污染进入河流水体的一个重要途径，越接近地表面源污染物越容易随土壤侵蚀而流失。研究发现，施肥深度对养分浓度峰值的深度影响显著，施肥深度越大，养分浓度的峰值出现的位置越深，化肥（如 K 和 P 肥）深施在作物根系生长区可以更有效地发挥肥效，同时养分不容易随水土流失，但对于可溶性的 NO_3^--N 等，施肥位置不能太深，否则将导致养分流失及污染地下水。因此在实际施肥实践中，需要根据施肥特点及作物的不同，合理选择施肥方式。

情景 3 中 2003 ~ 2005 年各年的 TN、TP 和 NH_3-N 负荷都得到一定量的减小，这说明合理施肥、减少农田化肥施用量有利于减少水体面源污染，可以保护河流水质。施肥作为世界粮食生产的基本投入和主要增产因子已为越来越多的人所理解和承认，但只有当作物遗传潜力、综合的最佳土、肥、水管理及其他保护措施合理利用时，产量才能提高，过量施用化肥反而会影响农产品品质。同时，在化肥施用过量的情况下，如果采用大水漫灌的方法，会将氮淋洗到地下深层土壤中，甚至地下水中，造成地下水源污染和河、湖水系的氮富集。所以为了减少流域面源污染，应该进行科学合理的施肥。

3. 沣河流域面源污染防治措施建议

由前面面源污染负荷计算结果和情景模拟分析可知，沣河流域氮磷面源污染产生主要是由水土流失、农田化肥施用、农村居民生活污水、畜禽养殖等造成的，因此提出以下面源污染防治措施，实现面源污染控制。

（1）土壤侵蚀造成的氮磷面源污染对流域内的水体污染较严重，因此减小土壤侵蚀对沣河流域水质改善有很好的效果。应该积极植树造林、种草，退耕还林，加强水土流失治理，减小土壤侵蚀，从而有效减小氮磷面源污染负荷。

（2）农村耕地和居民生活也会造成氮磷面源污染增加，养殖业排污、化肥施用增多、化肥施用方式不合理,以及生活污水不经收集和处理随意排放影响了流域水质。只要减少耕地,合理施肥,减少化肥施用,改进化肥施用方式,也会有效减小氮磷面源污染负荷。

2.2 河流水体氮素来源解析

2.2.1 不同污染源氮同位素组成

从 2010 年 6 月开始,进行了 5 次采样,分别采集了河道水体样品、农田土壤样品和典型污染源样品。2011 年 1 月采集的是沣河沿岸主要排污口的污水样品及农田土壤样品;其余 4 次是沿沣河主河道自上而下采集沣河水体样品,包括雨后的河道丰水期 2 次(2010 年 6 月和 2011 年 6 月)、枯水期 2 次(2010 年 10 月和 2011 年 3 月)。采样点选取原则为各峪口处、各主要支流汇入干流前和汇入干流后以及沣河入渭前。采样简图如图 2-11 所示。

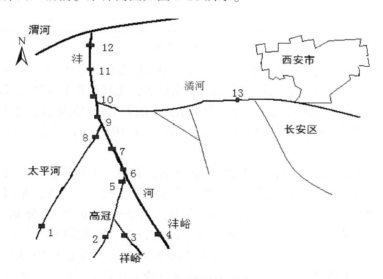

图 2-11 沣河采样点简图

1. 太平峪口;2. 高冠峪口;3. 祥峪口;4. 沣峪口;5. 高冠入沣前;6. 高冠入沣河下游;7. 北强村桥;
8. 太平河桥;9. 秦渡镇水文站;10. 秦渡镇大桥;11. 严家渠;12. 三里桥;13. 潏河子午大道桥下

沣河流域内目前工业企业较少,主要的水体污染来源是农村和城镇生活污水、学校等集中生活区的生活污水等。根据对沣河流域污染源的调查,2011 年 1 月采集了流域内主要污染源样品(2011 年 6 月补采了部分样品),并测定了各类型污染源的硝氮和氨氮同位素组成(表 2-11)。

表 2-11　不同污染源浓度和氮同位素组成

采样地点	类型	硝氮浓度 (mg/L)	氨氮浓度 (mg/L)	硝氮 $\delta^{15}N$ (‰)	氨氮 $\delta^{15}N$ (‰)
西京学院	集中处理的生活污水	0.62	7.0	8.7	3.9
王曲镇	乡镇生活污水	0.54	15.2	3.3	13.1
西安现代控制技术研究所 (203 所)	工厂生产和生活污水	0.35	3.5	-7.0	2.9
上王村	农家乐集中区污水	0.38	52.5	4.8	14.3
滦镇工厂	工厂废水	0.13	1.9	-7.5	3.1
西北工业大学	集中处理的生活污水	0.84	7.4	7.5	3.8
奥辉纸厂	造纸厂排水	0.82	1.0	5.9	1.2
西安三资职业学院	未集中处理的生活污水	0.42	23.7	6.3	13.6
秦渡镇	农村生活污水	0.31	39.5	3.8	16.8
东大镇	稻田排水	0.66	1.7	3.5	6.1
严家渠	农田土壤				3.9 *
高冠	农田土壤				4.8 *

*严家渠和高冠的农田土壤 $\delta^{15}N$ 值为土壤总氮的 $\delta^{15}N$ 值。

　　由硝氮和氨氮的浓度和氮同位素测定结果可以看出，各类型污染源中硝氮浓度均较低（<1mg/L），而氨氮浓度相对要高很多，尤其是几个未经处理的农村和乡镇生活污水的氨氮浓度明显偏高，农家乐集中的上王村氨氮浓度高达 52.5mg/L，另外几处未经处理的生活污水的氨氮浓度均大于 10mg/L，显示是高氨氮污染来源。

　　氨氮 $\delta^{15}N$ 值的变化范围为 1.2‰~16.8‰，其中，王曲镇、上王村、三资学院和秦渡镇四处采样点为农村和乡镇排放的未经处理的生活污水，是河流氨氮的主要污染来源之一。从表 2-11 可以看出，四处氨氮 $\delta^{15}N$ 值分别为王曲镇 13.1‰、上王村 14.3‰、西安三资职业学院 13.6‰、秦渡镇 16.8‰，平均值为 14.5‰，此类未经处理的农村和乡镇生活污水的氨氮 $\delta^{15}N$ 值要明显偏正。剩余污染源 $\delta^{15}N$ 平均值为 3.7‰，其中集中处理过的学校和造纸厂的污水以及工厂废水的氨氮 $\delta^{15}N$ 平均值为 3.0‰，略偏负于稻田排水氨氮和农田土壤总氮的 $\delta^{15}N$ 平均值（4.9‰）。调查结果表明，不同类型污水氨氮的氮同位素组成存在较大差异：未经处理的农村和乡镇排放的生活污水的氨氮 $\delta^{15}N$ 值要远高于其他类型污水；集中处理过的学校和造纸厂的污水以及工厂废水的氨氮 $\delta^{15}N$ 值差异不大，并略偏负于农业来源的 $\delta^{15}N$ 值。

　　上述污染源中，从硝氮的同位素结果可以看出，两个工厂排出的废水的硝氮 $\delta^{15}N$ 值明显偏负（分别为-7.0‰和-7.5‰，平均值为-7.3‰），其他生活污水和农业污染源的 $\delta^{15}N$ 值变化范围为 3.3‰~8.7‰（平均值为 5.3‰），较工厂排水的硝氮 $\delta^{15}N$ 值明显偏正。而乡镇、学校和农村排放污水的硝氮 $\delta^{15}N$ 值以及农业来源的 $\delta^{15}N$ 值没有明显差异，西京学院和西北工业大学两处经过集中处理的生活用水的硝氮 $\delta^{15}N$ 值略微偏正（分别为 8.7‰ 和 7.5‰）。结果表明，不同类型污水硝氮的氮同位素组成也存在较大差异：生活污水（包括处理过和未经处理的）和农业来源的硝氮 $\delta^{15}N$ 值明显偏正于工厂排出的废水的硝氮 $\delta^{15}N$ 值。

2.2.2　枯水季节氮同位素组成

2010 年 10 月和 2011 年 3 月，沣河河道处于枯水季节，采集了主河道的水体样品，分别测定水体样品硝氮和氨氮的同位素组成。取两次样品分析结果的平均值，结果如表 2-12 所示。

表 2-12　沣河水体的氮同位素组成

序号	采样点	硝氮 $\delta^{15}N$（‰）	氨氮 $\delta^{15}N$（‰）
1	太平峪口	0.5	
2	高冠峪口	-0.4	
3	祥峪口	0.0	
4	沣峪口	0.4	
5	高冠入沣前	1.0	5.7
6	高冠入沣河下游	1.0	5.6
7	北强村桥	1.8	5.6
8	太平河桥	4.7	6.3
9	秦渡镇水文站	6.8	
10	秦渡镇大桥	4.9	7.6
11	严家渠	5.9	15.9
12	三里桥	5.6	
13	潏河子午大道桥下	6.3	5.5

在枯水季节的两次采样中，采集到的水体样品的氨氮浓度均较低。所采用的氨氮同位素分析方法是扩散法，氨氮浓度太低，在样品处理过程中存在同位素分馏现象，相关的条件试验表明扩散法只能对氨氮浓度大于 0.5mg/L 的水体样品进行氨氮同位素的分析测定，浓度太小时质谱仪无法检测出足够的离子流强度，无法进行分析。同时，水体中氨氮浓度低于 0.5mg/L 也表明水体中氨氮的污染较小。上述 14 个采样点中，有 6 处由于氨氮浓度过低而未能获得氨氮 $\delta^{15}N$ 值，尤

其是上游的 4 个峪口地区均未获得相关的氨氮同位素数据。

沣河中下游河段中，除严家渠采样点的氨氮 $\delta^{15}N$ 值为 15.9‰外，其余采样点氨氮 $\delta^{15}N$ 值变化范围在 5.5‰ ~ 7.6‰之间，平均值为 6.0‰，相对比较集中，变化较小。

根据对不同污染源氨氮 $\delta^{15}N$ 值的调查结果，除严家渠采样点外，沣河干流其他 7 个采样点水体的氨氮 $\delta^{15}N$ 值（均值为 6.0‰）略高于农业污染源的 $\delta^{15}N$ 值（平均值为 4.9‰）和集中处理的污水及工厂废水的氨氮 $\delta^{15}N$ 值（平均值为 3‰），远低于未经处理的生活污水的氨氮 $\delta^{15}N$ 值（平均值为 14.5‰）。若取 14.5‰和 3.7‰分别作为两个端元，6.0‰作为河流水体氨氮的平均 $\delta^{15}N$ 值，可简单估算出在枯水季节，沣河中下游干流水体中氨氮污染来源中未经处理的生活污水（村镇生活污水、农家乐、部分学校等）的贡献只占 20% 左右，不是该时段沣河水体氨氮污染的主要来源；考虑到沣河流域内工厂和造纸厂等工业企业极少，并且在枯水季节，该流域内的农业面源污染可能较少，因此，在枯水季节，沣河水体氨氮污染可能主要来源于流域内经过处理并集中排放的大量生活污水（学校、部队等），村镇生活污水和农家乐等对河道水体氨氮污染的贡献比例较小。对于严家渠采样点，该处水体的氨氮 $\delta^{15}N$ 值为 15.9‰，表明采样点附近存在高 $\delta^{15}N$ 值的氨氮污染源。在该采样点附近，没有学校等污水集中排放处，周边未经处理的村镇生活污水是该段河流氨氮污染的主要贡献源，这与水体的高氨氮 $\delta^{15}N$ 值是相符合的。

枯水季节，沣河流域干流水体硝氮 $\delta^{15}N$ 值的变化范围为 –0.4‰ ~ 6.8‰，平均值为 2.6‰，呈现从上游到下游逐渐偏正的趋势。在枯水期，上游几个峪口的硝氮 $\delta^{15}N$ 值基本在 0‰左右变化，代表了上游来水的硝氮背景值状况。下游地区硝氮 $\delta^{15}N$ 值逐渐偏正，显示出各种生活污水或农业污染源对河流水体的硝氮污染贡献逐渐增加。根据污染源的调查结果，生活污水和农业污染源的硝氮 $\delta^{15}N$ 值变化范围为 3.3‰ ~ 8.7‰，平均值为 5.3‰，结合枯水季节沣河干流水体硝氮 $\delta^{15}N$ 值变化，可以看出，在枯水季节，自太平河桥以下，沣河水体硝氮污染基本来源于沿岸的生活污水或农业污染源，峪口以上来水中所含的硝氮污染贡献所占比例非常小。

2.2.3　丰水季节氮同位素组成

1. 硝氮同位素组成

2010 年 6 月末，沿沣河主河道采集了水体样品，测定了水体硝氮同位素组成。表 2-13 为沣河水体在丰水季和枯水季的硝氮同位素组成变化。

表 2-13　沣河水体的硝氮同位素组成

序号	采样点	硝氮 δ^{15}N–枯水（‰）	硝氮 δ^{15}N–丰水（‰）
1	太平峪口	0.5	3.2
2	高冠峪口	-0.4	1.2
3	祥峪口	0.0	8.0
4	沣峪口	0.4	6.1
5	高冠入沣前	1.0	9.9
6	高冠入沣河下游	1.0	10.4
7	北强村桥	1.8	10.7
8	太平河桥	4.7	6.7
9	秦渡镇水文站	6.8	8.7
10	秦渡镇大桥	4.9	4.9
11	严家渠	5.9	6.5
12	三里桥	5.6	5.2

在丰水季节，沣河秦渡镇以上水体的硝氮同位素值要明显偏正于枯水季节。丰水季节，沣河流域干流水体硝氮 δ^{15}N 值的变化范围为 1.2‰～10.7‰，平均值为 6.8‰。

几个峪口水体的硝氮 δ^{15}N 值相对于枯水季节要明显偏正，这可能与峪口上游较多的春夏季旅游活动有关，偏正的硝氮污染物可能来源于峪口以上的旅游活动和农家乐污水排放。干流水体硝氮 δ^{15}N 高值出现在峪口以下至秦渡镇以上的中上游河段，北强村桥处样品的硝氮 δ^{15}N 值达到 10.7‰，显示出该河段的主要硝氮污染物来源于高硝氮 δ^{15}N 值的生活污水排放（如学校集中排放的污水等）。秦渡镇大桥以下河段，河流水体硝氮 δ^{15}N 值降至 5‰左右，显示出低硝氮 δ^{15}N 值的生活污水（如村镇生活污水）或农业面源污染的贡献增加。单就高冠河支流进行分析，在高冠峪口采样点的硝氮 δ^{15}N 值为 1.2‰，但在经过西北工业大学校区和西安三资职业学院后汇入沣河前硝氮 δ^{15}N 值达到了 9.9‰，并导致汇入后沣河干流水体的硝氮 δ^{15}N 值明显偏正，考虑可能是西北工业大学和西安三资职业学院生活污水排入后对河道水体带来较大的硝氮污染。

2. 氨氮同位素组成

2011 年 6 月末，沿沣河主河道采集了丰水期水体的氨氮同位素样品，并补充采集了部分污染源样品。表 2-14 为沣河水体在丰水季和枯水季的氨氮同位素组成变化。

表 2-14 沣河水体的氨氮同位素组成

序号	采样点	氨氮 δ^{15}N-枯水（‰）	氨氮 δ^{15}N-丰水（‰）
1	太平峪口		4.3
2	高冠峪口		
3	祥峪口		9.2
4	沣峪口		6.6
5	高冠入沣前	5.7	6.1
6	高冠入沣河下游	5.6	7.1
7	北强村桥	5.6	5.3
8	太平河桥	6.3	7.0
9	秦渡镇水文站		11.6
10	秦渡镇大桥	7.6	19.2
11	严家渠	15.9	16.3
12	三里桥		15.0

在丰水季节，沣河水体的氨盐浓度相对较高，各采样点均获得了氨氮同位素结果（高冠峪口采样点样品在处理过程中漏析）。沣河流域干流水体氨氮 δ^{15}N 值的变化范围为 4.3‰ ~ 19.2‰，平均值为 9.8‰，并且呈现出由上至下逐渐偏正的趋势。

上游峪口地区，由于春夏季节旅游活动的影响，水体中氨氮同位素值比较偏正，其中祥峪口水体的氨氮 δ^{15}N 值为 9.2‰，表现出明显的生活污水氨氮同位素特征。结合前述不同污染源氮同位素组成状况，参照前面的估算方法，取 14.5‰ 和 3.7‰ 分别作为两个端元，太平河桥以上水体的氨氮平均值为 6.5‰，可以粗略估算出：太平河桥以上水体中，沣河氨氮污染约 70% 左右来源于经过处理并集中排放的生活污水以及农业面源污染，未经处理的农村和乡镇排放的生活污水对水体氨氮污染的贡献较小。而自秦渡镇水文站以下，水体氨氮 δ^{15}N 值逐渐升高，显示出高氨氮 δ^{15}N 值污染物贡献逐渐增加，结合该流域不同污染源氨氮同位素组成的调查结果，表明丰水期沣河下游水体中未经处理的村镇生活污水所占河流氨氮污染的比例逐渐增大。

2.3 流域农业氮素运移规律

2.3.1 灌溉施肥氮素运移转化特性

选择沣河流域典型农田，进行传统沟畦灌及节水灌溉（包括波涌灌溉等）方式下的水氮运移转化试验，不同肥料采用 4 个处理，分别为施化肥（N 处理）、施复合肥（F 处理）、施有机肥（M1 处理）、施高量有机肥（M2 处理）以及空白试验（CK 处理）；不同施肥方式方法为：对照系列，不施肥处理；N 处理，施尿素（折合成纯氮 180kg/hm²）；F 处理，施复合肥（折合成纯氮 180kg/hm²）；M1 处理，施有机肥（60t/hm²）；M2 处理，施高量有机肥（90t/hm²），作为与 M1 处理的对比。农田施肥方式分为表施、深施和灌施。为减小坡地氮素流失，进行了田间坡耕地土壤改良试验，聚丙烯酰胺（PAM）试验采用定水头控制流量，PAM 用量分别为 0g/（L·25m²）、1g/（L·25m²）、2g/（L·25m²）、3g/（L·25m²）、4g/（L·25m²），分别记为对照（CK）、PAM1、PAM2、PAM3、PAM4。

1. 灌溉施肥土壤 NO_3^--N 分布特性

图 2-12 表示实测的在入渗过程中以及停水后土壤水分再分布过程中硝氮（NO_3^--N）的分布情况。在连续入渗过程中，随着入渗时间的增加，NO_3^--N 不断向下运移，湿润土体 NO_3^--N 浓度不断增大，而上层土壤 NO_3^--N 浓度相对稳定，下层土壤 NO_3^--N 浓度随入渗时间延长和湿润锋的下移而增大。由于 NO_3^--N 带负电荷，不易被土壤颗粒吸附，在湿润土体内均可以检测到入渗 NO_3^--N 的含量，说明 NO_3^--N 的运移主要依靠土壤水分运动作为载体，可以认为连续入渗 NO_3^--N 的运移锋面与土壤水分运动的湿润锋是一致的。

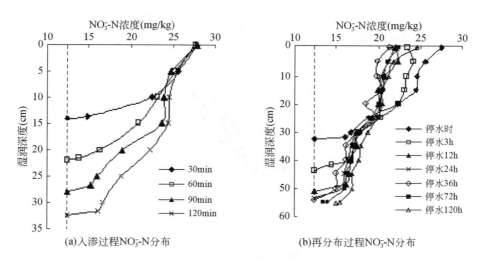

图 2-12   入渗过程和停水后土壤水分再分布过程中的 NO_3^--N 分布情况

当供水停止后，进入再分布过程，随着时间的延续，土壤中 NO_3^--N 继续向下运移，上层土壤 NO_3^--N 相应减少，湿润距离进一步增大，但运移速度迅速减缓，下层新湿润段土壤的 NO_3^--N 含量不断增加，整个湿润土体内 NO_3^--N 含量的分布相对更加均匀。而经过较长时间的再分布过程，如在停水后 72h 与 120h 时观测发现，整个湿润段土壤 NO_3^--N 含量整体都有所增加，这主要是由于经过较长时间的再分布过程，土壤含水量明显减小，土壤通气性变好，有利于硝化反应，氨氮（NH_4^+-N）部分转化成了 NO_3^--N 和 NO_2^--N，从而增加了土壤 NO_3^--N 含量所致。

2. 灌溉施肥土壤 NO_3^--N 浓度与土壤含水量的关系

土壤 NO_3^--N 含量分布与土壤含水量分布密切相关。图 2-13 为入渗停水时、停水 3h、12h、24h 和 120h 的土壤 NO_3^--N 浓度与土壤含水量的关系。可以看出，任一时间，土壤 NO_3^--N 浓度与土壤含水量关系近似于 S 形曲线。该 S 形曲线按含水量大小可以划分为三段，即高含水量段、低含水量段以及两者之间的过渡段。在高含水量段和低含水量段，土壤 NO_3^--N 浓度随土壤含水量变化相对缓慢；而在过渡段，土壤 NO_3^--N 浓度随土壤含水量增大而急剧增大，过渡段范围很小，其所对应的土壤含水量变化范围为 1%～5%。停水 3h 时，高含水量段对应土壤含水量为 36.3%～42.8%，其所对应的土壤 NO_3^--N 浓度约稳定在 23.2mg/kg；低含水量段对应土壤含水量为 18.2%～34.0%，该段土壤 NO_3^--N 浓度随土壤含水量增加缓慢，由 12.5mg/kg 增加到 17.7mg/kg；而中间的过渡段土壤含水量变化仅为 1.3%，平均土壤含水量约为 35%，在这很小的变化范围内，土壤 NO_3^--N 浓度由 17.7mg/kg 增加到 23.2mg/kg。

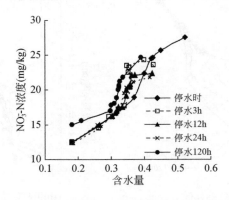

图 2-13　NO_3^--N 浓度与土壤含水量的关系

经分析认为，出现这种情况的主要原因是，灌施前土壤含有一定水分，当灌入肥液时，是与原有的土壤溶液进行混合和置换的过程。这种混合置换现象实际是溶质运移各种过程的综合表现形式，是对流、弥散的物理过程和吸附、交换等的物理化学过程综合作用的结果。因为 NO_3^--N 带负电荷，不易被土壤颗粒吸附，并且本试验时间相对较短，忽略吸附、交换等其他物理或化学作用，认为土壤 NO_3^--N 主要是在对流与弥散作用下发生混合置换的物理过程，并且以对流作用为主。由于为非饱和土壤，其混合置换速度相对减弱，扩散作用则相对增大。

土壤 NO_3^--N 浓度与土壤含水量的 S 形关系曲线并非固定不变，其高含水量段、低含水量段和过渡段所对应的土壤含水量变化范围与土壤 NO_3^--N 浓度均随着时间不断变化。随时间的延长，土壤水分再分布，上层土壤含水量不断减小，湿润锋向下迁移，S 形曲线逐渐由大变小，高含水量段平均含水量不断降低，其所对应的土壤 NO_3^--N 浓度也随时间减小，但土壤 NO_3^--N 浓度仍然不随含水量发生明显变化，基本保持稳定；同时，低含水量段对应的土壤含水量变化范围不断减小；而且过渡段平均含水量也随时间逐渐减小。当连续入渗停水 24h 时，高含水量段对应土壤含水量降低为 34.5% ~ 41.6%，其所对应的土壤 NO_3^--N 浓度降至并稳定在 21.0mg/kg 左右；低含水量段对应土壤含水量为 18.2% ~ 31.8%，该段土壤 NO_3^--N 浓度随土壤含水量增加而缓慢由 12.5mg/kg 增加到 16.9mg/kg；而中间的过渡段土壤含水量变化仅为 2.7%，平均土壤含水量降低为 33% 左右，在这很小的变化范围内，土壤 NO_3^--N 浓度由 16.9mg/kg 增加到 21.0mg/kg。

此外，经过较长时间的土壤水分和 NO_3^--N 再分布过程观测发现，土壤 NO_3^--N 浓度与土壤含水量的 S 形关系曲线，尤其是在两端均出现了土壤 NO_3^--N 浓度有所升高的情况。这主要是由于经历了较长时间的再分布，土壤含水量减小，土壤通气性变好，有利于硝化反应，土壤中部分 NH_4^+-N 发生硝化反应转化成 NO_3^--N 和 NO_2^--N，从而增加了土壤 NO_3^--N 浓度。因为入渗的 NH_4^+-N 主要在土壤表层集中分布，虽然其含水量较下层土壤高，但土壤表层参与硝化反应的 NH_4^+-N 的量较大，所以表层土壤 NO_3^--N 浓度升高较多。另外，湿润锋附近的 NH_4^+-N 的浓度虽然与中间土壤的相差不大，但是其土壤含水量却较小，土壤的通气性相对更好，更有利于硝化反应的进行，因此，湿润锋附近土壤 NO_3^--N 浓度也升高较多。

3. 灌溉施肥土壤 NH_4^+-N 分布特性

图 2-14 表示实测的入渗过程与再分布过程土壤 NH_4^+-N 的分布，随着入渗时间的增加，表层土壤 NH_4^+-N 浓度不断增大，达到一定值后，基本稳定，随着灌施的进行，表层土壤 NH_4^+-N 浓度只是略有增长，土壤中 NH_4^+-N 浓度分布不像 NO_3^--N 那样不断向下运移，其下移速度极为缓慢，并且远不及 NO_3^--N 增加得明显，主要集中在土壤表层 5cm 以内，而下层土壤中，所观测到土壤剖面 NH_4^+-N

浓度较本底值并没有明显变化，灌入的 NH_4^+-N 绝大部分都集中在土壤表层。由于土壤胶粒主要带负电荷，而土壤溶液中 NH_4^+ 带正电荷，与土壤胶粒接触后被大量吸收，导致土壤溶液中 NH_4^+-N 浓度迅速减小，因此阻碍了 NH_4^+-N 向下层土壤中运移。这也说明 NH_4^+-N 并不符合"盐随水来，盐随水去"的溶质运移的一般性规律。进入再分布过程后，土壤中 NH_4^+-N 浓度分布并没有非常明显的变化，只是略有下降，而经过较长时间的再分布，观测发现土壤中 NH_4^+-N 浓度下降增快，主要是由于挥发损失以及经过较长时间的再分布过程，土壤含水量减小，土壤通气性变好，有利于硝化反应，NH_4^+-N 部分转化成了 NO_3^--N 和 NO_2^--N，从而降低了土壤 NH_4^+-N 浓度。

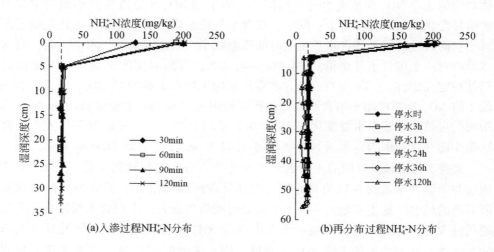

图 2-14　入渗过程与再分布过程土壤 NH_4^+-N 的分布

2.3.2　施肥方式下农田土壤氮素运移特性

农田施肥方式主要分为表施、深施和灌施。表施是直接将肥料施于土壤表面，使其通过降水或者灌溉水渗入土壤根层，这种方式的优点是操作简单，投入小，但肥料损失较大，肥料利用率低。深施是根据作物根系分布特点，将肥料施在根系分布层内的施肥方式，这种方式便于作物根系吸收，发挥肥料最大效用，但操作较麻烦。近年来，结合灌溉进行施肥（灌施）应用十分广泛，即将肥料溶于灌溉水中，随水施肥，这种方式具有水肥同步、减少肥力的无效挥发、提高肥料利用率和省工等优点，但投资较高，需肥料注入器等设备，并只适宜于液体肥料和可溶性肥料。

1. 施肥方式对土壤 NO$_3^-$-N 运移特性的影响

1）不同施肥方式下土壤 NO$_3^-$-N 的分布

图 2-15 为不施肥与施肥方式分别为灌施、表施和深施的土壤 NO$_3^-$-N 的分布。不同施肥方式下湿润锋附近相同位置处 NO$_3^-$-N 浓度均高于不施肥入渗土壤 NO$_3^-$-N 浓度。因此，认为不同施肥方式的 NO$_3^-$-N 浓度锋运移距离与土壤水分运动的湿润锋是一致的。

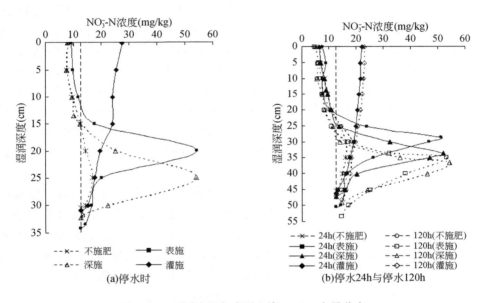

图 2-15 不同施肥方式下土壤 NO$_3^-$-N 含量分布

灌施供水阶段土壤处于吸湿状态，上层土壤 NO$_3^-$-N 浓度增加很快，进入再分布过程后，表层土壤脱湿，NO$_3^-$-N 进行再分布，上层 NO$_3^-$-N 向下运移，表层土壤 NO$_3^-$-N 浓度减小，NO$_3^-$-N 运移速度迅速减缓。NO$_3^-$-N 运移速度随土壤水分运动速度降低而迅速减小，并且扩散作用所占比重逐渐增加，NO$_3^-$-N 浓度锋运移距离随时间延长继续增大，但趋势迅速减缓，NO$_3^-$-N 浓度峰值的位置随时间延长向下迁移。随着时间的延长，灌施 NO$_3^-$-N 浓度分布变得相对均匀。

表施与深施 NO$_3^-$-N 在灌溉水的淋洗下，均出现了 NO$_3^-$-N 含量在一定深度处分布比较集中的情况。随着时间的延长，表施浅层土壤 NO$_3^-$-N 含量明显降低，并逐渐小于土壤的初始 NO$_3^-$-N 含量，最终趋于比较稳定的含量 5~7mg/kg。无论在灌水阶段还是再分布阶段，随着时间的延长，达到这个稳定 NO$_3^-$-N 含量的土层不断下移，意味着上层土壤 NO_3^--N 不断向下淋洗，而且在 NO_3^--N 含量峰值的上方 NO_3^--N 分布曲线比较陡，而在峰值的下方 NO_3^--N 含量分布曲线相对平缓。

深施 NO_3^--N 含量分布与表施的情况类似，二者 NO_3^--N 浓度峰值也较接近，且稳定在 $52 \sim 54mg/kg$，远高于土壤初始 NO_3^--N 含量。其中一个不同之处是深施的表层土壤 NO_3^--N 含量从入渗开始就在灌水的淋洗下由初始值不断减小，很快达到一个比较稳定的含量 $5 \sim 7mg/kg$，而表施情况下浅层土壤 NO_3^--N 含量先是由初始值逐渐增大到峰值，而后逐渐减小，最终稳定在 $5 \sim 7mg/kg$，由于表施情况下土壤水分运移速度相对较快，这一过程持续的时间比较短。另一不同之处是，由于深施情况下肥料施于深层土壤，经过灌水淋洗后，相同时间其 NO_3^--N 含量的峰值位置较表施的深，但是由于表施较深施土壤的水分和溶质迁移速度快，二者峰值位置的差距不断减小。如灌水结束时，表施的 NO_3^--N 浓度峰值位置距土壤表面 $20.0cm$，深施的运移到距土壤表面 $25.0cm$ 深度处，二者峰值的位置相差 $5.0cm$；灌水停止后 $24h$，表施和深施的 NO_3^--N 浓度峰值分别为距土壤表面 $30.0cm$ 和 $33.5cm$，二者相差 $3.5cm$；而灌水停止后 $120h$，表施和深施的 NO_3^--N 浓度峰值分别距土壤表面 $36.0cm$ 和 $36.7cm$，二者相差仅 $0.7cm$，随着时间的延续，表施的 NO_3^--N 浓度峰值位置将会比深施的深。

综上所述，施肥方式对 NO_3^--N 运移和分布影响很大。相对而言，灌施时 NO_3^--N 在土壤湿润范围内分布比较均匀，而表施与深施时在某一深度土层比较集中地分布，而且随时间延续不断向深层土壤迁移。因此，灌施入渗 NO_3^--N 有利于保持在浅层土壤中，被作物吸收利用得更为充分。在施肥量一定的情况下，相对表施与深施而言，灌施能够有效地降低深层渗漏损失的水分和 NO_3^--N。

2）不同施肥方式下在不同时间各土层中 NO_3^--N 比例

在时间相同时，不同施肥方式相同深度土层中 NO_3^--N 含量差异很大，灌施入渗各土层 NO_3^--N 占总 NO_3^--N 含量的比例随湿润深度增加而减小，分布相对比较均匀，而表施与深施的 NO_3^--N 在一定深度土层集中分布，浅层土壤各土层 NO_3^--N 含量甚至低于其初始含量，说明表施与深施的入渗情况下，浅层土壤的 NO_3^--N 以及入渗的 NO_3^--N 被灌溉水大量地淋洗到深层土壤，若灌水量较大，容易将 NO_3^--N 淋洗出土壤计划湿润层，不能被作物吸收利用，甚至进入地下水造成污染（图 2-16）。

随时间的延长，各土层 NO_3^--N 继续向下迁移，浅层土壤 NO_3^--N 含量不断减小，灌施各层土壤 NO_3^--N 含量分布相对均匀，而表施与深施的 NO_3^--N 浓度峰值进一步向下迁移，但表施情况下 NO_3^--N 浓度峰值运移速度较深施略快，经过较长的时间，表施的 NO_3^--N 浓度峰深度已经超过深施，说明 NO_3^--N 在表施情况下较深施更容易发生淋洗，这主要是由于在初期明显改变了表层土壤团粒结构，引

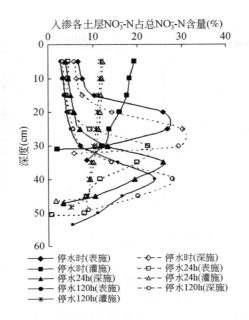

入渗各土层NO$_3^-$-N占总NO$_3^-$-N含量(%)

图 2-16　不同施肥方式下土层入渗 NO$_3^-$-N 分布

起入渗量增加，其土壤水分运动速度相对较快所导致的。如停水 120h 后，深施湿润土体 30cm 范围内 NO$_3^-$-N 含量占总入渗 NO$_3^-$-N 含量的 67.35%，而表施与深施的比例分别为 26.90% 与 27.99%，差异显著，说明灌施较表施与深施更容易将 NO$_3^-$-N 保存在浅层土壤中，被作物更多地吸收与利用，从而提高氮肥利用率。由此可见，在施肥量一定的情况下，采用不同的施肥方式对于土壤 NO$_3^-$-N 运移与分布影响显著。

2. 施肥方式对土壤 NH$_4^+$-N 运移特性的影响

图 2-17 表示不施肥与不同施肥方式的渗停水时及再分布 24h 与 120h 的土壤 NH$_4^+$-N 的分布。可以看出，不施肥的湿润土体内土壤 NH$_4^+$-N 含量较本底值并没有明显变化，说明清水入渗对土壤 NH$_4^+$-N 含量分布基本没有影响。

不同施肥方式下随着入渗时间的增加，虽然湿润锋不断向下运移，但是土壤中的 NH$_4^+$-N 迁移速度极为缓慢。表施与灌施时入渗 NH$_4^+$-N 主要集中在土壤表层，但二者峰值和运移深度都不同，表施与灌施停水时表层土壤 NH$_4^+$-N 含量分别为 92mg/kg 与 202mg/kg，迁移深度分别为 3.5cm 与 1.7cm 左右，而下层土壤所观测到土壤剖面 NH$_4^+$-N 含量较本底值没有明显变化，并且随时间延长基本保持稳定，这主要是由于土壤胶粒主要带负电荷，土壤肥液中 NH$_4^+$ 带正电荷，与土壤

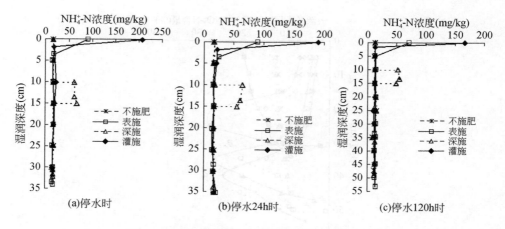

图 2-17 不同施肥方式下土壤 NH$_4^+$-N 含量分布

胶粒接触后被大量吸收，导致土壤肥液中 NH$_4^+$-N 含量迅速减小，从而影响了 NH$_4^+$-N 向下层土壤中运移，灌施肥料与表层土壤接触时间长，NH$_4^+$-N 被表层土壤充分吸附。因此，灌施入渗较表施 NH$_4^+$-N 迁移深度浅，并且浓度峰值较大。

深施土壤 NH$_4^+$-N 集中分布在深施肥料的土层中，NH$_4^+$-N 含量稳定在 65mg/kg 左右，其他土层中 NH$_4^+$-N 含量较本底值无明显变化，说明土壤对于 NH$_4^+$-N 具有强烈的吸附性，NH$_4^+$-N 并不符合"盐随水来，盐随水去"的溶质运移一般规律。

经过较长时间的再分布，不同施肥方式的土壤 NH$_4^+$-N 含量均有所下降，这主要是由于挥发损失以及经过较长时间的再分布过程，土壤含水量减小，通气性变好，有利于硝化反应，NH$_4^+$-N 部分转化成了 NO$_3^-$-N，从而降低了土壤 NH$_4^+$-N 含量。深施由于 NH$_4^+$-N 主要分布在土壤深层 10~15cm，其土壤通气性较表层土壤差。因此，其挥发损失相对较小，并且硝化反应也没有表层土壤充分，所以深施的 NH$_4^+$-N 含量变化较灌施和表施慢，如停水 120h 后，表施与灌施表层土壤的 NH$_4^+$-N 含量分别下降到 71mg/kg 与 166mg/kg，而深施土壤 NH$_4^+$-N 峰值下降至 54.5mg/kg，说明深施肥较灌施与表施的保肥效果好。

综上所述，不同施肥方式会影响土壤 NH$_4^+$-N 分布，而对于其运移特性无明显影响。灌施与表施时 NH$_4^+$-N 主要集中分布在表层土壤；深施时由于肥料施于深层土壤，NH$_4^+$-N 主要分布在施肥土层中，由于 NH$_4^+$-N 被牢固吸附在土粒表面，因而 NH$_4^+$-N 并不像 NO$_3^-$-N 那样对土壤水分的变化非常敏感，但由于表层土壤的 NH$_4^+$-N 与大气接触，容易挥发损失，所以深施较灌施与表施保肥效果好。

2.3.3　不同肥料处理土壤硝氮迁移转化特性

1. 不同肥料处理土壤 NO$_3^-$-N 分布

图 2-18 示出了肥料处理分别为 CK 处理（空白对照）、N 处理（施化肥）、F 处理（施复合肥）、M1 处理（施有机肥），在水分入渗结束时以及灌水后 1 天、

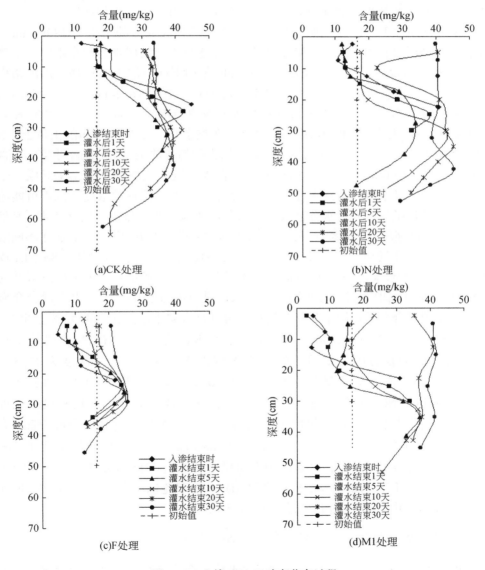

图 2-18　土壤 NO$_3^-$-N 动态分布过程

5 天、10 天、20 天、30 天的 NO_3^--N 分布情况。各处理土壤的初始 NO_3^--N 含量值均为 16.24mg/kg。由图可知，CK 处理条件下在入渗结束时，土壤中的 NO_3^--N 向下迁移并累积，0~20cm 土壤的 NO_3^--N 含量在淋洗作用下明显减小，其最低处 NO_3^--N 含量值为 14.9mg/kg，在土壤深度为 24.2cm 处形成一个 NO_3^--N 浓度锋，其 NO_3^--N 浓度峰值为 42.9mg/kg。说明在入渗过程中，NO_3^--N 以水分为载体随水一起向下迁移，在迁移的过程中，土壤由于带负电而对阴离子 NO_3^--N 的吸附作用甚微，NO_3^--N 被水分淋洗到下层土壤，在下层土壤发生了累积现象。

N 处理条件下，即施化肥条件下，施肥量折合成纯氮的水平为 180kg/hm²，施肥方式采用表施尿素。在入渗开始时，施于土壤表层的尿素溶解在水中，土壤中的 NO_3^--N 以及尿素水解的 NO_3^--N 在水分的驱动下向下层土壤迁移。入渗结束时，0~12.5cm 土壤剖面 NO_3^--N 含量由初始 NO_3^--N 含量 16.24mg/kg 减少并维持在 15mg/kg 左右。12.5~22.5cm 土壤中 NO_3^--N 含量明显增加，从初始 NO_3^--N 含量 16.24mg/kg 增加到 30.00mg/kg。总之，在整个 0~22.5cm 湿润的土体上，N 处理条件下 NO_3^--N 含量呈现先不变后逐渐增大的趋势并于 22.5cm 达到 NO_3^--N 含量的最高值 30.00mg/kg，说明施化肥处理在水分进入土壤后，NO_3^--N 形成一个浓度锋剖面，随水分迁移向下迁移。NO_3^--N 含量越高，形成的浓度锋剖面可能越大。若施肥过量且有大量水分输入土壤则会造成地下水污染潜在的污染源。F 处理条件下，即施用复合肥条件下，入渗开始时水分进入土壤后携带复合肥中不断溶出的 NO_3^--N 向下迁移。在 0~5cm 的土肥混合剖面上，NO_3^--N 含量从 6.8mg/kg 逐渐增大到 20.5mg/kg，说明在 5cm 的土肥混合层中，土肥混合层的上层溶解并迁移的 NO_3^--N 量大于下层。这是因为，在入渗进行的过程中，上层土肥混合介质比下层土肥混合介质接触水分的时间长，所以复合肥中溶解出的 NO_3^--N 量更多。在土壤剖面 5~12.5cm 之间，NO_3^--N 含量基本保持不变，NO_3^--N 含量稳定在 20mg/kg，说明复合肥能低量持续稳定地溶出 NO_3^--N。在土壤深度为 12.5~42.5cm 之间，NO_3^--N 含量逐渐增大，从 20.0mg/kg 增大到 24.7mg/kg 并于 22.5cm 处达到 NO_3^--N 含量的最大值 24.7mg/kg。M1 处理，即施用有机肥条件下，水分进入土壤后携带有机肥中不断溶出的 NO_3^--N 向下迁移。土壤剖面 0~12.5cm 之间在灌水结束 1 天 NO_3^--N 含量在 8mg/kg 左右。说明有机肥处理情况下，NO_3^--N 的溶出量较少，这是因为有机肥中的 NO_3^--N 随水分迁移需要先溶解后随水分向下迁移。12.5~42.5cm 之间 NO_3^--N 含量逐渐增大，由 8.9mg/kg 增加到 34.5mg/kg 并于 35cm 处达到最大值 34.5mg/kg。

2. 不同肥料处理下在水分入渗前后 NO_3^--N 的变化过程

图 2-19（a）显示不同肥料处理下在水分入渗前后 NO_3^--N 的变化过程。由于

在施肥灌水前每个土柱都采用均质土，所以每个处理土壤剖面在入渗前土壤剖面上 NO$_3^-$-N 含量均相同，在水分入渗结束时四个处理土壤剖面 NO$_3^-$-N 含量分布均为从表层土壤到下层土壤逐渐增大的趋势，不同肥料处理之间的差异为：同一深度 NO$_3^-$-N 含量大小顺序为 F>M>N>CK。出现这一现象的原因是：在试验设计时，为了减少肥料本身对入渗过程的影响以及结合农业生产实际采用不同施肥方式，N 处理将尿素埋于土壤表层下 2cm 后灌水，尽量减少氮素挥发；F 处理将复合肥与表层 5cm 土壤混合后重新装入土柱；M 处理将有机肥与表层 10cm 土壤混合后重新装入土柱。通过分析表明，图中显示 N 处理条件下硝氮含量较小，这是因为 N 处理中肥料为尿素，尿素水解后产生氨氮，在合适的条件下氨氮转化为硝氮。其转化的过程受到土壤温度、土壤含水量、有机质含量等因素影响。由于刚灌水结束，所以 N 处理中 NO$_3^-$-N 含量与 CK 处理相似，只有少量表层土壤的 NO$_3^-$-N 含量发生淋洗，由表层土壤运移到下层土壤，发生累积现象。M 处理条件下 NO$_3^-$-N 含量比 CK 处理和 N 处理有所提高，NO$_3^-$-N 含量增加的部分主要为 15cm 以下，在表层 0~15cm 之间，CK 处理、N 处理、M 处理的 NO$_3^-$-N 含量基本相同，这是因为 M 处理中，将有机肥与土壤表层 10cm 土壤混合后重新装入土柱，在土柱表层 10cm 形成一个土肥混合层，当水分经过此 10cm 的土肥混合层时，携带 NO$_3^-$-N 向下运移，所以在 M 处理 10cm 以下，NO$_3^-$-N 含量才开始增加，且越下层土壤，NO$_3^-$-N 含量越高，NO$_3^-$-N 含量最高处与水分入渗形成的湿润锋位置相同。F 处理下 NO$_3^-$-N 含量在整个土壤剖面相同深度是四个处理中最大的，这是因

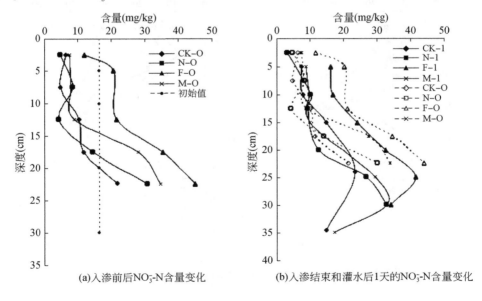

(a)入渗前后 NO$_3^-$-N 含量变化　　　(b)入渗结束和灌水后1天的 NO$_3^-$-N 含量变化

图 2-19　入渗前后、入渗结束和灌水后 1 天的 NO$_3^-$-N 含量变化

为复合肥中 NO_3^--N 溶解于水后即随水发生迁移，且表层 5cm 的土肥混合层能不断输出 NO_3^--N，使下层土壤硝氮累积到水分入渗结束时湿润锋的位置。

　　如图 2-19（b）所示为各处理在水分入渗结束时到灌水结束后一天 NO_3^--N 迁移转化的过程，即水分再分布一天时，NO_3^--N 含量的分布情况。图中实线为灌水后一天各处理土壤中 NO_3^--N 含量分布的情况，虚线为入渗结束时各处理 NO_3^--N 含量的分布情况（下文中以此类推）。可以看出，在整个土壤剖面上，各处理的 NO_3^--N 含量较入渗结束时稍有增加，由入渗结束时 NO_3^--N 含量为 5～11mg/kg 增加到 8～16mg/kg。各处理 NO_3^--N 的浓度锋均向下发生迁移。N 处理和 M 处理迁移距离最大，为 7cm 左右。而 CK 处理和 F 处理 NO_3^--N 浓度锋向下移动距离较小，仅为 2.5cm。各处理情况下 NO_3^--N 浓度峰值略有减少或基本不变。

　　图 2-20（a）为各肥料处理条件下在灌水后 1 天到 5 天的 NO_3^--N 含量分布情况。从图中查以看出，NO_3^--N 浓度锋继续向下移动，但移动速度比入渗结束时明显减缓。整个土壤剖面上 NO_3^--N 含量有恢复到灌水前初始硝态氮含量值的趋势。在土壤表面下 0～15cm 之间，CK 处理条件下，NO_3^--N 含量增加到 10mg/kg，增幅为 1～2mg/kg；N 处理条件下，NO_3^--N 含量增加幅度较大，NO_3^--N 含量为 15mg/kg 左右。这是因为尿素中部分氨氮转化为硝氮，使这一区间的 NO_3^--N 含量增幅较大。F 处理条件下，0～10cm 之间 NO_3^--N 含量增加 1mg/kg 左右，而 10～

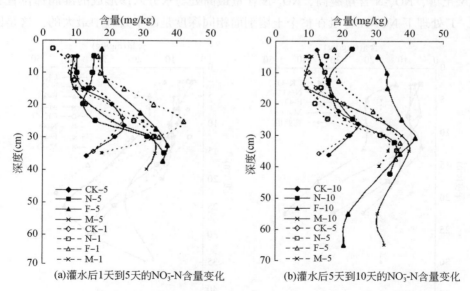

(a)灌水后1天到5天的NO_3^--N含量变化　　　(b)灌水后5天到10天的NO_3^--N含量变化

图 2-20　灌水后 1 天到 5 天和 5 天到 10 天的 NO_3^--N 含量变化

15cm 之间 NO_3^--N 含量减小，减小的原因可能是 NO_3^--N 向下迁移或反硝化作用的影响；M 处理条件下，$0 \sim 15cm$ 间的 NO_3^--N 含量基本保持不变。在土壤表层 $15 \sim 40cm$ 之间，四个处理情况下，硝氮浓度锋继续向下移动，但由于上层土壤淋失的 NO_3^--N 含量很小，NO_3^--N 浓度峰值在不断减小。

如图 2-20（b）所示为各处理在灌水后 5 天到 10 天 NO_3^--N 含量的变化过程。灌水后 10 天各处理 NO_3^--N 的浓度锋较灌水后 5 天时只向下移动了 $1 \sim 2cm$，说明各处理 NO_3^--N 在水分运动微弱的情况下迁移速度也很缓慢，但土壤中氮素的转化作用并没有停止，整个土壤剖面上 NO_3^--N 含量继续增加，上层 $0 \sim 20cm$ 土壤 NO_3^--N 含量由 12mg/kg 变化到 30mg/kg，其中变化幅度最大的是 F 处理和 N 处理。F 处理 NO_3^--N 含量由 18mg/kg 增加到 30mg/kg；N 处理在土壤剖面上形成一个 S 形的分布状态，说明这两种施肥处理条件下氮素转化为 NO_3^--N 形式比其他两种处理更加剧烈。在下层 $20 \sim 40cm$ 土壤中，NO_3^--N 浓度峰值的大小顺序为：F 处理>M 处理>N 处理>CK 处理。NO_3^--N 迁移的深度基本一致，NO_3^--N 浓度峰值为 32mg/kg 左右。

如图 2-21（a）所示为各处理灌水后 10 天到 20 天 NO_3^--N 含量的变化过程。从图中可以看出，各处理条件下 NO_3^--N 含量继续增加。与 5 天到 10 天 NO_3^--N 分布状态不同的是，CK 处理的 NO_3^--N 含量接近灌水前 NO_3^--N 初始值含量，N 处理和 M 处理的 NO_3^--N 含量均大幅增加，说明在这段时间硝化作用在适宜的水分及

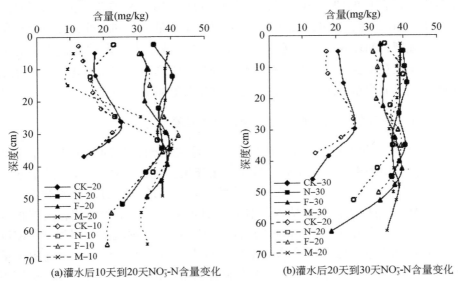

(a)灌水后10天到20天NO_3^--N含量变化　　(b)灌水后20天到30天NO_3^--N含量变化

图 2-21　灌水后 10 天到 20 天和 20 天到 30 天 NO_3^--N 含量变化

温度等环境下剧烈进行。而对于 F 处理，其 NO_3^--N 含量略有减小，说明反硝化作用较强烈。各处理条件下形成的 NO_3^--N 浓度锋剖面基本维持不变，NO_3^--N 含量均没有发生变化，达到一个相对平衡的状态。

图 2-21（b）表示各处理灌水后 20 天到灌水后 30 天的 NO_3^--N 含量变化过程。从图中可以看出，在土壤中氮素的矿化作用下，CK 处理的 NO_3^--N 在土壤表层下 0～30cm NO_3^--N 含量恢复到灌水前，其 NO_3^--N 浓度锋没有向下移动，NO_3^--N 浓度峰值也没有增加。而对于 N 处理和 M 处理，NO_3^--N 含量分布在整个土壤剖面上，已近似一条直线，对应的 NO_3^--N 含量值为 40mg/kg 左右。在土壤下层 35～50cm 间存在着较小的 NO_3^--N 浓度锋，峰值为 40～42mg/kg。F 处理条件下，整个土壤剖面上 NO_3^--N 含量略有增加，增幅为 1～2mg/kg。NO_3^--N 含量总体上呈现一个被上下拉伸的 S 形。

综上所述，施用不同肥料情况下氮素在入渗后呈现出不同的迁移和转化状态。N 处理中尿素在 5 天时已经开始转化为 NO_3^--N，具体表现为 NO_3^--N 含量增幅较大，灌水后 20 天土壤中 NO_3^--N 含量已经达到 40mg/kg，并在灌水后 30 天时仍保持在 40mg/kg 左右。土壤中 NO_3^--N 迁移量和迁移距离与肥料中输出 NO_3^--N 量多少以及水分作用密切相关，由于不同的肥料输出 NO_3^--N 的速率不一样，不同肥料入渗结束时在土壤剖面 NO_3^--N 呈现出不同的分布状态。在灌水后 5 天内，NO_3^--N 主要在水分的作用下向下迁移，灌水后 5 天到灌水后 20 天，这段时间不同肥料中氮素转化的快慢不一致，复合肥转化为 NO_3^--N 的速率大于其他处理，进入灌水后 20 天时，N 处理和 M 处理的 NO_3^--N 含量的共同之处是无论施用何种肥料或不施肥，NO_3^--N 都会在水分的作用下或多或少发生淋洗而向下迁移。总之，NO_3^--N 累积的深度与肥料的种类和水分作用强烈程度有关。建议使用尿素或有机肥时应采取少量多施的方法并考虑作物需要氮肥的时间。

2.3.4　PAM 影响坡耕地坡面水分入渗及氮素迁移

PAM 作为土壤结构改良剂，可以增加土壤表层颗粒间的凝聚力，维系良好的土壤结构，增强土壤抗蚀能力，减少水土流失，施加 PAM 已成为防治水土养分流失的新途径。关于 PAM 对水分入渗的影响，目前还没有统一的结论，一种观点认为 PAM 可以改善土壤结构，增加降雨入渗、减少地表径流，能够很好地增加土壤的有效降雨量并促进植物的生长，但也有人发现施用不同类型、浓度的 PAM 处理后的土壤入渗率可能增加也可能减小。同时相关研究表明施用少量的 PAM 可有效降低土壤容重，增加土壤饱和含水量和田间持水量，但 PAM 施用量过大时会降低土壤的渗透性，指出表施 0.5g/m² PAM 后，能够减少坡地降雨产流、增加土壤入渗速率；当 PAM 用量较大（3g/m²）时能够增加径流，降低入渗。此外，也有研究表明不同土壤初始含水率情况对坡耕地土壤产沙速率的响应非常明显，溶质流失量和流失率均随土壤初始含水量的增加而增加，径流中溶质平均浓度与前期含水量呈抛物线关系，且施用 PAM 减少产沙量的效果要好于减少径流量的效果。

　　通过田间放水冲刷试验，在上方来水条件下 PAM 对黄土坡耕地水分及氮素迁移的影响规律，为 PAM 在本地区的广泛使用提供理论依据。田间坡耕地冲刷试验采用定水头控制流量，PAM 用量分别为 $0g/1.25m^2$、$1g/1.25m^2$、$2g/1.25m^2$、$3g/1.25m^2$、$4g/1.25m^2$，分别记为对照（CK）、PAM1、PAM2、PAM3、PAM4。

1. PAM 对坡耕地产沙的影响

1）对坡面产沙率的影响

　　图 2-22 为不同 PAM 用量下坡面产沙率随时间的变化过程。施加 PAM 的坡面产沙率明显小于不施加 PAM 情况，除 PAM1 外，随着 PAM 用量的增加，坡面产沙率整体上呈减少趋势。这是由于 PAM 能有效地改善土壤的物理性状，增加土壤水稳性团粒数目，降低土壤容重，提高渗透性和孔隙率，维系良好的土壤结构，从而减少了泥沙的侵蚀。

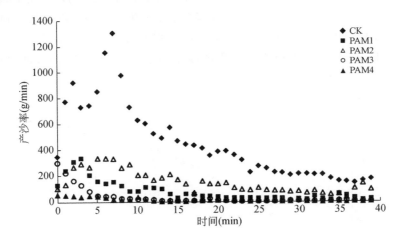

图 2-22　PAM 对坡面产沙率的影响

　　由 CK、PAM1、PAM2 可以看出，在试验开始后的坡面产沙率逐渐增大，经过 $5\sim10min$ 后达到最大值，然后逐渐减小并趋于稳定，其峰值分别为 1310g/min，338g/min 和 340g/min，施加 PAM 之后的坡面产沙率峰值显著降低。在产沙率基本稳定阶段，PAM 用量为 $1g/1.25m^2$ 时的坡面产沙率要低于 $2g/1.25m^2$。造成这种现象的原因，一方面是野外试验受天气影响，试验土壤初始含水量不同，PAM1 的土壤初始含水量为 12.4%，PAM2 土壤初始含水量为 11.1%，而初始含水量是影响坡面产沙率的重要因素之一，土壤初始含水率越高，产流越快，平均入渗率越小，径流量越大，故产沙率也越大；另一方面是 PAM 用量较小时有增加入渗、减小径流的作用，进而影响坡面的产流产沙情况。

由 PAM3、PAM4 可以看出，当 PAM 用量继续增大时，坡面产沙率进一步降低，并稳定于 10min 左右。当 PAM 用量从 $3g/1.25m^2$ 增加到 $4g/1.25m^2$ 时，除试验初期外，减沙效果基本接近。由于 PAM 的成本较高，从经济角度考虑，PAM4 的成本要远远高于 PAM3，综合比较，选用 PAM3 的减沙效果比较理想。

2）对坡面累积产沙量的影响

图 2-23 为不同 PAM 用量下，坡面累积产沙量随时间的变化过程，可以看出，随着 PAM 用量的增加，累积产沙量明显减少。放水冲刷前期坡面产沙量增长较快，这是因为坡面表施的 PAM 与水作用不充分，PAM 尚未完全溶解，对坡面还没有形成保护。除 CK 外，约 20min 后，坡面产沙量趋于稳定，这是因为此时 PAM 溶解，而溶解在水中的 PAM 能起到絮凝剂的作用，使土壤颗粒形成体积较大的絮团，均匀地铺在土壤表面，使土壤表面形成了一层保护膜，增强了土壤的水稳性，提高了土壤表面的抗溅蚀能力和对地表径流的抵抗力，使土壤颗粒在径流中不易分散悬浮而流失，从而有效抑制水土流失，减少土壤侵蚀。试验结束时 CK、PAM1、PAM2、PAM3 和 PAM4 的累积产沙量分别为 18.3kg、3.5kg、6.1kg、1.4kg 和 0.6kg，PAM4 的累积产沙量最小，不施 PAM 的坡面（CK）累积产沙量最大，是 PAM4 的 30.5 倍。

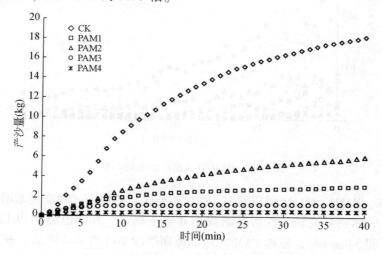

图 2-23　PAM 对坡面累积产沙量的影响

对图中的数据进行拟合，发现坡面累积产沙量与时间存在如下关系式：

$$y = ax^2 + bx + c \qquad (2-1)$$

式中：y 为坡面累积产沙量，kg；x 为产沙时间，min；a、b、c 均为拟合参数。具体拟合值如表 2-15 所示。

表 2-15　PAM 对坡面累积产沙量影响的拟合参数

PAM 用量（g/1.25m²）	a	b	c	R^2
0（CK）	−0.0123	0.2862	0.9401	0.9955
1（PAM1）	−0.0037	0.2966	0.1502	0.9956
2（PAM2）	−0.0023	0.1626	0.4105	0.9543
3（PAM3）	−0.001	0.0611	0.468	0.8431
4（PAM4）	−0.0005	0.0314	0.0798	0.972

2. PAM 对坡面产流及入渗的影响

1）对坡面产流变化过程的影响

图 2-24 为不同 PAM 用量下坡面产流随时间的变化过程，随着 PAM 用量的增加，坡面径流量增大，不同 PAM 用量影响坡面产流；PAM1＜CK＜PAM2＜PAM3＜PAM4。在冲刷试验开始时坡面径流量很小，CK、PAM1、PAM2、PAM3 和 PAM4 分别为 7.1kg/min、2.6kg/min、3.4kg/min、6.1kg/min 和 4.9kg/min，随后迅速增加，一段时间后趋于稳定，20min 时的径流量分别为 18.7kg/min、15.9kg/min、18.5kg/min、21.8kg/min 和 22.7kg/min。不同用量的 PAM 在冲刷初期对径流量

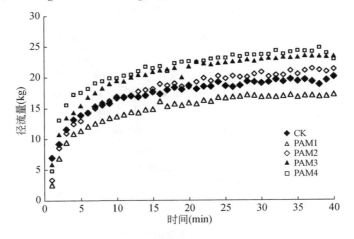

图 2-24　PAM 对坡面产流的影响

的影响作用不明显，随着 PAM 溶解于水，坡面径流量增加，随着 PAM 用量增加，坡面径流量的增加幅度增大。出现这一现象一方面是因为试验初期土壤含水量较低，水分入渗导致径流量较小，当土面含水量逐渐增加至饱和，坡面径流量也增大至稳定阶段，所以坡面土壤入渗速率和径流量是此消彼长的过程；另一方面是由于一段时间后 PAM 充分溶解于水在坡面形成了保护膜，有效阻止水分入渗，且 PAM 用量越大，这一现象越明显。

与 CK 相比，当 PAM 用量为 $1g/1.25m^2$（PAM1）时，坡面表现出入渗增加、径流减少的现象，当 PAM 用量大于 $2g/1.25m^2$（PAM2）时，表现为增加径流，减小入渗。这是由于 PAM 是高分子化合物，其分子链较长，能将土壤表面的颗粒固结住，在 PAM 用量较大时，由于黏滞性较高，造成 PAM 分布不均匀，从而引起 PAM 的穿透性下降，使固结表层下部土粒的能力减弱；随着 PAM 用量的减小，PAM 溶胶喷洒的均匀度增加，使其穿透力加强，因而固结到表层下部的土粒更多，减少了土粒分散造成的封闭。

2）对土壤剖面含水量的影响

为了方便比较，在四种不同 PAM 用量下的土壤初始条件基本接近，取土壤表层至 20cm 深度不同土层的平均土壤含水量得初始含水量范围。由图 2-25 可知，冲刷试验前土壤初始含水量从表层的 8.8% 向下逐渐增加至 13.2%，冲刷试验结束后，PAM1、PAM2、PAM3、PAM4 的土壤含水量由表层的 23.9%、22.4%、20.3%、20.6% 向下逐渐减少，在 40cm 的土壤含水量分别为 7.7%、10.3%、2.9%、4.3%。取 13.2% 为初始含水量，得到这一含水量条件时 PAM1、PAM2、PAM3、PAM4 对应的土层深度分别为 33.4cm、37.1cm、42.2cm、41.8cm，

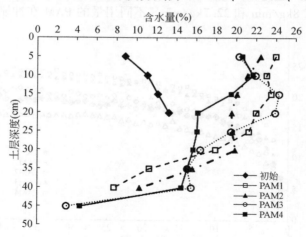

图 2-25　冲刷后土壤剖面含水量变化

即土壤湿润锋所在位置，但不同 PAM 用量的土壤水分入渗规律并没有表现出明显的差异性，这一方面是由于田间土壤中存在大孔隙，土壤剖面的条件不均一；另一方面可能是由于土壤水分再分布的时间较短，而取土有一定的时间差，进而影响试验结果。

综上所述，对于黄土坡地而言，提高降雨径流的就地利用，增加地表入渗，PAM 的最佳用量约为 $1g/1.25m^2$；对于积蓄和利用坡地径流，减少入渗，PAM 最佳用量约为 $3g/1.25m^2$，且减沙效果要好于减少径流量的效果。

3. PAM 对坡面氮素迁移的影响

表土施加的 PAM 改变了土壤的物理性状，是由于 PAM 具有很长的分子链，在上方来水条件下，PAM 溶解在水中，除了一部分吸附在了土壤颗粒表面以外，很长的尾部仍在溶液中。这个分子链将土壤颗粒连接在一起从而减少了土壤侵蚀，分子链的尾部堵塞了土壤的传导孔隙，从而增加了地表径流。由于 PAM 影响了径流和泥沙的变化过程，从而也影响了土壤溶质随径流的流失过程。

1）对坡面径流溶质运移变化过程的影响

图 2-26 为在同一上方来水流量下不同 PAM 用量的 CK、PAM1、PAM4 对径流氮素浓度的影响。1min 时的 CK、PAM1、PAM4 的氮素浓度大小分别为 0.861g/L、0.685g/L、0.549g/L，10min 时的 CK、PAM1、PAM4 的氮素浓度大小分别为 0.018g/L、0.024g/L、0.011g/L，径流氮素的浓度在放水前期较高，随着放水进行径流氮素浓度迅速衰减并趋于一个较小的浓度值。导致氮素浓度衰减较快的原因是，影响径流溶质浓度的因素除了上方来水流量、地表径流的溶解浸提作用外，土壤对溶质的吸附性也是一个很重要的因素，溶质流失途径主要是随着径流迁移，包括垂直向下入渗和随地表径流的水平运移。在放水冲刷前期，地表的氮素浓度最大，所以径流中浓度也最大；而 PAM 与水作用初期能增加水分

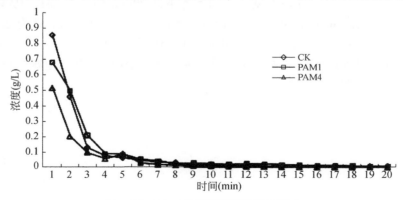

图 2-26　PAM 对径流氮素浓度的影响

的垂直入渗，故施加 PAM 的氮素浓度要低于 CK，并且 PAM 含量越高，径流氮素浓度越小。由于径流的稀释作用以及地表氮素向下迁移，径流氮素浓度不断减小，而同时 PAM 溶解在水中，在土壤表面形成的保护膜能有效减缓径流对表层以下土壤的侵蚀，所以施加 PAM 的径流氮素浓度与对照试验相比减少的要缓慢一些，而且随着 PAM 用量的增加，这一现象更明显。

对图中曲线进行拟合，发现坡面氮素浓度变化过程与时间存在较好的幂函数关系，具体拟合公式如下所示：

$$y = ax^b \tag{2-2}$$

式中：y 为坡面溶质浓度，g/L；x 为产流时间，min；a、b 均为拟合参数。由表 2-16 可见各溶质浓度变化在不同 PAM 用量条件下均可用幂函数描述，且相关系数较高。

表 2-16　不同 PAM 用量对溶质浓度影响的拟合参数

PAM 用量（g/1.25m^2）	a	b	R^2
0（CK）	0.9931	−1.712	0.9907
1（PAM1）	0.8824	−1.517	0.9721
4（PAM4）	0.6968	−1.747	0.9789

2）对坡面径流溶质累积流失量的影响

在其他条件均控制一致的情况下，径流氮素流失量只与径流浓度和径流量有关，可由以下公式计算：

$$m(t) = c(t) \times r(t) \tag{2-3}$$

式中：$m(t)$ 为产流 t 时刻径流养分流失率，mg/min；$c(t)$ 为产流 t 时刻径流养分浓度，g/L；$r(t)$ 为产流 t 时刻径流量，L/min；t 为产流时刻，min。

利用上式计算在上方来水流量相同条件下前 20min CK、PAM1、PAM4 的径流溶质的累积流失量分别为 17.9g、13.7g 和 12.2g，这说明 PAM 能有效减少坡面溶质随径流的流失总量，与 CK 相比，PAM1 能有效减少溶质流失 31.8%，PAM4 能有效减少溶质流失 23.2%，这说明施加 PAM 可以有效地减少黄土坡耕地的氮素随地表径流的流失。

第3章 河流水质对污染源的响应

3.1 流域水质特征

3.1.1 枯水期沣河水质特征

2011 年 11 月（枯水期）和 2012 年 9 月（丰水期）对沣河水体进行现场测定，并对水样的理化指标进行分析。沣河枯水期采样断面水质不同指标的空间分布结果如图 3-1 和表 3-1 所示。

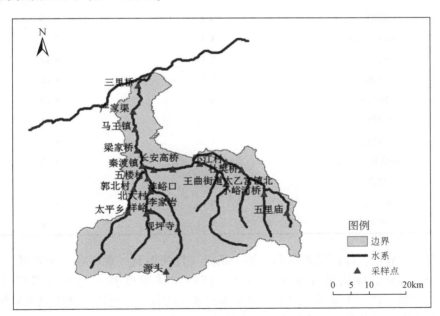

图 3-1 沣河采样断面分布图

表 3-1 沣河采样断面信息表

样点	枯水期编号	丰水期编号
源头	N-1	S-1
观坪寺	N-2	S-2

样点	枯水期编号	丰水期编号
沣峪口	N-3	S-3
祥峪		S-4
李家岩	N-5	S-5
太平乡	N-6	S-6
北大村	N-7	S-7
郭北村	N-8	S-8
东大沣河大桥	N-9	S-9
三里桥	N-11	S-11
严家渠	N-13	S-13
马王镇（马王村）	N-14	S-14
梁家桥	N-15	S-15
五楼村	N-16	S-16
五星蛟河大桥	N-17	S-17
秦渡镇	N-18	S-18
长安高桥	N-19	S-19
滈河桥	N-20	S-20
杜樊桥	N-21	S-21
小江村	N-22	S-22
太乙宫镇北（街道）	N-23	S-23
小峪河桥	N-24	S-24
五里庙	N-26	S-26
王曲街道	N-31	S-31

　　图 3-2 显示，沣河除源头和上游个别点（沣河源头、观坪寺、李家岩、五里庙）外，水体温度均处于 9.80℃ 以上，沣河水体温度基本与空气温度（8 ~ 14℃）一致。图 3-3 显示，由于沣河整体河水流速较快，所以水体空气充氧较快，从调查结果也可以看出，沣河水体基本处于富氧状态（DO 浓度 ≥8.75mg/L）。

　　图 3-4 显示沣河河流水体 pH 均大于 7，为碱性水体，甚至在祥峪、太平乡、五里庙、太乙宫街道、王曲街道和小江村 6 个监测点超过 8.26。其中，祥峪和小江村河岸为农田，离村庄较近；五里庙位于上游，左岸河岸有核桃树、柿子树、栗子树和养蜂场，右岸为上山公路和村落，以旅游为主；太平乡位于上游，河岸较宽，鹅卵石堆积，是集中烧烤旅游点；太乙宫街道采样断面位于村落边缘，河岸有农村生活垃圾和农作物秸秆堆积。

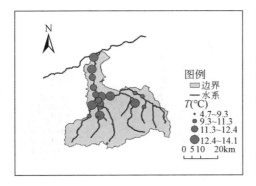

图 3-2　枯水期沣河水体温度分布情况

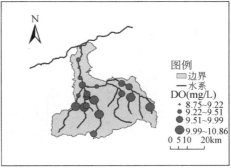

图 3-3　枯水期沣河水体 DO 分布情况

　　由图 3-5 可以看出，沣河上游沣河源头、观坪寺、李家岩、五里庙、沣峪口电导率 SpC 较小（70.2～141.4μS/cm），而太乙宫街道、太平乡和祥峪采样断面由于周边有村落，人类活动干扰较大，也有倾倒生活垃圾污水的现象，导致断面河水电导率较高。中游由于村落密集、存在大学校园区、工厂污染物排放，除少数点（北大村、东大沣河大桥）外，水体电导率较大（310.1～416.2μS/cm）。下游由于上游污染水体汇入、河岸村镇生活污水和垃圾的排放，河水电导率保持较高水平（117.0～306.5μS/cm）。

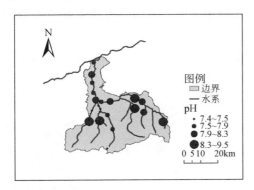

图 3-4　枯水期沣河水体 pH 分布情况

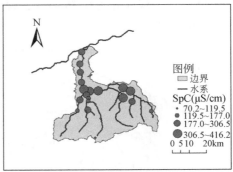

图 3-5　枯水期沣河水体电导率分布情况

　　图 3-6 显示沣河水体整体 ORP（氧化还原电位）为正值，呈氧化性，且在中游的李家岩、沣峪口、王曲街道、郭北村、东大沣河大桥、五楼村和下游的三里桥断面氧化性较强（ORP = 144.6～174.0mV）。从图 3-7 可以得到，除少数点（杜樊桥、小江村、滈河桥岸边侵蚀，土壤流失严重）外，沣河水体悬浮物（SS）浓度均在 123.7mg/L 以下。

图 3-6　枯水期沣河水体 ORP 分布情况

图 3-7　枯水期沣河水体 SS 分布情况

从图 3-8 可以看出，沣河上游氨氮含量较低（≤0.150mg/L），可达国家地表水Ⅰ级标准，而中下游水体氨氮含量较大，但除少数点（五星蛟河大桥、秦渡镇和长安高桥分别为 1.417mg/L、1.194mg/L、1.038mg/L，岸边为村镇和果树林、农田等）外，均可达地表水Ⅲ类标准。

图 3-9 显示，硝氮含量较高（>0.70mg/L），且个别点如祥峪、王曲街道、杜樊桥、小江村、滈河桥和五星蛟河大桥岸边为村镇、农田、果林等，硝氮含量达到 4.32～5.79mg/L，而沣河源头（地下水补给，可忽略外源输入）硝氮含量为 0.72mg/L，观坪寺为 0.75mg/L，说明沣河水体中硝氮污染可能主要受外源污染物排放影响。

图 3-8　枯水期沣河水体氨氮分布情况

图 3-9　枯水期沣河水体硝氮分布情况

图 3-10 显示，除太平乡、北大村、郭北村、祥峪、太乙宫街道断面（亚硝氮含量分别为 0.066mg/L、0.150mg/L、0.047mg/L、0.026mg/L、0.022mg/L）外，亚硝氮含量均较低（≤0.010mg/L），甚至低于检测限（0.003mg/L）。亚硝氮浓度较高的断面主要处于中游河段。

图 3-11 表明，研究的 23 个监测断面中，有 7 个断面（马王村、杜樊桥、五星蛟河大桥、滈河桥、小江村、五楼村和小峪河桥）的 BOD_5 大于 6mg/L，为地表水 V 类或劣 V 类标准。其中马王村断面河岸为农田，杜樊桥、小江村和五楼村断面周边为村落、农田和学校，五星蛟河大桥河岸为树林和养鸭场，滈河桥河岸为经果林，小峪河桥处于上游，河岸为山地，上游正在进行铁路建设，岸边有郑家坡村和公共汽车站，往下游以果树林和农田为主。沣河中游和下游由于上游污染物的汇入和岸边各种污染物的排放，水体 BOD_5 浓度偏高。

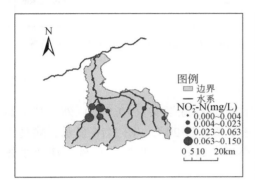
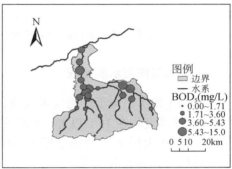

图 3-10   枯水期沣河水体亚硝氮分布情况   图 3-11   枯水期沣河水体 BOD_5 分布

从图 3-12 可以看出，枯水期沣河五星蛟河大桥、杜樊桥、马王村、小江村和滈河桥 5 个断面的水体中 COD 大于 30mg/L（国家地表水标准，V 类水），除沣河源头、沣峪口、祥峪外，其余点 COD 值均在 20 ~ 29mg/L（国家地表水标准，Ⅳ 类水），说明沣河水体 COD 污染较严重。并且中游水体 COD 浓度整体高于上游和下游水体 COD 浓度，这与中游村镇（或农家乐旅游点）密集（北大村、郭北村、李家岩等），农田化肥流失入河，但生活垃圾和污水处理不完善甚至排入河道的现象（观坪寺、太平乡、北大村、太乙宫街道、王曲街道等）比较严重有关。

图 3-13 显示的枯水期沣河水体 TN 浓度分布表明，除沣河源头、观坪寺、李家岩监测点 TN 在 1.01 ~ 1.38mg/L 之间外，其余监测点水体 TN 均大于 1.5mg/L，少数点（太平乡、五里庙）为 V 类水，大部分为劣 V 类水。中游水体 TN 比上游和下游水体 TN 偏高。

从图 3-14 可以看出，在沣河设置的 23 个监测断面中，有 2 个断面（太平乡、观坪寺）TP 浓度超过 V 类水标准，1 个断面（滈河桥）水体 TP 浓度符合 V 类水标准，2 个断面（五星蛟河大桥、小江村）水体 TP 浓度符合 Ⅳ 类水标准，其余均可达 Ⅲ 类水标准。并且整体中游 TP 浓度较高，上游和下游 TP 浓度较低。

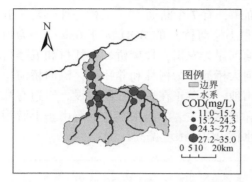

图 3-12　枯水期沣河水体 COD 分布情况

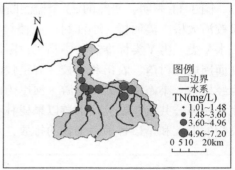

图 3-13　枯水期沣河水体 TN 分布情况

3.1.2　丰水期沣河水质特征

图 3-15 显示，由于环境气温较高，沣河水体除源头（10.9℃）外，其余监测断面水体温度均在 15℃以上，甚至在三里桥超过 20℃。图 3-16 显示，除马王村、五星蛟河大桥和王曲街道断面 DO 小于 7.5mg/L（Ⅱ类水）外，沣河水体 DO 整体较高，为富氧状态。

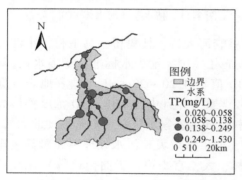

图 3-14　枯水期沣河水体 TP 分布情况

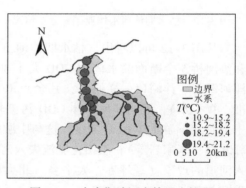

图 3-15　丰水期沣河水体温度情况

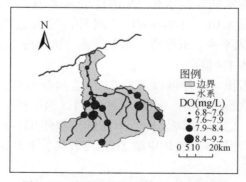

图 3-16　丰水期沣河水体 DO 分布情况

图 3-17 显示，除北大村采样断面（pH＝7.10）外，其余监测断面的 pH 在 8～9 之间，处偏碱性状态，且在观坪寺、李家岩、杜樊桥、小江村、太乙宫街道和五里庙超过了 8.60。图 3-18 显示，王曲街道断面水体电导率最高（568μS/cm），根据现场调研，可能与断面处河流穿过村镇，上游水库截流，导致河流流量小，而周围村镇不断向河水排放生活污水有关。祥峪、三里桥、梁家桥、五星蛟河大桥、长安高桥、滴河桥、杜樊桥断面水体电导率均大于 240μS/cm。

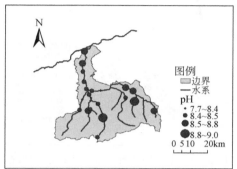

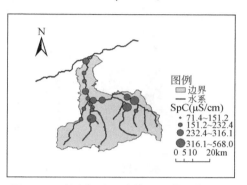

图 3-17 丰水期沣河水体 pH 分布情况 　　图 3-18 丰水期沣河水体电导率分布情况

图 3-19 显示，丰水期沣河水体氧化还原电位（ORP）均为正值，呈氧化性，但除源头、观坪寺、沣峪口监测断面外，ORP 均在 100mV 以下。图 3-20 显示，丰水期沣河水体氨氮含量较枯水期偏低，均可达到国家地表水Ⅱ类水标准，可能与丰水期水量大，对污染物有稀释作用有关。且在所有研究断面中，祥峪断面河水氨氮质量浓度最高（0.53mg/L）。

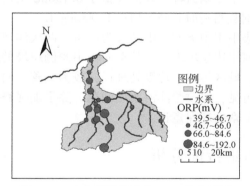

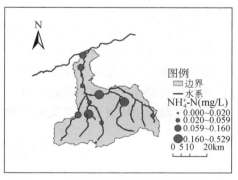

图 3-19 丰水期沣河水体 ORP 分布情况 　　图 3-20 丰水期沣河水体氨氮分布情况

图 3-21 显示，丰水期沣河水体硝氮浓度整体较枯水期没有明显变化，除沣河源头断面水体硝氮浓度为 0.77mg/L 外，其余均大于 1.0mg/L，且在祥峪、杜樊桥、小江村和太乙宫街道断面水体硝氮浓度超过 4.0mg/L。

　　如图 3-22 所示的丰水期沣河水体亚硝氮分布情况显示，丰水期亚硝氮浓度较枯水期偏高，且在长安高桥断面水体亚硝氮浓度超过 1.0mg/L，在祥峪、北大村、王曲街道断面水体亚硝氮浓度大于 0.5mg/L，然而在沣河源头、观坪寺、沣峪口、三里桥、严家渠、马王村、梁家桥、五星蛟河大桥、秦渡镇、杜樊桥断面水体亚硝氮浓度低于检测限（0.003mg/L）。

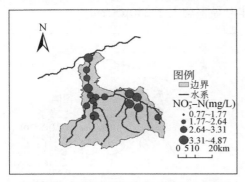

图 3-21　丰水期沣河水体硝氮分布情况　　　图 3-22　丰水期沣河水体亚硝氮分布情况

　　综上所述，在枯水期和丰水期，沣河水体均处于富氧状态，且上游水体 DO 比中游和下游高。沣河水体整体 pH>7.0，为偏碱性状态。枯水期沣河水体氨氮污染较为严重（最高氨氮浓度检测值达 1.417mg/L），且中下游污染程度明显高于上游；而丰水期氨氮污染程度较低（小于 0.530mg/L），且氨氮浓度偏高的监测断面位于中游。沣河水体硝氮浓度整体较高（枯水期：0.72 ~ 5.79mg/L；丰水期：0.77 ~ 4.86mg/L），且枯水期和丰水期硝氮浓度整体分布均为中下游高于上游。从检测结果上看，枯水期沣河水体中亚硝氮含量较低（低于 0.150mg/L），而丰水期沣河水体亚硝氮浓度偏高，个别监测断面亚硝氮超过 1.000mg/L。

　　整体上看，沣河水体氮素污染主要集中于中下游，中游较为严重。两次沣河调研也发现，沣河中游地区村庄密集，河岸边垃圾堆放，甚至向河中倾倒垃圾的现象比较严重；下游地区由于城区较多，城区污水、垃圾处理设施较为完善，向河中乱丢垃圾废弃物的现象也较少见。可见，要改善沣河水质问题，除了加强修复技术研发及应用以外，更要提高当地群众的环保意识。

3.2　河流污染特征分析

3.2.1　污染源分析

1. 非点源污染

非点源污染调查分析的主要对象为农村人口数量、农村生产生活污水、农业化肥农药使用和分散式畜禽养殖等。非点源污染分析主要通过区域内人口数量、畜禽养殖数量和化肥施用量调查,借助经验系数估算非点源污染负荷,最后非点源污染负荷以底肥的形式进入模型。

1)农村生活污染

农村生活污染主要考虑区域内农业人口生活污水和粪尿中污染物含量,根据相关文献,农村生活污染排放系数见表 3-2。根据区域内农业人口数量得到最后的农村生活污染排放量,见表 3-3。

表 3-2 农村生活污染排放系数 ［单位:kg/(人·a)］

指标	农村生活污水	人粪尿
TN	0.56	3.06
TP	0.16	0.524

表 3-3 沣河流域主要非点源污染排放量汇总

污染源	TN (t/a)	TP (t/a)	所占比例 (%)	
			TN	TP
农村生活	2117	493	13.6	16.6
化肥施用	12057	1901	77.6	64.0
畜禽养殖	1360	574	8.8	19.3
合计	15534	2968	100	100

2)农业化肥

流域内主要使用的化肥为碳酸氢铵、尿素、磷肥,对流域内化肥使用量按碳酸氢铵含氮 17%、尿素含氮 46%、磷肥含磷 12% 进行折纯得到施用量(表 3-3)。

3)畜禽养殖

根据区域统计年鉴数据,将流域内相关乡镇畜禽养殖情况进行汇总,然后依据相关文献核算出畜禽养殖中主要污染物的排放量。畜禽粪便排泄系数及畜禽粪便中污染物平均含量见表 3-4、表 3-5,最终畜禽养殖污染排放量见表 3-3。

表 3-4 畜禽粪便排泄系数

项目	单位	牛	猪	鸡	鸭
粪	kg/d	20	2	0.12	0.13
	kg/a	7300	398	25.2	27.3

项目	单位	牛	猪	鸡	鸭
尿	kg/d	10	3.3		
	kg/a	3650	656.7		
饲养周期	d	365	199	210	210

表 3-5　畜禽粪便中污染物平均含量　　　　　　　　（单位：kg/t）

项目	TP	TN
牛粪	1.18	4.37
牛尿	0.4	8
猪粪	3.41	5.88
猪尿	0.52	3.3
鸡粪	5.37	9.84
鸭粪	6.2	11

2. 点源污染

1）生活点源

生活点源污染主要来源于乡镇，主要包括未经处理排放的生活污水和污染物。生活点源的估算主要考虑建制镇中非农业人口的数量、下水道的普及率、传输过程中的损失率等。根据《第一次全国污染源普查城镇生活源产排污系数手册》，采用五区 1 类生活污水、生活垃圾产生和排放系数作为生活点源计算标准。人均生活污水量产生系数为 125L/d，NH_4^+-N 排放系数为 8.3mg/L，TN 排放系数为 11.8mg/L，TP 排放系数为 1.05mg/L，入河系数取为 0.6。估算得出的流域内各建制镇生活废水和污染物入河量见表 3-6，各建制镇在流域中的位置如图 3-23 流域内建制镇分布所示。

表 3-6　沣河流域生活点源入河量估算

乡镇（街道）	非农业人口	废水入河量（m³/d）	NH_4^+-N（kg/d）	TN（kg/d）	TP（kg/d）
滦镇	5288	396.60	26.33	37.44	3.33
子午镇	1470	110.25	7.32	10.41	0.92
五台镇	520	39.00	2.59	3.68	0.33
王曲镇	3999	299.93	19.91	28.31	2.52
黄良街道	562	42.15	2.80	3.98	0.35

续表

乡镇（街道）	非农业人口	废水入河量（m³/d）	NH₄⁺-N（kg/d）	TN（kg/d）	TP（kg/d）
太乙宫镇	9466	709.95	47.14	67.02	5.96
东大乡	1095	82.13	5.45	7.75	0.69
灵沼乡	453	33.98	2.26	3.21	0.29
杜曲镇	5139	385.43	25.59	36.38	3.24
马王镇	4390	329.25	21.86	31.08	2.77
斗门乡	2710	203.25	13.49	19.19	1.71
高桥镇	418	31.35	2.08	2.96	0.26
五星街道	1453	108.98	7.24	10.29	0.92
兴隆镇	806	60.45	4.01	5.71	0.51
细柳街道	1387	104.03	6.91	9.82	0.88
王莽街道	638	47.85	3.18	4.52	0.40
草堂镇	1095	360.90	23.96	34.07	3.03
太平乡	1095	57.38	3.81	5.42	0.48
钓台镇	418	395.40	26.26	37.33	3.32
秦渡镇	1387	338.18	22.45	31.93	2.84
合计	43789	4136.42	274.66	390.49	34.76

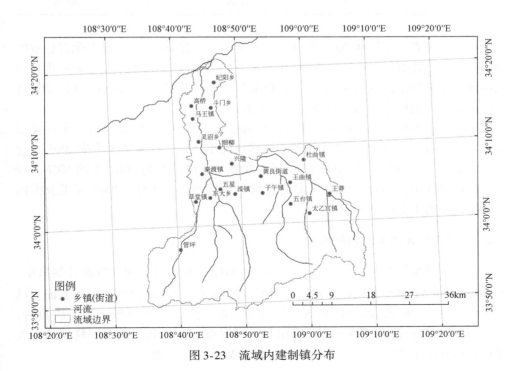

图 3-23 流域内建制镇分布

2）工业点源

根据陕西省城镇供排水与污水处理现状及需求预测，目前沣河流域工业废水排放量总量约为 1570 万 m^3/a，流域内各建制镇及沣渭新区工业点源污水排放量见表 3-7。

表 3-7　沣河流域工业点源污染排放量

建制镇（区）	污水负荷（m^3/d）	NH_4^+-N（kg/d）	TN（kg/d）	TP（kg/d）
沣渭新区	15152	151.52	227.27	15.15
斗门	3637	36.37	54.55	3.64
细柳	2477	24.77	37.15	2.48
秦渡镇	2576	25.76	38.65	2.58
子午	2000	20	30	2
滦镇	3078	30.78	46.17	3.08
东大	2096	20.96	31.44	2.1
太乙宫	1625	16.25	24.37	1.62
五台乡	815	8.15	12.23	0.82
草堂	4509	45.09	67.63	4.51
合计	37965	379.65	569.46	37.98

据相关调查，沣河在 2002 年以前，主要污染源有 49 个，乡镇工业占总数的 77.6%，其中造纸业占乡镇工业总数的 76.3%，因此沣河流域主要工业废水为造纸污水，根据国家标准《制浆造纸工业水污染物排放标准》（GB 3544—2008）估算出的各建制镇主要污染物排放见表 3-7。

针对沣河污染情况，西安市环境保护局出台了《西安–咸阳沣皂河水污染治理规划》，关停了沣河沿岸诸多不能达标排放的小企业，使沣河水质从 2005 年起有了明显改善，统计表明 2012 年沣河工业废水排放量约为 2002 年的 60%。因此，模拟过程中，2005~2007 年采用现状工业排污量，2001~2004 年工业排污量采用现在的 1.7 倍。

3.2.2　污染物参数率定和验证

由于实测水质资料中，只有 TN、TP 和 NH_4^+-N 有相对长期连续的监测数据，所以采用 SWAT 模型开展污染物参数率定，选择这 3 个指标进行率定和验证。模型中并没有直接给出 TN 和 TP 的模拟结果，而是给出其各种形态的氮磷负荷，实际率定和验证过程中 TN 和 TP 采用其各种形态负荷之和。通过调整模型相关参数，得到污染物模拟结果如图 3-24~图 3-29 和表 3-8 所示。

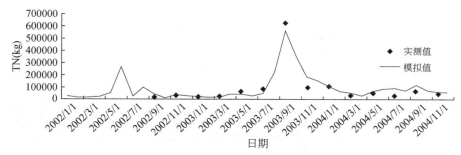

图 3-24 TN 率定期实测和模拟月过程

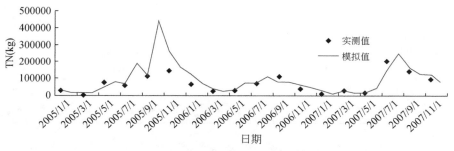

图 3-25 TN 验证期实测和模拟月过程

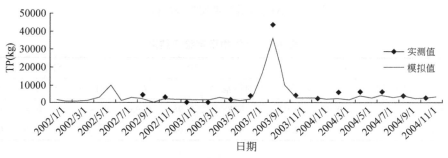

图 3-26 TP 率定期实测和模拟月过程

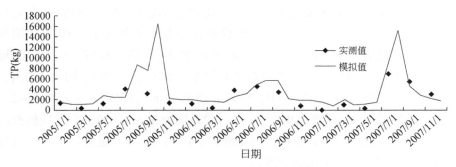

图 3-27 TP 验证期实测和模拟月过程

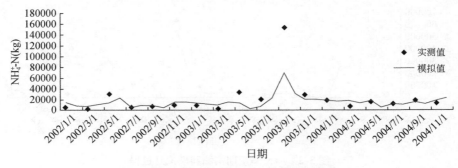

图 3-28　NH_4^+-N 率定期实测和模拟月过程

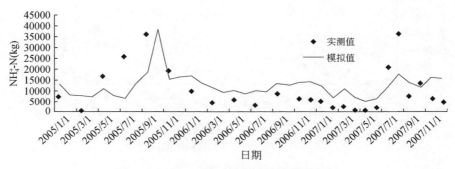

图 3-29　NH_4^+-N 验证期实测和模拟月过程

表 3-8　污染物率定验证结果

模拟期	TN			TP			NH_4^+-N		
	相对误差/%	r^2	E_{ns}	相对误差/%	r^2	E_{ns}	相对误差/%	r^2	E_{ns}
率定期	5	0.95	0.92	-18	0.98	0.93	-23	0.9	0.61
验证期	5	0.54	0.43	28	0.62	0.45	19	0.25	0.2

　　从表 3-8 可以看出，TN 率定期和验证期相对误差均为 5%，率定期 r^2 和 E_{ns} 分别为 0.95、0.92，验证期分别为 0.54、0.43，率定期和验证期相对误差均小于 20%，r^2 和 E_{ns} 均大于 0.4，说明 TN 模拟结果基本满足要求。TP 率定期和验证期相对误差分别为 -18%、28%，率定期 r^2 和 E_{ns} 分别为 0.98、0.93，验证期为 0.62、0.45，率定期和验证期相对误差均小于 50%，r^2 和 E_{ns} 均大于 0.4，模拟结果在可接受的范围之内。NH_4^+-N 率定期和验证期相对误差分别为 -23%、19%，率定期 r^2 和 E_{ns} 分别为 0.9、0.61，验证期为 0.25、0.2，率定期模拟结果在可接受的范围之内，验证期模拟结果较差，r^2 和 E_{ns} 均不能满足要求，只是总体趋势上实测和模拟结果比较一致。

总体上讲，TN、TP 的模拟结果较好，NH_4^+-N 模拟结果相对较差，但是考虑到实测数据较少，且以日监测数据作为月代表浓度计算得出月负荷，其本身存在较大误差，而 NH_4^+-N 验证期相对误差为 19%，相对误差较小，且模拟过程与实测过程趋势较为一致，故认为本次水质的模拟结果具有一定精度，满足模型率定要求，模型可以用于后续分析。

3.2.3　污染负荷估算与分析

1. 模拟期流域水文条件

根据流域秦渡镇 1973～2007 年（缺 1999 年数据）的径流资料，选用皮尔逊Ⅲ型曲线（P-Ⅲ型频率曲线），采用适线法求得年径流频率曲线（图 3-30），其平均值 Ex、离差系数 Cv、偏差系数 Cs 分别为 7.19m³/s、0.51 和 1.02。根据频率计算参数，求得频率为 25% 和 75% 时对应的径流量，分别确定丰水年和枯水年的年径流量为 9.21m³/s 和 4.50m³/s。根据频率计算结果可以确定模拟期 2001～2007 年中 2004 年为枯水年，2002 年、2006 年为偏枯年，2007 年为平水年，2005 年为偏丰年，2003 年为丰水年。模拟期基本包含了不同的水文条件，因此对不同年份的模拟结果基本反映了不同条件下流域内的非点源污染状况，可以得出典型年的非点源污染分布规律。

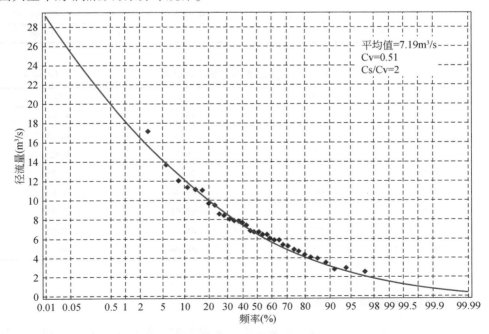

图 3-30　流域径流频率适线图

2. 流域非点源污染负荷估算

通过率定和验证的 SWAT 模型，去掉点源输入重新模拟流域负荷变化，估算流域非点源负荷量。流域 2002~2007 年非点源负荷计算结果见表 3-9，非点源负荷贡献率见表 3-10。非点源污染过程通常是伴随流域降雨径流过程发生的，因此其负荷量应与流域径流量存在较好的相关关系，泥沙量、TN、TP、NH_4^+-N 与径流量的相关系数分别为 0.97、0.89、0.65、0.69。从表 3-9 可以看出流域 TN 和 TP 非点源负荷较高，NH_4^+-N 非点源负荷相对较小，《西安–咸阳沣皂河水污染治理规划》实施后 TN、TP、NH_4^+-N 非点源负荷贡献率均有所增大，TN、TP 非点源负荷贡献率变化相对较大，均在 10% 左右，NH_4^+-N 非点源负荷贡献率变化相对较小，仅在 2% 左右。

表 3-9　沣河流域非点源负荷估算

年份	径流量（m^3/s）	泥沙量（10^4t）	TN（t）	TP（t）	NH_4^+-N（t）
2002	4.47	1.29	308.91	11.04	11.57
2003	12.09	6.88	1248.65	64.07	90.71
2004	5.35	0.78	409.39	9.17	11.87
2005	12.18	6.26	1022.15	28.26	48.41
2006	6.35	1.69	436.69	16.33	16.58
2007	9.51	4.58	604.24	26.35	22.94
平均值	8.33	3.58	671.67	25.87	33.68

表 3-10　流域非点源负荷贡献率　　　　　　　　　　（单位：%）

年份	TN	TP	NH_4^+-N
2002	53.94	38.51	8.44
2003	79.20	75.26	36.55
2004	53.14	26.50	6.62
2005	79.19	58.67	29.75
2006	60.94	47.36	11.50
2007	71.57	63.03	17.35
2002~2004 年平均值	62.09	46.75	17.20
2005~2007 年平均值	70.57	56.36	19.53

3. 流域污染负荷贡献率分析

流域内主要污染源为点源、化肥流失、畜禽养殖、农村非点源污染和土壤背景值，分别模拟有相应污染源和无相应污染源时沣河流域负荷变化，可以估算出各种污染源对沣河流域污染负荷的贡献。由于《西安-咸阳沣皂河水污染治理规划》实施前后（2004 年）点源污染存在较大变化，同时 2002～2004 年水文条件为偏枯年—丰水年—枯水年，2005～2007 年水文条件为偏丰年—偏枯年—平水年，两个阶段均基本包含了径流的丰枯变化，故分成 2002～2004 年和 2005～2007 年两个阶段分别计算其负荷贡献率，结果如图 3-31～图 3-33 所示。

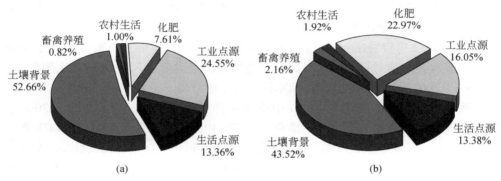

图 3-31　各类污染源 TN 负荷贡献率：(a) 2002～2004 年；(b) 2005～2007 年

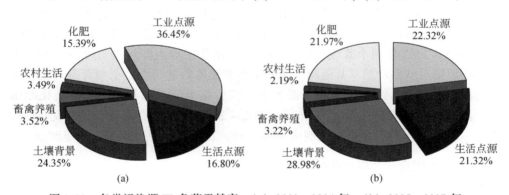

图 3-32　各类污染源 TP 负荷贡献率：(a) 2002～2004 年；(b) 2005～2007 年

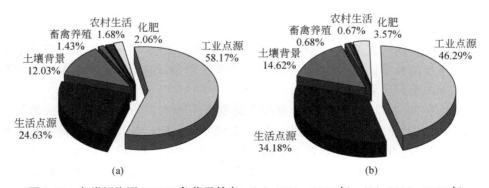

图 3-33　各类污染源 NH_4^+-N 负荷贡献率：(a) 2002～2004 年；(b) 2005～2007 年

从图 3-31 可以看出，流域内 TN 负荷主要来自于土壤背景，其次是工业点源、生活点源和化肥施用，畜禽养殖和农村生活比例较小。2002～2004 年和 2005～2007 年两个阶段由于沣河治理实施和水文条件的差异，各类负荷的贡献率存在明显变化，点源污染和土壤背景贡献率减小，化肥施用、畜禽养殖和农村生活所占比例增加。除去土壤背景影响，由人类活动所产生的污染以工业点源为主，其后依次是生活点源、化肥施用，畜禽养殖和农村生活比例较小；2002～2004 年工业点源负荷比例为 24%，2005～2007 年工业点源负荷比例达 16%，沣河治理前后点源比例有明显改变。

从图 3-32 可以看出，流域内 TP 负荷在 2002～2004 年主要来自于工业点源排放，其次是土壤背景、生活点源、化肥施用，畜禽养殖和农村生活比例较小；在 2005～2007 年主要 TP 负荷贡献率依次为土壤背景、工业点源、化肥施用、生活点源、畜禽养殖、农村生活，其中前面 4 类贡献率相当，均在 20%～30% 之间，后面两者比例较小。除去土壤背景影响，由人类活动所产生的污染以工业点源为主，其后依次是生活点源、化肥施用，畜禽养殖和农村生活比例较小；2002～2004 年工业点源负荷比例为 36%，2005～2007 年工业点源负荷比例达 22%，沣河治理前后点源比例有明显改变。

从图 3-33 可以看出，流域内 NH_4^+-N 负荷主要来自于工业点源排放，其次是生活点源、土壤背景，化肥施用、畜禽养殖和农村生活比例较小，2002～2004 年和 2005～2007 年两个阶段对比，2005～2007 年工业点源污染贡献率减小，生活点源污染贡献率增加，其他污染源贡献率变化不明显。除去土壤背景影响，由人类活动所产生的污染以工业点源为主，其后是生活点源和土壤背景，化肥施用，畜禽养殖和农村生活比例较小；2002～2004 年工业点源负荷比例为 58%，2005～2007 年工业点源负荷比例达 46%，沣河治理前后点源比例有明显改变。

3.2.4　非点源负荷时空变化规律

1. 流域非点源负荷时间变化规律

1) 流域非点源负荷年际变化

根据模拟期水文条件，选择 2004 年、2007 年、2003 年分别为枯水年、平水年和丰水年的典型代表年。不同典型年非点源负荷量计算结果见图 3-34，不同典型年非点源负荷贡献率见图 3-35。

从图 3-34 可以看出，流域非点源负荷量在不同水文条件下存在较大的年际变化。TN、TP 丰水年负荷量是平水年的 2 倍左右，NH_4^+-N 丰水年负荷量是平水年的 4 倍左右；TN 丰水年负荷量是枯水年的 3 倍左右，TP 和 NH_4^+-N 丰水年负荷量是枯水年的 7 倍以上。从图 3-35 可以看出，非点源负荷贡献率在年际间也存

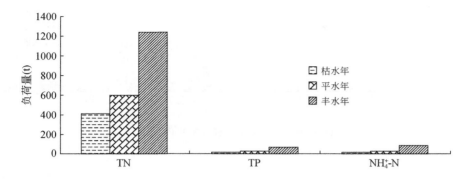

图 3-34 不同典型年非点源负荷量比较

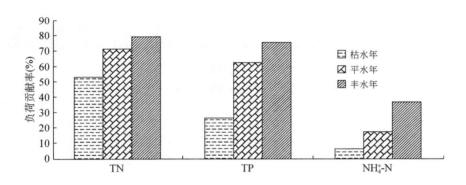

图 3-35 不同典型年非点源负荷贡献率比较

在较大差异，TN 非点源负荷贡献率年际变化在 50% ~80% 之间变化，TP 非点源负荷贡献率年际变化在 25% ~75% 之间变化，NH$_4^+$-N 非点源负荷贡献率年际变化在 5% ~35% 之间变化。

2）流域非点源负荷年内变化

同样选择 2004 年、2007 年、2003 年分别为枯水年、平水年和丰水年的典型代表年。不同典型年径流量和非点源负荷量年内变化如图 3-36 ~ 图 3-39 所示，不同典型年非点源负荷年内分配比例见表 3-11。非点源负荷年内分配与径流过程基本一致，径流量越大的月份负荷量也越大，与非点源污染产出规律一致。TN 负荷汛期多年平均比例为 83%，枯水年、平水年、丰水年汛期比例分别为 64%、90%、89%，TP 负荷汛期多年平均比例为 96%，枯水年、平水年、丰水年汛期比例分别为 80%、97%、99%，NH$_4^+$-N 负荷汛期多年平均比例为 96%，枯水年、平水年、丰水年汛期比例分别为 68%、96%、98%，总体上枯水年汛期比例相对较低，平水年和丰水年汛期比例相当。

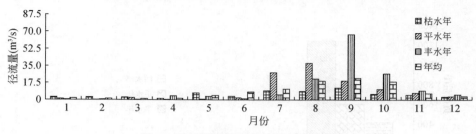

图 3-36 不同典型年径流量年内变化

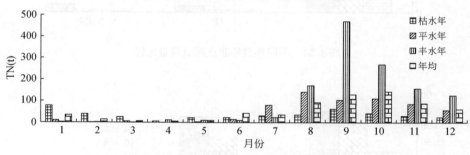

图 3-37 不同典型年 TN 负荷年内变化

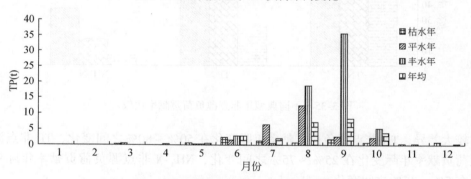

图 3-38 不同典型年 TP 负荷年内变化

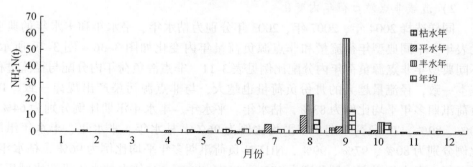

图 3-39 不同典型年 NH₄⁺-N 负荷年内变化

表 3-11　非点源负荷不同典型年年内分配比例　　　　（单位:%）

月份	径流量				TN			
	枯水年	平水年	丰水年	年均	枯水年	平水年	丰水年	年均
1	4.48	0.95	0.32	1.79	18.18	1.62	0.18	4.91
2	4.21	0.18	0.29	1.20	9.28	0.19	0.12	2.22
3	3.97	1.82	0.16	1.09	5.72	1.12	0.06	1.19
4	2.03	0.29	2.77	1.37	1.66	0.18	0.91	0.68
5	10.98	0.56	2.41	4.43	4.90	0.36	0.84	1.78
6	5.59	1.86	0.77	8.10	6.00	2.01	0.86	6.73
7	14.68	24.91	3.61	11.20	7.47	13.19	1.83	5.32
8	13.64	33.43	14.90	19.50	8.28	23.15	13.89	13.78
9	18.92	17.30	46.14	22.51	15.19	17.12	37.51	19.30
10	9.18	9.57	18.59	18.80	10.33	18.03	21.57	21.43
11	7.66	6.21	6.40	6.57	7.30	14.12	12.36	13.58
12	4.66	2.92	3.65	3.46	5.69	8.91	9.86	9.08
6~11月	69.67	93.29	90.41	86.67	54.57	87.62	88.02	80.14
12月~次年5月	30.33	6.71	9.59	13.33	45.43	12.38	11.98	19.86

月份	TP				NH$_4^+$-N			
	枯水年	平水年	丰水年	年均	枯水年	平水年	丰水年	年均
1	0.40	0.11	0.07	0.29	1.00	0.40	0.09	0.43
2	0.70	0.02	0.04	0.11	2.69	0.05	0.04	0.30
3	1.47	1.71	0.03	0.42	2.63	1.52	0.07	0.40
4	0.43	0.04	0.32	0.25	0.84	0.10	0.55	0.43
5	6.37	0.72	0.33	1.61	12.89	1.09	0.57	2.49
6	27.40	5.86	4.45	11.54	14.11	3.72	0.35	6.50
7	14.25	25.14	0.88	8.66	10.32	23.80	0.56	5.33
8	9.24	47.12	29.70	27.86	11.22	46.16	25.90	22.96
9	19.12	10.45	55.86	33.03	25.34	17.00	63.82	41.93
10	8.54	8.51	7.97	15.19	4.62	5.12	7.48	17.69
11	1.83	0.19	0.29	0.34	1.94	0.66	0.45	0.59
12	10.24	0.13	0.06	0.71	12.40	0.39	0.13	0.95
6~11月	80.39	97.27	99.15	96.61	67.55	96.47	98.55	95.00
12月~次年5月	19.61	2.73	0.85	3.39	32.45	3.53	1.45	5.00

2. 流域非点源负荷空间变化规律

模拟期内包含了丰水、枯水和平水的年份，能基本反映各种水文条件下的负荷变化，因此本次负荷空间变化规律采用模拟年的平均值作为其空间变化的表征。以子流域为单位，分析流域内非点源污染空间变化规律。流域内降水、泥沙、TN、TP 空间变化如图 3-40 ~ 图 3-43 所示。

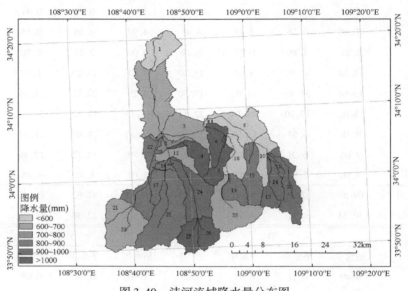

图 3-40　沣河流域降水量分布图

从图 3-40 可以看出，流域内降水大致分布为南多北少，最高为子流域 26、27，年降水量超过 1000mm，北部出口子流域 1 降水最少，低于 600mm。从图 3-41 可以看出，泥沙负荷空间分布总体上呈现南部东西两边较大，最高出现在子流域 13、14 和 17，泥沙负荷超过 250t/hm²，主要是由于该区域内坡度很大，植被以荒草地为主，土壤易被侵蚀。从图 3-42 来看，TN 负荷在流域中部、东南部和西南部较高，最高区域为子流域 11、14、17、20，TN 负荷超过 6kg/hm²，该区域是主要的泥沙负荷区，土壤侵蚀强度极高，TN 负荷的土壤背景贡献率很高，因此造成该区域 TN 负荷也高；其次是子流域 4、9、10、15，TN 负荷在 5 ~ 6kg/hm²，该区域主要土地利用类型为耕地，作物施肥量高，且位于南部山区和北部平原的过渡区域，有一定坡度，因此造成该区域 TN 负荷也较高。从图 3-43 来看，TP 负荷在流域中部和东南部较高，负荷最高区域为子流域 3、4、16、17，TP 负荷超过 0.5kg/hm²，其次是子流域 9、11、20、22，TP 负荷在 0.4 ~ 0.5kg/hm²，总体上 TP 负荷与 TN 负荷相似，主要受土壤流失、土地利用方式和坡度的影响。

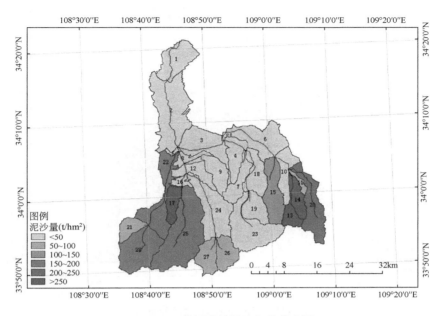

图 3-41　沣河流域泥沙负荷分布图

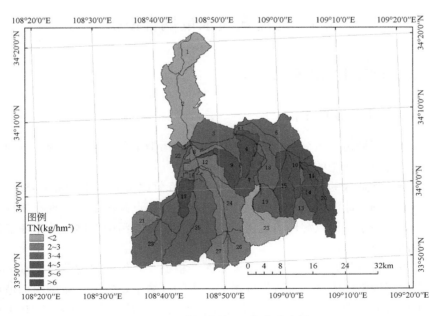

图 3-42　沣河流域 TN 负荷分布图

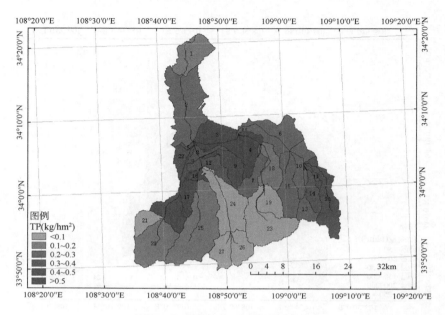

图 3-43　沣河流域 TP 负荷分布图

3.3　河流水质水量耦合模拟

3.3.1　流域水污染控制情景设置

1. 水污染主要影响因素

根据沣河流域污染负荷分析，流域内主要的污染来源为工业点源、城镇生活点源、土壤背景和化肥的施用。

在人类活动造成的污染负荷中，点源污染负荷比例基本上均超过 50%，因此点源污染控制是沣河流域水污染治理的首要任务。点源污染中，现状条件下工业点源比例略高于生活点源所占比例，因此对流域点源污染控制应从工业点源和生活点源两个方面考虑。

流域内土壤背景是其非点源的主要来源，根据土壤侵蚀强度分级标准，侵蚀流域内土壤侵蚀强度极高，土壤侵蚀最为严重的区域主要集中于流域南部坡度较高的草地和流域中部山区与平原区过渡带的耕地。同时从流域 TN 和 TP 负荷分布来看（图 3-42、图 3-43），这一区域也是 N、P 负荷较高的区域。因此通过合理的控制措施减少流域内土壤侵蚀和 N、P 流失是沣河流域水污染控制不可忽视的措施。

流域内耕地施肥也是其非点源污染的重要来源。流域内主要施用的均是化学肥料，且施肥量较高，在流域北部的耕地覆盖区，尤其是平原区，肥料流失是其非点源污染的主要来源。因此对化肥施用方法、数量的改革和管理是沣河流域水污染控制的重要手段。

2. 水污染控制措施选择

针对沣河流域主要污染负荷来源，同时结合流域自然地理条件和社会经济发展情况拟定流域水污染控制措施。流域水污染控制措施包括点源控制措施、非点源控制措施，流域水污染控制情景设计方案见表 3-12。

表 3-12 流域水污染控制情景设计方案

情景	情景设置	说明
1	2001～2004 年工业点源削减 40%，2005～2006 年不变	基于对现状沣河水污染治理工作实施的考虑
2	工业点源削减 20%	
3	工业点源削减 40%	基于对流域内工业污染治理力度的考虑
4	工业点源削减 60%	
5	生活点源削减 50%	基于分散园区污水处理研究的考虑
6	USLE_P	基于等高耕作考虑
7	施肥量减少 50%	基于科学施肥的考虑
8	在耕地区设置植被过滤带	基于植被过滤带及生态河岸的考虑

点源控制措施包括源头削减和末端处理，但是其在流域水污染控制中主要表现为点源污染物进入河道的量的削减，因此不考虑具体点源污染控制措施，只是结合目前沣河流域水污染治理工作拟定其实施后点源负荷的削减量。由于《西安-咸阳沣皂河水污染治理规划》的实施，沣河流域目前工业点源已在2004 年基础上削减了大约 40%，为评估其对沣河水环境改善的影响，设计情景①为 2001～2004 年工业点源削减 40%，2005～2006 年不变。在现状工业污染排放基础上，基于对目前水专项中工业废水的研究，拟定工业点源污染可能削减率 20%、40%、60%，分别对应情景②③④。流域内生活点源主要分布于流域内各乡镇，乡镇污水基本没有处理就排入河道，结合分散型园区污水处理研究，设计情景流域主要乡镇生活点源得到处理，假定其污染削减 50%，对应情景⑤。

非点源污染控制措施根据其针对的污染来源，可以考虑为土壤侵蚀类控制措施、化肥施用类控制措施、畜禽养殖类控制措施、农村生活污染控制措施及综合控制措施等，结合沣河流域主要污染负荷来源，主要考虑土壤侵蚀类和化肥施用类非点源污染控制措施。土壤侵蚀类控制措施主要是水土保持措施，包括退耕还林、等高耕作、带状耕作、梯田及排水等，由于流域内耕地主要集中于北部平原区，坡度在 0°~5°，只有极少部分山前耕地的坡度大于 5°，因此在流域内不考虑退耕还林等措施，主要考虑在流域内实行等高耕作，对应情景⑥，等高耕作的实施主要通过土壤保持措施因子 P 来反映，根据美国农业部给出的等高耕作 P 因子值，选定沣河流域实施等高耕作后 P 因子取 0.5。化肥施用是流域非点源污染重要来源，目前化肥类的主要控制措施包括调整施肥结构、测土配方施肥等方式，沣河流域目前施肥量相对较高，且以化学肥料为主，基于对合理施肥的考虑，拟定流域水污染控制情景⑦，化肥施用量削减 50%。对于综合控制措施，考虑在流域耕地区设置植被过滤带，对应情景⑧，考虑植被过滤带对土地资源的要求，其宽度设置为 3m。

3.3.2　各种污染控制措施效果评估

1. TN 负荷削减分析

利用率定和验证后的 SWAT 模型对 8 种情景分别进行模拟，得到各种措施下 2002~2007 年沣河流域 TN 负荷的削减量，计算其削减率，结果如图 3-44 所示。8 种情景的水污染控制措施均能对流域 TN 负荷起到一定的削减作用，总体而言，情景 6 对 TN 的削减作用相对不显著，其余各种措施的效果均比较明显。

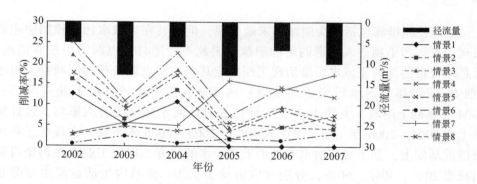

图 3-44　2002~2007 年不同情景下 TN 负荷削减率

总体上各种水污染控制措施的负荷削减率存在较大变化，由于流域非点源负荷与点源负荷的比例与流域水文过程存在较大的相关关系，因此水污染控制措施的削减率也与流域水文过程存在较大相关关系。针对点源污染的控制措施在枯水年份负荷削减率高，丰水年份负荷削减率低，针对非点源污染的控制措施恰好相反，丰水年高、枯水年低。

从针对点源的 5 种情景来看，工业点源削减 40% 左右，流域 TN 负荷平均能削减 10% 以上，生活点源削减 50% 时流域 TN 负荷削减平均也在 10% 左右。

从针对非点源负荷的几种措施来看，化肥控制和植被过滤带的作用明显，化肥控制措施削减率平均在 10% 左右，3m 的植被过滤带削减率在 5% 左右，而等高耕作效果不明显，最高削减率也未超过 5%。

情景①~⑤前后削减率存在明显变化，主要是由于其均是在《西安–咸阳沣皂河水污染治理规划》实施的基础上进行的假定，即在 2002~2004 年工业点源已经削减 40% 的基础上对其工业点源和生活点源削减进行模拟；而对于情景⑦化肥控制前后削减率出现明显变化的原因不是很明确，可能是由于化肥施用量减少后随着作物的吸收，土壤背景中的 TN 负荷下降。

2. TP 负荷削减分析

同样利用率定和验证后的 SWAT 模型对 8 种情景分别进行模拟，得到各种措施下 2002~2007 年沣河流域 TP 负荷的削减量，计算其削减率，结果如图 3-45 所示。同 TN 负荷一样，8 种情景的水污染控制措施均能对流域 TP 负荷起到一定的削减作用，总体而言情景 6 对 TP 的削减作用相对不显著，其余各种措施的效果均比较明显。各种水污染控制措施对 TP 负荷的削减率也与流域水文过程存在较好的相关关系。从针对点源的 5 种情景来看，工业点源削减 20% 左右，流域 TP 负荷平均就能削减 10% 以上，生活点源削减 50% 时，流域 TP 负荷平均削减率在 15% 左右。从针对非点源负荷的几种措施来看，化肥控制和植被过滤带的作用明显，化肥控制措施的削减率平均在 10% 左右，3m 的植被过滤带的削减率在 13% 左右，而等高耕作效果不明显，最高削减率也未超过 2%，植被过滤带 TP

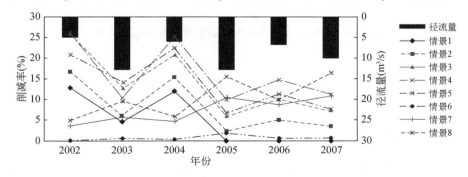

图 3-45　2002~2007 年不同情景下 TP 负荷削减率

负荷削减超过 TN 的可能原因是植被过滤带对泥沙的削减作用比对水更为明显，而泥沙对于磷的吸附作用较强。对于情景①～⑤、⑦前后削减率存在明显变化的原因应该与 TN 一致。

3. NH_4^+-N 负荷削减分析

同样利用率定和验证后的 SWAT 模型对 8 种情景分别进行模拟，得到各种措施下 2002～2007 年沣河流域 NH_4^+-N 负荷的削减量，计算其削减率，结果如图 3-46 所示。与 TN 和 TP 一样，8 种情景的水污染控制措施均能对流域 NH_4^+-N 负荷起到一定的削减作用，不同的是，由于 NH_4^+-N 非点源的贡献率较低，因此针对非点源污染的控制措施对其削减均不明显。各种水污染控制措施对 NH_4^+-N 负荷的削减率也与流域水文过程存在较好的相关关系。从针对点源的 5 种情景来看，工业点源削减 20% 左右，流域 NH_4^+-N 负荷削减率也接近 20%，但是随工业点源削减率的增加 NH_4^+-N 负荷的削减率并没有呈线性的递增；生活点源削减 50% 时，流域 NH_4^+-N 负荷平均削减率在 18% 左右。针对非点源负荷的几种措施对 NH_4^+-N 负荷的削减均不明显。对于情景①～⑤前后削减率存在明显变化的原因应该与 TN、TP 一致，对于情景⑦，由于非点源对于 NH_4^+-N 负荷的贡献较小，并没有出现与 TN、TP 一样的前后明显变化。

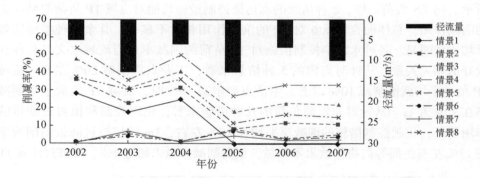

图 3-46   2002～2007 年不同情景下 NH_4^+-N 负荷削减率

3.4   水污染综合治理对策

3.4.1   水环境治理总结

从沣河流域负荷贡献率变化来看，沣河流域 TN 负荷在流域治理前后由工业点源负荷比例从 24% 降到 16%，降低了大概 10%；在人类活动造成的污染负荷中，在治理前后其比例由 52% 降到 28%，降低了大概 20%，使工业点源从人类活动中最主要的污染源变成次要污染源，说明沣河目前的治理中 TN 点源削减十分明显。水污染控制情景 1 大致反映了目前流域水污染治理对污染负荷的削减情况，从模拟结果来看 TN 负荷削减率在 5% ~12% 之间随水文条件变化，说明目前流域水污染治理措施对于 TN 的削减作用是显著的。

对于 TP 而言，在沣河治理前后 TP 工业点源负荷比例从 36% 降到 22%，降低了大约 14 个百分点，在人类活动产生的污染负荷中，治理前后其比例由 48% 降至 31%，降低了大概 17 个百分点，使工业点源在人类活动对 TP 负荷的贡献中从占绝对主导地位变为与生活点源和化肥施用两者相当，沣河治理对其 TP 负荷点源的削减十分明显。从水污染控制情景 1 模拟结果看，沣河治理前后流域 TP 负荷削减率在 6% ~17% 之间随水文条件变化，说明沣河治理措施对 TP 负荷的削减作用明显。

对于 NH_4^+-N 而言，在沣河治理前后工业点源负荷比例从 58% 降到 46%，降低了大约 12 个百分点；在人类活动所产生的污染负荷中，治理前后其比例由 66% 降至 54%，也大约下降了 12%，沣河治理对 NH_4^+-N 的削减十分明显。从水污染控制情景 1 模拟结果看，沣河治理前后流域 NH_4^+-N 负荷削减在 17% ~28% 之间随水文条件变化，沣河治理措施对 NH_4^+-N 负荷削减作用十分明显，且明显强于对 TN 和 TP 的削减作用。

总体上讲，目前沣河流域水污染控制措施中，工业点源的削减对流域污染负荷的削减效果是最明显的，由于工业点源负荷对沣河流域水污染负荷的贡献不同，点源的关闭对于 TN、TP 和 NH_4^+-N 的削减作用依次递增。治理后 TN 工业点源污染在人类活动产生的负荷中比例降至 28%，TP 降至 31%，使得工业点源负荷不再是流域 TN、TP 的最主要负荷来源，而 NH_4^+-N 工业点源负荷在人类活动产生的负荷比例中依然超过 50%，仍然是流域负荷 NH_4^+-N 的主要来源。

3.4.2 水环境长效保障措施

从情景模拟的结果看，流域各种水污染控制措施对于流域的污染负荷削减均存在一定作用，总体上点源削减措施对于流域水污染负荷的削减效果最为明显，非点源污染控制措施中植被过滤带和化肥控制对于污染负荷的削减效果明显，而等高耕作措施对于流域污染负荷的削减有一定作用，但效果不明显。另外目前沣河流域工业点源总体上已削减 40%，工业点源不再是流域 TN 和 TP 负荷的主要来源，但是工业点源依然是流域 NH_4^+-N 负荷的主要来源。针对沣河目前的水环境状况和治理情况，需从以下几个方面进行沣河水环境的进一步治理，同时使其水环境能长期有效地得到保障。

（1）继续加强工业点源污染控制，削减工业点源对流域污染负荷的贡献，

尤其是对 NH_4^+-N 负荷的贡献。沣河流域乡镇企业众多，且多为造纸 1 万 t 以下的"十五小企业"，对流域水污染十分严重，尽管在《西安-咸阳沣皂河水污染治理规划》实施后关闭了多家小的造纸企业，但其总量仍然较大，要使流域水环境得到长效保障，需进一步加强对这些企业的管理，提高生产工艺和企业污水处理能力，进一步削减其污染负荷。

（2）加强区域乡镇生活点源污染控制。结合分散型园区污水处理及再生利用技术的研究开发成果，在流域内主要乡镇、园区推广应用，削减乡镇生活点源对于沣河流域水污染负荷的贡献。

（3）加强流域化肥施用量的控制。流域内化肥施用是人类活动造成的非点源污染的主要来源，其对 TN 负荷的贡献在目前点源治理的情况下占据主导地位，对 TP 的贡献也与生活点源和工业点源所占比重相当，控制流域化肥的施用对于流域水污染负荷削减效果明显，同时由于流域土壤背景对 TN、TP 负荷的贡献较高，在降低施肥量后通过作物吸收等方式还可以降低流域土壤背景对其负荷的贡献率，协同效果明显。

（4）推行植被过滤带等非点源污染综合控制措施。结合植被过滤带、生态河岸构建技术的研究成果，在流域内推行各种非点源污染控制措施，从情景 8 可以看出在流域内耕地边缘设置 3m 植被过滤带对 TN 和 TP 的削减作用明显，且考虑的植被过滤带宽度较小，成本低，占地小，易于推广。

第4章　河流生物群落结构分析

4.1　河流底栖生物群落结构评价

4.1.1　底栖生物群落结构

对沣河断面调查共获得 97 个大型底栖无脊椎动物分类单元，隶属于 5 门 7 纲 14 目 55 科 89 属。其中扁形动物门 1 纲；软体动物门 4 科 4 属 8 种，主要由腹足纲软体动物构成；环节动物门蛭纲 1 科 1 属，寡毛纲 2 科 2 属；甲壳纲 1 科；鞘翅目 5 科 7 属；双翅目 5 科 15 属；半翅目 3 科；广翅目 1 科；蜉蝣目 7 科 15 属；蜻蜓目 5 科 7 属；毛翅目 15 科 21 属 26 种，襀翅目 5 科 10 属。软体动物门分类单元数占总分类单元数的 8%，甲壳纲和涡虫纲分类单元数各自占总分类单元数的 1%，环节动物门分类单元数占总分类单元数的 3%，昆虫纲分类单元数占总分类单元数的 87%（图 4-1）。

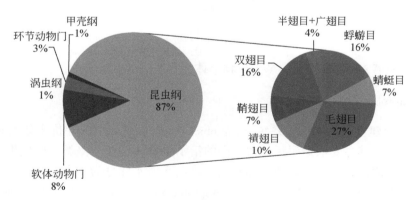

图 4-1　大型底栖无脊椎动物分类单元所占比例

昆虫纲中，毛翅目分类单元数占总分类单元数的比值最高，达到了 27%，其次为双翅目和蜉蝣目均为 16%，襀翅目分类单元数占总分类单元数的 10%，鞘翅目和蜻蜓目分类单元数各占总分类单元数的 7%，半翅目和广翅目分类单元数之和占总分类单元数的 4%。其中，EPT（蜉蝣目、襀翅目、毛翅目）分类单元数比例达到了 53%。

耐污类群（摇蚊+寡毛类）分类单元数只占总分类单元数的 4.1%，但个体数却占全部底栖动物个体数的 95.8%。EPT 分类单元数占总分类单元数的 53%，个体数占全部底栖动物个体数的 3.3%。寡毛纲（Oligochaeta）和直突摇蚊亚科（Chironomidae）为优势种（优势度分别为 0.68 和 0.11）。

4.1.2　底栖生物评价指数

1. 生物多样性指数

生物多样性指数通过描述群落中各物种的组成状况来反映水体有机污染对群落造成的影响，从而对水质级别进行划分，其理论依据是有机污染的加重会对底栖动物的种类多样性产生负面影响，同时会导致耐污物种数量的增加。国际上应用最多的生物多样性指数是 Shannon-Wiener 指数。国外根据生物多样性指数划分水质级别的标准各有不同，应用较多的是 Wilhm 等于 1968 年提出的 Shannon-Wiener 指数（H'）水质评价标准：$H' < 1$ 为重污染；$H' = 1 \sim 3$ 为中度污染；$H' > 3$ 为清洁，他同时认为清洁水体的 H' 值为 $3 \sim 4$。中国黄玉瑶等 1982 年提出了 5 级水质生物评价标准：$H' = 0$（无大型底栖无脊椎动物）为严重污染；$H' = 0 \sim 1$ 为重污染；$H' = 1 \sim 2$ 为中度污染；$H' = 2 \sim 3$ 为轻度污染；$H' > 3$ 为清洁。

$$H' = - \sum_{i=1}^{s} P_i \ln P_i \tag{4-1}$$

$$P_i = \frac{N_i}{N} \tag{4-2}$$

式中：N_i 为第 i 种物种个数；N 为生物个体总数。

2. Saprobic 指数

1902 年建立的污水生物系统（saprobic system）是最早的评价水体有机污染的定性系统。其主要依据耐污能力不同的指示生物（细菌、藻类、原生生物、轮虫、大型底栖无脊椎动物以及鱼类）的出现与否将水体分为 4 个污染带：寡污带（oligosaprobic zone）、α 中污带（α-mesosaprobic zone）、β 中污带（β-mesosaprobic zone）和多污带（polysaprobic zone）。1955 年，在污水生物系统的基础上建立了 Saprobic 指数及计算公式。考虑到绝大多数物种可以同时出现在多个污染带，1961 年，在 Saprobic 指数的计算公式中增加了物种的指示权重，即根据物种在不同污染带出现概率的大小赋予不同的指示权重，即若某一物种在多个污染带中出现，则赋予较低的指示权重；反之亦然。指示权重的增加使得 Saprobic 指数更具科学性，但也增加了 Saprobic 指数计算的复杂性。

1990 年，Saprobic 指数被进一步修订，修订的范畴主要包括以下五个方面：

①指数中涉及的生物必须是底栖生物；②指示生物中剔除了光合自养型的藻类；③指示生物可被经过培训的工作人员准确地鉴定到种；④指示生物在整个中欧都有分布；⑤指示生物的生态习性被大众理解。经过此次深入修订，从而使 Saprobic 指数被更多的学者接受。

3. 生物指数和记分系统

生物指数（BI）是利用水体中指示生物的种类、数量及对水污染的敏感性建立的可表示水环境质量的一个数值。最早的生物指数要追溯到 1933 年，Wright 和 Todd 通过计算水体中寡毛类的密度来反映水体的污染程度，在此基础上发展了 Goodnight 指数（Goodnight-Whitley index）。1955 年，Beck 建立了第一个真正意义上的生物指数（Beck's biotic index），即基于所有底栖动物的耐污能力建立的评价指数，为以后生物指数的发展奠定了基础。

1964 年，在 Saprobic 指数的基础上提出了最早的生物指数 TBI（trent biotic index）。TBI 主要依据六大类底栖生物的出现与否进行水质评价，该指数解决了 Saprobic 指数应用中的一个最大难题，即将生物的鉴定水平由种提升至属或科。但是，TBI 的计算没有考虑物种丰富度，结果易受偶见种影响，准确性较低；另外，TBI 对不同类型污染水体的敏感性较差，精确性也较低，这都限制了 TBI 的推广。1972 年，南非的 Chutter 在 TBI 的基础上首次提出了 BI，由于地域跨度大，物种组成差异也较大，BI 摒弃了欧洲国家普遍采用的计分系统，取而代之的是简单的数学公式。BI 的建立为水质生物评价注入了新的活力，并逐渐被研究者和环境管理者接受。

1977 年，美国学者 Hilsenhoff 借鉴 Chutter 的成果对 BI 进行了修订，建立了以他命名的指数 HBI（Hilsenhoff biotic index）。1982 年，Hilsenhoff 利用威斯康星州 1000 多条河流的数据对 HBI 进行了全面修订，提高了 HBI 的科学性和适用性。1988 年 Hilsenhoff 又提出了科级水平生物指数 FBI（family biotic index），积极有效地推动了生物指数在美国的应用。1989 年，HBI 被纳入美国环境保护署快速生物评价协议（rapid bioassessment protocols，RBPs）。HBI 在美国的成功应用给其他国家的水质生物评价提供了很好的借鉴作用。

4. 生物完整性指数

生物完整性指数（index of biotic integrity，IBI）常用来描述生物与非生物之间的关系，并依据多个生物参数反映水体的生物学状况，进而评价河流乃至整个流域的健康状况。生物完整性定义为"支持和维护一个平衡的、完整的、适应性强的，与地区自然生境的物种组成、多样性和功能结构相当的生物群落的能力"。1981 年，Karr 首次提出了生物完整性指数的概念，这也是第一次应用多参数概念评价水生系统的生物状况。此后，逐步发展到以底栖动物、周丛生物和浮游生物等为研究对象。自美国俄亥俄州环境保护局提出大型底栖动物指数后，底栖动物完整性指数（benthic index of biotic integrity，B-IBI）被建立并在全球范围内被广泛应用。

底栖动物作为指示物种的优点在于，生物多样性高，生活场所相对固定，对干扰的反应比鱼类更敏感。底栖动物作为指示物种的不足在于，无脊椎动物通常分类等级较高，难以测定每个物种的作用，同时这些物种中有些可能不必要，甚至不合适。

最初提出的 IBI 包含 12 个参数，这些参数与物种丰富度和物种构成、指示种数量和丰度、营养结构和功能、繁殖行为、鱼类丰富度和鱼类个体状况有关。通过对评价点位的每个参数赋予分值并求和，得出各点位的 IBI 总分。根据生态质量由好到坏依次划分为优秀、好、一般、差和非常差 5 种类型，并将 5 种类型与点位分值范围对应。

随着研究的深入，IBI 的构建方法越来越严谨，现阶段 IBI 的构建方法基本一致，基本步骤为：研究区现状分析、参照点选择、参数筛选、分值计算以及评价标准选取。这五个步骤分别包含不同的方法，不同学者在 IBI 构建过程中会根据评价对象的位置、大小，评价区域的群落特征以及个人主观判断选择不同的评价方法。

1）研究区现状分析

研究区现状分析是指通过采集并测量研究区域生物、水质样本，结合已有资料，对研究区的生境质量和种群特征进行分析。样本的采集和测量是构建 IBI 过程中最基础的一步，所采集样本的代表性以及样本测量的准确性，都直接影响评价结果。大型底栖动物样本采集工具有索伯网、定量框、手抄网、彼得逊采泥器等，采样工具选择的主要依据是河流大小和类型。

对于同一研究区域，选择不同的采样方式和采样时间，样品数量、个体大小、种类组成等都会存在差异，从而导致评价结果的不同。研究者应综合考虑采样时间、采样设备等影响因素，选择合适的采样方式。样本采集过程中，除了评价对象的采集，一般还需要测定样点水体理化指标（如溶解氧、pH、电导率、总磷、浊度、温度等），并对样点生境质量进行定性评价，如底质组成、水体深度、流速、河岸区植被及河岸稳定度等，水体理化指标及生境质量是后续参照点选择过程中的重要依据。

2）参照点选择

生物完整性评价过程中，一般使用参照点位的生态质量状况作为期望值，以此为依据对所有点位的生态质量进行对比，评估其余样点河流健康退化程度，参照点的筛选是生物完整性评估方法的关键。Barbour 等（2000）提出将参照状况的原始概念定义为"生物完整性的参照条件"，参照条件会根据水体类型变化，因为不同生态区的地形、气候、土壤、植被和土地利用政策都有所不同。参照点位原则上选择尚未受到人类影响的区域，由于实际应用的过程中有些地区已经不存在尚未受到人类影响的区域，就需要采用一些方法来选择受影响最小的点位作为参照点。目前没有统一的参照点位选取标准，文献中使用较多的方法有专家判读法、水质法、栖息地生境质量法、综合法、CCA 排序分析法等，不同方法筛选出的参照点、IBI 核心参数以及最终评价结果均不相同。

3）参数筛选

最终建立 IBI 的每个参数必须对环境因子的变化反应敏感，计算方法简便，所包含的生物学意义清楚，在 IBI 的构建过程中需要筛选出对环境变化最为敏感、最具代表性的几个参数。参数的筛选没有统一的方法，国内很多学者使用分布范围分析、判别能力分析（敏感性分析）和相关分析筛选出 IBI 的最终参数。上述方法可以有效剔除分布范围小、区分度低的参数，并降低数据冗余，保证参数的独立性，但是该方法也存在一些不足。首先，相关分析过程中，相关系数 r 接近于 1 的程度与数据组数 n 相关，当 n 较小时，相关系数的波动较大，对有些样本，相关系数的绝对值易接近于 1；当 n 较大时，相关系数的绝对值容易偏小。其次，不同学者选择的剔除标准不同，如 $|r| > 0.9$、$|r| > 0.75$、$|r| > 0.6$。除此之外，还有很多其他的参数筛选方法，如最小二乘法回归分析、主成分分析、响应能力分析、聚类分析等。

4）分值计算

将每个参数分为“I”、“0”、“+”三个等级，并分别赋值 1 分、3 分和 5 分，每个样点的 IBI 最终得分为该点位各参数得分总和。该方法只是一个初步的方法，虽然具有一定的灵活性，但是它对评分者的生物学功底要求较为苛刻，主观性比较强。随着 IBI 研究的发展，衍生出几十种分值计算方法，可归纳为两大类：赋值法和计算法。

（1）赋值法，是指根据生态质量，将测得的参数值划分为几个连续区间，并对不同区间的参数值赋予不同分值的计算方法。赋值法之间的主要区别在于区间划分数量、标准和区间分值的不同。通常将参数值划分为 3 个区间，区间划分标准有专家判断法、等分法，也有学者依据每个参数的参照点分位数作为划分标准。相对于专家判断法，等分法客观性更强，也更容易推广使用。

（2）计算法，是指研究者通过数学运算对不同参数值统一量纲的方法，最常用的是比值法和连续得分法。比值法是将各参数的实际值除以最佳期望值，求得该参数的最终分值。比值法的应用过程中起决定作用的是最佳期望值的选取，目前关于最佳期望值的选取没有统一的标准，使用较多的有该参数在所有样点测量值的最大值或较大值和参照点测量值的百分位数。连续得分法是使用下面的公式，将样点原始参数值结果转换为 0～10 分：

$$M_s = A + B \times M_r \begin{pmatrix} M_r < M_{\min'}, M_s = 0 \\ M_r > M_{\max'}, M_s = 10 \end{pmatrix} \tag{4-3}$$

式中：M_s 为参数分值，M_r 为参数实测值，使用截距为 A、斜率为 B 的线性方程，将原始参数转化为标准化参数。数值随环境退化降低的参数，$M_{\min'}$ 一般选择数据最小值或 0，$M_{\max'}$ 一般选择 95% 分位数值或最大值。比值法和连续得分法的区别在于截距和斜率的不同，当参数最小值为 0，且最大值选取标准一致时，比值法和连续得分法计算结果一致。

赋值法容易受主观因素影响，计算法则相对客观，比较容易推广应用，但是较赋值法缺乏灵活性。不同的分值计算方法会导致计算结果的差异性，但不会影响总体趋势。大多数学者以各参数统一量纲后分值求和作为 IBI 总分，也有部分学者以各参数的平均值作为总分。

5）评价标准选取

各样点 IBI 总分计算出来以后，需要根据分值对样点健康状况做出评价。不同的学者采用的评价标准不同，相同的 IBI 分值运用不同的评价标准进行评价时，其评价结果也会相应改变，目前尚无统一的评价标准，评价标准的选取主要取决于学者的主观意向。

将评价结果由高到低依次分为"excellent"、"good"、"fair"、"poor"和"very poor"五个等级，并分别给出了取值范围。但是 Karr 指出，该评价标准和边界值都只是探索性研究，希望学者们根据实际情况做出合理调整。目前国内外学者通常根据不同标准，将评价结果划分为 2~6 个等级。划分标准分为两大类，一种是以参照点 IBI 分值百分位数为基准，如参照点 IBI 分值的 25% 分位数；另一种是直接以所有样点中较高的 IBI 分值为基准 n 等分，如所有样点分值的 95% 分位数，或者按照研究者经验划分为几个区间。

4.1.3　底栖生物指数评价结果

对沣河流域底栖生物采用生物多样性指数（H'）、底栖生物完整性指数（B-IBI）、特定污染敏感指数（IPS）和生物硅藻指数（IBD）来进行评价，评价结果见表 4-1。生物准则层每个指标权重赋予 0.25，根据得分结果，计算评价得表 4-2。

表 4-1　生物指标得分结果

断面编号	断面名称	H'	B-IBI	IPS	IBD	断面编号	断面名称	H'	B-IBI	IPS	IBD
1	沣河源头	4	3	3	4	4	东大	3	2	1	1
2	观坪寺	4	3	4	4	5	五楼村	2	2	1	1
3	沣峪口	3	2	4	4	6	秦渡镇	1	0	2	1

断面编号	断面名称	H'	B-IBI	IPS	IBD	断面编号	断面名称	H'	B-IBI	IPS	IBD
7	马王镇	2	1	4	4	13	太平村	2	0	3	4
8	梁家桥	3	1	2	1	14	郭北村	2	0	3	3
9	严家渠	2	0	3	2	15	潏河	1	0	1	1
10	三里桥	2	1	2	2	16	渭河上	1	0	1	1
11	李家岩	2	0	4	4	17	渭河下	0	0	0	0
12	北大村	1	0	0	1						

表 4-2　生物指标评价结果

断面编号	断面名称	评价结果	断面编号	断面名称	评价结果
1	沣河源头	很健康	10	三里桥	亚健康
2	观坪寺	很健康	11	李家岩	健康
3	沣峪口	很健康	12	北大村	病态
4	东大	亚健康	13	太平村	亚健康
5	五楼村	不健康	14	郭北村	亚健康
6	秦渡镇	不健康	15	潏河	病态
7	马王镇	健康	16	渭河上	病态
8	梁家桥	亚健康	17	渭河下	病态
9	严家渠	亚健康			

4.2　河流水体氮循环细菌群落特征

4.2.1　氮循环细菌基因特征

1. 固氮细菌的 *nifH* 基因扩增

经过两轮 PCR 扩增，取 5μL 产物（含染料），经过 1.0% 琼脂糖凝胶电泳，得到如图 4-2（枯水期）和图 4-3（丰水期）所示的图谱（采样断面参考图 3-1 和表 3-1，下同），目标产物长度为 492bp。由图可见，PCR 产物的琼脂糖凝胶电泳图谱中，条带很清晰且位置比较正确，在 450～600bp 之间，且对照组试验中 PCR 产物未出现肉眼可分辨的条带，说明未发生污染。

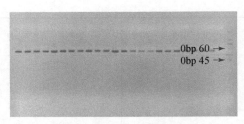

图 4-2　枯水期水体 *nifH* 基因 PCR 扩增

从左到右依次为 N-1、N-2、N-3、N-5、N-6、N-7、N-8、N-9、N-11、N-13、N-14、N-15、
N-16、N-17、N-18、N-19、N-20、N-21、N-22、N-23、N-24、N-26、N-31

图中箭头所指条带表示长度为 450bp 和 600bp 的 DNA 片段所在位置，下同

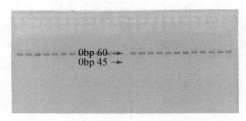

图 4-3　丰水期水体 *nifH* 基因 PCR 扩增

从左到右依次为 S-1、S-2、S-3、S-4、S-5、S-6、S-7、S-8、S-9、S-11、S-13、S-14、S-15、S-16、
S-17、S-18、S-19、S-20、S-21、S-22、S-23、S-24、S-26、S-31

2. 硝化细菌的功能基因扩增

经过引物对 CTO189F-CTO654R 和 GC CTO189F-CTO654R 两轮 PCR 扩增，取
5μL PCR 产物（含染料），在 1.0% 琼脂糖凝胶上点样，在电压 110V 条件下，电
泳 20min，经紫外凝胶成像，得到如图 4-4 和图 4-5 所示的图谱。其中枯水期硝
化细菌 PCR 扩增产物较好，条带位置准确，且条带清晰单一，长度约为 450bp，
无非特异性扩增产物和引物二聚体。而丰水期则出现大量引物二聚体，但是由于

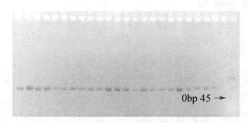

图 4-4　枯水期水体硝化细菌基因扩增

从左到右依次为 N-1、N-2、N-3、N-5、N-6、N-7、N-8、N-9、N-11、N-13、N-14、N-15、N-16、
N-17、N-18、N-19、N-20、N-21、N-22、N-23、N-24、N-26、N-31

条带清晰，较为单一，位置准确，通过琼脂糖凝胶电泳和切胶回收，得到较纯的单一长度 PCR 产物，以进行下一步变性梯度凝胶电泳（DGGE）分析。

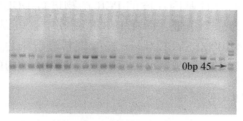

图 4-5　丰水期水体硝化细菌基因扩增

从左到右依次为 S-1、S-2、S-3、S-4、S-5、S-6、S-7、S-8、S-9、S-11、S-13、S-14、S-15、S-16、
S-17、S-18、S-19、S-20、S-21、S-22、S-23、S-24、S-26、S-31

3. 反硝化细菌的 nirS 基因扩增

通过对枯水期和丰水期沣河水体 DNA 的 nirS 基因进行 PCR 扩增，并对产物进行 1.0% 琼脂糖凝胶电泳分析，得到如图 4-6 和图 4-7 所示的 PCR 产物图谱。条带较清晰突出，位置准确，长度约为 520bp，但存在少量非特异性扩增，也出现了明显的引物二聚体，需要通过琼脂糖凝胶电泳和切胶回收，得到较纯的单一长度 PCR 产物，以进行下一步 DGGE 分析。

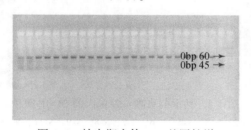

图 4-6　枯水期水体 nirS 基因扩增

从左到右依次为 N-1、N-2、N-3、N-5、N-6、N-7、N-8、N-9、N-11、N-13、N-14、N-15、N-16、
N-17、N-18、N-19、N-20、N-21、N-22、N-23、N-24、N-26、N-31

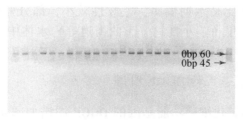

图 4-7　丰水期水体 nirS 基因扩增

从左到右依次为 S-1、S-2、S-3、S-4、S-5、S-6、S-7、S-8、S-9、S-11、S-13、S-14、S-15、S-16、
S-17、S-18、S-19、S-20、S-21、S-22、S-23、S-24、S-26、S-31

4.2.2　氮循环微生物基因特征

对氮循环微生物特异性基因片段的 PCR 产物进行 DGGE 分析，每个样品在琼脂糖凝胶中只表现为一个条带，而在 DGGE 凝胶中就可以被分离为许多条带，并对 DGGE 凝胶用 1∶10000 SYBE Green 核酸染料进行染色，在 Bio-Rad 凝胶成像系统中，紫外条件下成像，得到可以反映微生物群落结构的 DGGE 图谱。

1. 固氮基因的 DGGE 图谱

枯水期沣河水体固氮细菌 *nifH* 基因的 DGGE 图谱如图 4-8 所示。从图中可以看出，枯水期固氮细菌种类比较多，且差异性较大，大部分监测断面（沣河源头、观坪寺、沣峪口、李家岩、太平乡、郭北村、北大村、小江村等）水体中固氮细菌出现明显优势菌。

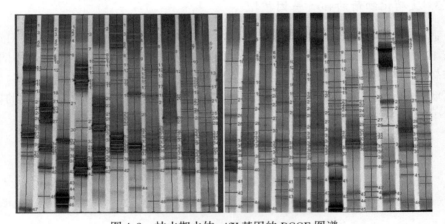

图 4-8　枯水期水体 *nifH* 基因的 DGGE 图谱

从左到右依次为 N-1、N-2、N-3、N-5、N-6、N-7、N-8、N-9、N-11、N-13、N-14、N-15、N-16、
N-17、N-18、N-19、N-20、N-21、N-22、N-23、N-24、N-26、N-31

丰水期沣河水体固氮细菌的 DGGE 图谱如图 4-9 所示。从图中可以看出，丰水期固氮细菌种类比枯水期偏多，差异性较小，部分监测断面（沣河源头、观坪寺、沣峪口、三里桥、小江村、王曲街道等）水体中固氮细菌出现明显优势菌。

2. 硝化细菌功能基因的 DGGE 图谱

枯水期沣河水体硝化细菌功能基因的 DGGE 图谱如图 4-10 所示。从图中可以看出，与固氮细菌相比，枯水期硝化细菌种类比较少，且差异性较大，部分监测断面（沣河源头、沣峪口、祥峪、李家岩、郭北村、太平乡、东大沣河大桥、

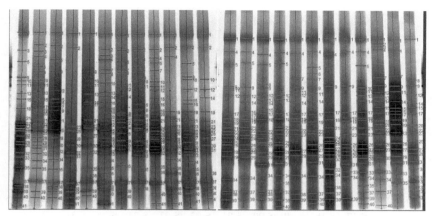

图 4-9　丰水期水体 *nifH* 基因的 DGGE 图谱

从左到右依次为 S-1、S-2、S-3、S-4、S-5、S-6、S-7、S-8、S-9、S-11、S-13、S-14、S-15、S-16、
S-17、S-18、S-19、S-20、S-21、S-22、S-23、S-24、S-26、S-31

三里桥、严家渠、马王村、梁家桥、长安高桥、北大村、杜樊桥、小江村、太乙
宫街道等）水体中硝化细菌出现明显优势菌。

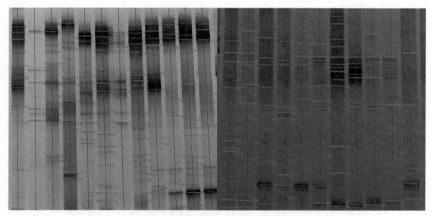

图 4-10　枯水期水体硝化细菌功能基因的 DGGE 图谱

从左到右依次为 N-1、N-2、N-3、N-5、N-6、N-7、N-8、N-9、N-11、N-13、N-14、N-15、N-16、
N-17、N-18、N-19、N-20、N-21、N-22、N-23、N-24、N-26、N-31

　　丰水期沣河水体硝化细菌功能基因的 DGGE 图谱如图 4-11 所示。与枯水期
相比，丰水期硝化细菌种类更多，但优势菌种不如枯水期水体中的优势菌种
显著。

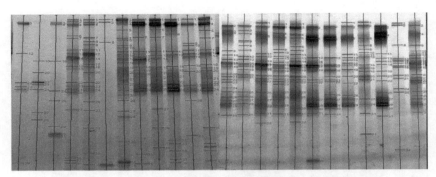

图 4-11　丰水期水体硝化细菌功能基因的 DGGE 图谱

从左到右依次为 S-1、S-2、S-3、S-4、S-5、S-6、S-7、S-8、S-9、S-11、S-13、S-14、S-15、S-16、
S-17、S-18、S-19、S-20、S-21、S-22、S-23、S-24、S-26、S-31

3. 反硝化 *nirS* 基因的 DGGE 图谱

枯水期反硝化细菌 *nirS* 基因的 DGGE 图谱如图 4-12 所示。枯水期沣河水体中反硝化细菌种类繁多，且大部分可分辨出优势菌群，如沣河源头，李家岩、太平乡、北大村、郭北村、东大沣河大桥、五楼村、三里桥、严家渠、马王村、梁家桥、秦渡镇、五星蛟河大桥、长安高桥、潏河桥、杜樊桥、太乙宫街道、王曲街道、五里庙等，均出现明显的优势菌群。

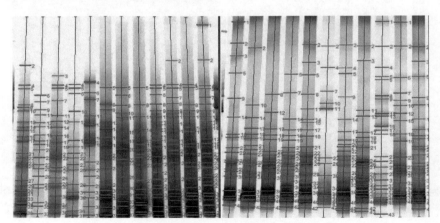

图 4-12　枯水期水体 *nirS* 基因的 DGGE 图谱

从左到右依次为 N-1、N-2、N-3、N-5、N-6、N-7、N-8、N-9、N-11、N-13、N-14、N-15、N-16、
N-17、N-18、N-19、N-20、N-21、N-22、N-23、N-24、N-26、N-31

丰水期沣河水体 *nirS* 基因的 DGGE 图谱如图 4-13 所示。丰水期反硝化细菌比枯水期种类偏少，均匀性更强，但在沣河源头、观坪寺、沣峪口、北大村、五

楼村、严家渠、马王村、五星蛟河大桥、滈河桥、杜樊桥、太乙宫街道、小峪河桥、王曲街道监测断面水体中均出现了反硝化细菌的优势菌群。

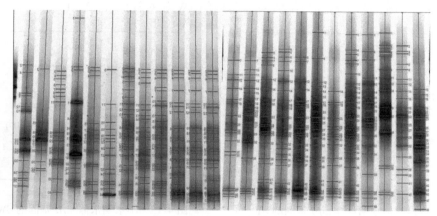

图 4-13   丰水期水体 nirS 基因的 DGGE 图谱

从左到右依次为 S-1、S-2、S-3、S-4、S-5、S-6、S-7、S-8、S-9、S-11、S-13、S-14、S-15、S-16、S-17、S-18、S-19、S-20、S-21、S-22、S-23、S-24、S-26、S-31

4.2.3   水体氮循环菌群特征

由上文氮循环微生物特定基因的 DGGE 图谱可知，在 DGGE 中，由同一长度的 DNA 片段可分离为很多不同位置的条带，且各研究断面水体样品之间条带分布有明显差异。由 DGGE 的研究原理可知，每个条带可代表一个物种，其灰度代表该物种的相对生物量，通过分析各样品中条带的位置、数量、灰度，可以进一步分析沣河各研究断面水体样品的氮循环微生物群落结构的分子生物学信息。

经 Quantity One 软件对 DGGE 图谱进行分析，根据检测到的条带数目、灰度，计算枯水期和丰水期沣河各监测断面水体固氮、硝化、反硝化基因的 Shannon-Wiener 多样性指数（SW）、Simpson（辛普森）、多样性指数（S）和丰度（SN），结果如下。

1. Shannon-Wiener 多样性指数（SW）

从图 4-14 和图 4-15 可以看出，枯水期沣河水体固氮细菌 nifH 基因的 Shannon-Wiener 多样性指数 SW 与丰水期该指数有明显不同，且各监测断面该指数也表现出明显差异。枯水期在滈河桥、郭北村和严家渠监测断面 SW 较高，超过了 2.94；而上游小峪河桥和中游的五楼村、五星蛟河大桥、秦渡镇、梁家桥断面水体 nifH 基因的 SW 相对较低（<2.61）。在丰水期，上游的观坪寺、太平乡

和中游的东大沣河大桥、太乙宫街道、五星蛟河大桥以及下游的严家渠的固氮细菌 *nifH* 基因的 SW 较高，达 2.92 以上，而中游的小江村、杜樊桥、滈河桥、长安高桥和下游的马王村固氮细菌 *nifH* 基因的 SW 相对较低（<2.81）。

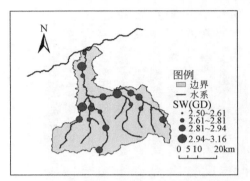　　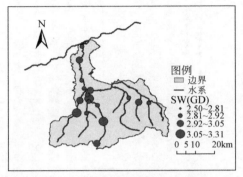

图 4-14　枯水期水体 *nifH* 基因的 SW　　　　图 4-15　丰水期水体 *nifH* 基因的 SW

从图 4-16 和图 4-17 可以看出，枯水期沣河水体硝化细菌 SW 与丰水期相比相对偏低，其分布也有较大差异，而相同点是 SW 较高的监测断面主要位于中游和下游。在枯水期，太平乡、沣峪口、北大村、东大沣河大桥、小江村和马王村的 SW 相对较高，在 2.38～2.95 之间，而上游的观坪寺和中游的太乙宫街道、王曲街道、滈河桥断面该指数相对较低，在 1.08～1.68 之间。在丰水期，上游的李家岩、祥峪和中游的王曲街道、北大村、五楼村、长安高桥、五星蛟河大桥、秦渡镇以及下游的梁家桥和马王村断面水体中 SW 相对较高，在 2.64～3.11 之间；而上游的沣河源头、太平乡断面该指数相对较低。

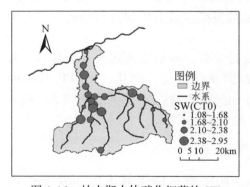　　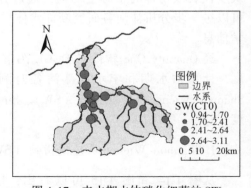

图 4-16　枯水期水体硝化细菌的 SW　　　　图 4-17　丰水期水体硝化细菌的 SW

从图 4-18 和图 4-19 可以看出，枯水期沣河水体反硝化细菌 *nirS* 基因 Shannon-Wiener 多样性指数 SW 与丰水期相比有显著不同。在枯水期，上游的沣河源头、中游的太乙宫街道、下游的梁家桥断面水体的 *nirS* 基因的 SW 相对偏高, 在 2.95~3.25 之间; 而上游的李家岩、祥峪、太平乡和中游的杜樊桥断面水体 nirS 基因的 SW 相对较低, 在 2.38~2.55 之间。在丰水期, 中游的王曲街道、小江村、滈河桥、秦渡镇和下游的马王村断面水体 nirS 基因的 SW 相对较高, 在 3.02~3.29 之间; 而上游的沣河源头、观坪寺、李家岩、太平乡、小峪河桥断面的 nirS 基因的 SW 相对较低, 在 2.11~2.58 之间。

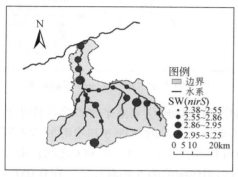

图 4-18 枯水期水体 nirS 基因的 SW

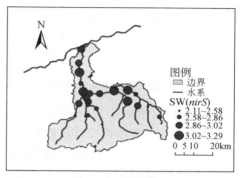

图 4-19 丰水期水体 nirS 基因的 SW

整体上看, 丰水期沣河水体氮循环微生物 Shannon-Wiener 多样性指数 SW 相对枯水期更高。在固氮细菌、硝化细菌和反硝化细菌中, 硝化细菌的 SW 相对较低, 固氮细菌和反硝化细菌的 SW 相对较高。除个别点外, 沣河水体中固氮细菌的 SW 从大到小的分布为: 上游、中游>下游; 硝化细菌的 SW 从大到小的分布为: 中游>下游>上游; 反硝化细菌 SW 的大小分布则在枯水期和丰水期表现出较大差异, 其中, 枯水期上游和下游的 SW 高于中游, 而在丰水期 SW 从大到小的分布为: 中游>下游>上游。

2. Simpson 多样性指数 (S)

从图 4-20 和图 4-21 可以看出, 枯水期沣河水体固氮细菌 nifH 基因的辛普森 (Simpson) 多样性指数 S 与丰水期 S 的分布相比有显著不同。在枯水期, 上游的李家岩、小峪河桥, 中游的东大沣河大桥、五楼村、五星蛟河大桥、秦渡镇和下游的梁家桥、三里桥的固氮细菌 nifH 基因的 S 相对较高, 在 0.076~0.086 之间; 而上游的五里庙, 中游的杜樊桥、滈河桥和郭北村以及下游的严家渠的固氮细菌 nifH 基因的 S 相对较低, 在 0.045~0.059 之间。在丰水期, 上游的祥峪、中游的长安高桥和下游的马王村的固氮细菌 nifH 基因的 S 相对较高, 在 0.074~0.088 之间; 而上游的观坪寺、中游的太乙宫街道的固氮细菌 nifH 基因的 S 相对较低, 在 0.040~0.056 之间。

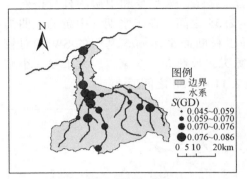 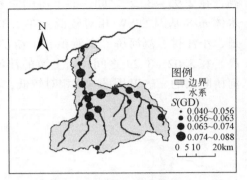

图 4-20　枯水期水体 *nifH* 基因的 *S*　　　　图 4-21　丰水期水体 *nifH* 基因的 *S*

从图 4-22 和图 4-23 可以看出，枯水期沣河水体硝化细菌辛普森多样性指数 *S* 与丰水期 *S* 的分布相比有显著不同。在枯水期，上游的观坪寺和中游的太乙宫街道、王曲街道、滈河桥硝化细菌的 *S* 相对较高，在 0.201 ~ 0.343 之间；而中游的小江村、东大沣河大桥和下游的马王村的硝化细菌的 *S* 相对较低，在 0.057 ~ 0.088 之间。在丰水期，上游的沣河源头、观坪寺、太平乡、小峪河桥的硝化细菌的 *S* 相对较高，在 0.186 ~ 0.514 之间；而上游的祥峪、李家岩，中游的北大村、东大沣河大桥、长安高桥、五星蛟河大桥以及下游的梁家桥的硝化细菌的 *S* 相对较低，在 0.050 ~ 0.080 之间。

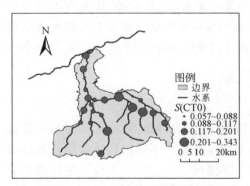 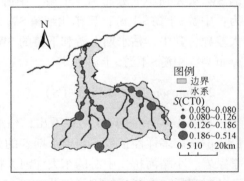

图 4-22　枯水期水体硝化细菌的 *S*　　　　图 4-23　丰水期水体硝化细菌的 *S*

从图 4-24 和图 4-25 可以看出，枯水期沣河水体反硝化细菌 *nirS* 基因辛普森多样性指数 *S* 与丰水期 *S* 的分布相比有显著不同。在枯水期，上游的李家岩、太平乡，中游的东大沣河大桥、杜樊桥、五星蛟河大桥、秦渡镇反硝化细菌 *nirS* 基因的 *S* 相对较高，在 0.077 ~ 0.118 之间；而上游的沣河源头、中游的太乙宫街道、下游的梁家桥的反硝化细菌 *nirS* 基因的 *S* 相对较低，在 0.041 ~ 0.060 之间。在丰水期，上游的沣河源头、观坪寺、李家岩、太平乡、祥峪和小峪河桥反硝化

细菌 *nirS* 基因的 *S* 相对较高，在 0.087 ~ 0.137 之间；而中游的王曲街道、小江村、滆河桥和下游的马王村反硝化细菌 *nirS* 基因的 *S* 相对较低，在 0.040 ~ 0.052 之间。

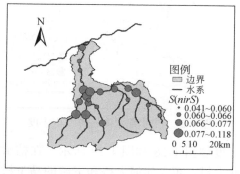
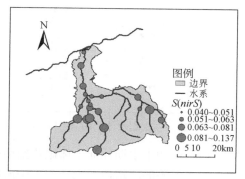

图 4-24　枯水期水体 *nirS* 基因的 *S*　　　　图 4-25　丰水期水体 *nirS* 基因的 *S*

整体上看，丰水期沣河水体氮循环微生物多样性指数 *S* 相对枯水期更高。在固氮细菌、硝化细菌和反硝化细菌中，硝化细菌的 *S* 相对较高，固氮细菌和反硝化细菌的 *S* 相对较低。除个别点外，沣河中游水体中固氮细菌的 *S* 高于上游和下游；硝化细菌的 *S* 从大到小的分布为：上游>下游、中游；反硝化细菌 *S* 的大小分布则在枯水期和丰水期表现出较大差异，其中，枯水期中游的 *S* 高于上游和下游，而在丰水期的 *S* 则是上游和下游高于中游。

3. 沣河水体氮循环微生物丰度（SN）

枯水期和丰水期沣河水体固氮细菌 *nifH* 基因的丰度如图 4-26 和图 4-27 所示。在枯水期，沣河上游的沣河源头、观坪寺、太平乡，中游的北大村、郭北村、杜樊桥、小江村、滆河桥、长安高桥和下游的严家渠的固氮细菌 *nifH* 基因丰度相对较高，在 19 ~ 25 之间；而上游的小峪河桥，中游的太乙宫街道、五星蛟河大桥、五楼村、秦渡镇和下游的三里桥、梁家桥的固氮细菌 *nifH* 基因丰度相对较低，在 13 ~ 16 之间。而在丰水期，上游的沣河源头、观坪寺、太平乡，中游的东大沣河大桥和下游的严家渠的固氮细菌 *nifH* 基因丰度相对较高，在 25 ~ 30 之间；而上游的祥峪和中游的小江村、长安高桥的固氮细菌 *nifH* 基因丰度相对较低，在 13 ~ 17 之间。整体上看，无论枯水期或丰水期，沣河源头、观坪寺、太平乡、北大村、郭北村、严家渠断面水体的固氮微生物的丰度均呈较高水平。

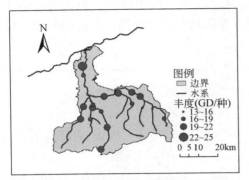

图 4-26　枯水期水体 *nifH* 基因丰度

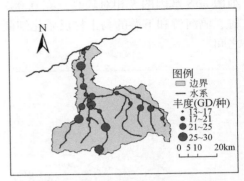

图 4-27　丰水期水体 *nifH* 基因丰度

枯水期和丰水期沣河水体硝化细菌的丰度如图 4-28 和图 4-29 所示。在枯水期，沣河上游的沣峪口、太平乡，中游的北大村、东大沣河大桥和下游的马王村硝化细菌的丰度相对较高，在 13 ~ 23 之间；而上游的观坪寺、五里庙，中游的太乙宫街道、王曲街道、潏河桥、郭北村硝化细菌的丰度相对较低，在 3 ~ 8 之间。在丰水期，上游的李家岩，中游的北大村、五楼村、长安高桥、秦渡镇和下游的梁家桥的硝化细菌的丰度相对较高，在 19 ~ 25 之间；而上游的沣河源头、观坪寺、沣峪口、太平乡的硝化细菌的丰度相对较低，在 4 ~ 9 之间。整体上看，枯水期和丰水期，上游的观坪寺的硝化细菌的丰度均处于较低水平；而中游的北大村的硝化细菌的丰度均处于较高水平。

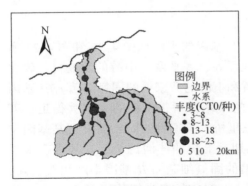

图 4-28　枯水期水体硝化细菌丰度

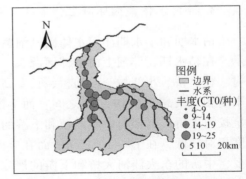

图 4-29　丰水期水体硝化细菌丰度

枯水期和丰水期沣河水体反硝化细菌 *nirS* 基因的丰度如图 4-30 和图 4-31 所示。在枯水期，沣河上游的沣河源头、小峪河桥，中游的太乙宫街道、王曲街道，下游的梁家桥、严家渠、三里桥 *nirS* 基因的丰度相对较高，在 21 ~ 28 之间；而上游的太平乡、祥峪、李家岩，中游的杜樊桥、北大村、东大沣河大桥、郭北村、五星蛟河大桥、秦渡镇 *nirS* 基因的丰度相对较低，在 15 ~ 18 之间。在丰水期，中游的王曲街道、小江村的 *nirS* 基因的丰度相对较高，在 25～30 之间；而上游的沣河源头、观坪寺、李家岩、太平乡 *nirS* 基因的丰度相对较低，在 10～15 之间。整体上看，枯水期和丰水期，中游的王曲街道、太乙宫街道的 *nirS* 基因的丰度均处于较高水平；而中游的郭北村、东大沣河大桥、杜樊桥和下游的马王村的 *nirS* 基因的丰度均处于较低水平。

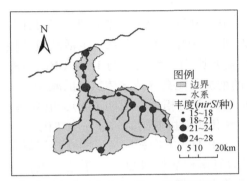
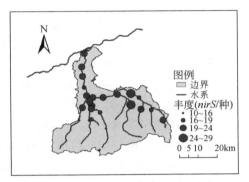

图 4-30　枯水期水体 *nirS* 基因丰度　　　　　图 4-31　丰水期水体 *nirS* 基因丰度

整体上看，丰水期沣河水体氮循环微生物丰度 SN 相对枯水期更高。在固氮细菌、硝化细菌和反硝化细菌中，硝化细菌的丰度 SN 相对较低，固氮细菌和反硝化细菌的丰度 SN 相对较高。枯水期和丰水期，沣河水体中固氮细菌丰度 SN 分布沿河道无明显规律；硝化细菌丰度 SN 从大到小的分布为：中游>下游>上游；反硝化细菌丰度 SN 的大小分布则在枯水期和丰水期表现出较大差异，其中，枯水期上游和下游的 SN 高于中游，而在丰水期 SW 则是中游高于下游和上游。

4.3　河流氮循环微生物与水质相关性分析

水质特征和氮循环微生物多样性指数、丰度的相关性进行多元分析，找出沣河水体氮循环微生物与水质因子之间的关系。

4.3.1　枯水期相关性分析

1. 研究断面与环境因子和微生物指数的关系

对枯水期沣河各研究断面水体氮循环微生物群落多样性指数、丰度进行区间去趋势对应分析（DCA），确定采用基于线性模型的排序方法进行进一步分析。再进行水质特征与氮循环微生物群落结构相互关系的多元线性模型排序主成分分析（PCA）。圆圈及数字代表研究断面序列编号。对于不同采样断面之间的关系，通过用直线将代表相应断面的圆圈连接起来，线段长度便是断面之间的欧几里得距离，断面间的差异性与线段长度呈正相关，线段长度越短，对应断面间差异性越小，反之则越大。图 4-32 中氮循环微生物群落多样性指数、丰度和数量型环境因子用箭头表示。

　　1）研究断面与环境因子的关系

　　从图 4-32 可以看出，枯水期沣河水体中，氨氮与 BOD、T 箭头方向相同，说明沣河水体中氨氮和 BOD_5 污染通常同时进入河流，生活污水、生活垃圾、牲畜粪便、农业化肥可能是导致氨氮污染的主要原因。而氨氮与 DO、ORP、SS、pH 等箭头方向相反，说明 ORP、DO、SS 的增加可能会导致水体氨氮的减少。

　　亚硝氮与 COD、电导率（SpC）、pH、DO 方向相反，说明 COD、电导率、pH、DO 的增加可能会抑制氨氮向亚硝氮的转化或促进亚硝氮的进一步转化。

　　硝氮与 TN、电导率、COD、pH、DO、ORP 箭头方向相同，说明在沣河氮素污染中，硝氮可能占主导，不同采样断面的氮素检测结果也证实了这一点；此外，电导率、COD、pH 和 ORP 的增加可能会加快氨氮、亚硝氮向硝氮的转化，也可能会降低硝氮的去除效果。

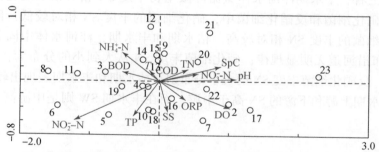

图 4-32　枯水期沣河水体环境因子与采样断面的关系

1～23 分别代表 N-1、N-2、N-3、N-5、N-6、N-7、N-8、N-9、N-11、N-13、N-14、N-15、N-16、
N-17、N-18、N-19、N-20、N-21、N-22、N-23、N-24、N-26、N-31

　　由图 4-32 可初步推断，研究断面 N-1（沣河源头，上游）与 N-5（李家岩，上游），N-11（三里桥，下游）、N-16（梁家桥，下游）与 N-18（秦渡镇，中游），N-13（严家渠，下游）与 N-21（杜樊桥，中游）距离较近，相似性较高，说明研究断面在河流中的位置是影响水体环境因子的重要因素，但是由于人为因素的加入，人类活动频繁，不同河段的研究断面的水体和生物指标也显示出了一定的相似性。

　　2）研究断面与固氮细菌 *nifH* 基因多样性指数、丰度的关系

　　从图 4-33 可以看出，断面 N-6（太平乡，上游）、N-7（北大村，中游）、N-

8（郭北村，中游）、N-13（严家渠，下游）、N-20（滈河桥，中游）、N-21（杜樊桥，中游）固氮细菌 *nifH* 基因的 SW 和 SN 较高，*S* 较低；而断面 N-15（梁家桥，下游）和 N-24（小峪河桥，上游）固氮细菌 *nifH* 基因的 SW 和 SN 较低，*S* 较高。

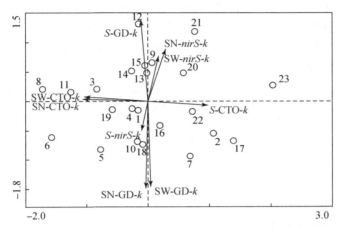

图 4-33 枯水期沣河水体环境因子、微生物指数与采样断面的关系

SW-GD-*k*：枯水期固氮细菌多样性指数 SW；*S*-GD-*k*：枯水期固氮细菌多样性指数 *S*；SN-GD-*k*：枯水期固氮细菌丰度指数 SN；SW-CTO-*k*：枯水期硝化细菌多样性指数 SW；*S*-CTO-*k*：枯水期硝化细菌多样性指数 *S*；SN-CTO-*k*：枯水期硝化细菌丰度指数 SN；SW-*nirS*-*k*：枯水期反硝化细菌多样性指数 SW；*S*-*nirS*-*k*：枯水期反硝化细菌多样性指数 *S*；SN-*nirS*-*k*：枯水期反硝化细菌丰度指数 SN

1~23 分别代表 N-1、N-2、N-3、N-5、N-6、N-7、N-8、N-9、N-11、N-13、N-14、N-15、N-16、N-17、N-18、N-19、N-20、N-21、N-22、N-23、N-24、N-26、N-31

3）研究断面与硝化细菌多样性指数、丰度的关系

从图 4-33 可以看出，断面 N-9（东大沣河大桥，中游）、N-7（北大村，中游）、N-14（马王村，下游）、N-3（沣峪口，上游）硝化细菌的 SW 和 SN 较高，*S* 较低；而断面 N-26（五里庙，上游）、N-20（滈河桥，中游）、N-2（观坪寺，上游）、N-8（郭北村，中游）硝化细菌的 SW 和 SN 较低，*S* 较高。

4）研究断面与反硝化细菌 *nirS* 基因多样性指数、丰度的关系

从图 4-33 可以看出，反硝化细菌 *nirS* 基因的生物指数与固氮细菌 *nifH* 基因生物指数箭头方向相反，在各研究断面的排序呈相反趋势。断面 N-15（梁家桥，下游）、N-24（小峪河桥，上游）、N-31（王曲街道，中游）反硝化细菌 *nirS* 基因的 SW 和 SN 较高，*S* 较低；而断面 N-6（太平乡，上游）、N-7（北大村，中游）、N-8（郭北村，中游）、N-13（严家渠，下游）、N-21（杜樊桥，中游）反硝化细菌 *nirS* 基因的 SW 和 SN 较低，*S* 较高。

2. 环境因子与多样性指数和丰度的关系

图4-34中通过氮循环微生物群落多样性指数、丰度和环境因子的箭头之间的夹角表示其间的相关性。夹角越小，表明其相关性越大，若箭头同向，表示它们之间是正相关；若箭头反向，则表示它们之间是负相关；若夹角接近于直角，则表示它们之间的相关性较小。因此可以判断，若环境因子与氮循环微生物群落多样性指数、丰度箭头方向相同，则可以初步预测该氮循环微生物指数随相应环境因子指标的增加而增加。

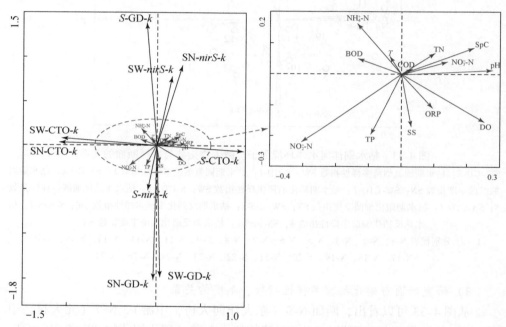

图 4-34　枯水期氮循环微生物群落多样性指数、丰度与环境因子之间的关系

SW-GD-*k*：枯水期固氮细菌多样性指数 SW；*S*-GD-*k*：枯水期固氮细菌多样性指数 *S*；SN-GD-*k*：枯水期固氮细菌丰度指数 SN；SW-CTO-*k*：枯水期硝化细菌多样性指数 SW；*S*-CTO-*k*：枯水期硝化细菌多样性指数 *S*；SN-CTO-*k*：枯水期硝化细菌丰度指数 SN；SW-*nirS*-*k*：枯水期反硝化细菌多样性指数 SW；*S*-*nirS*-*k*：枯水期反硝化细菌多样性指数 *S*；SN-*nirS*-*k*：枯水期反硝化细菌丰度指数 SN

由图4-34所示可以分析得到以下关于枯水期沣河氮循环微生物群落多样性指数、丰度与环境因子之间关系的结论。

1）固氮细菌 *nifH* 基因多样性指数、丰度与环境因子相关性分析

从图中可以看出，固氮细菌 *nifH* 基因香农-维纳多样性指数（SW-GD-*k*）、丰度指数（SN-GD-*k*）与 SS 夹角最小，正相关性最大，与 TP 也显示出了较大的

正相关性，同时也与 ORP、DO、亚硝氮呈现了一定的正相关性。这说明枯水期沣河水体中 TP、SS 的增加会促进更多种固氮细菌的生长繁殖；水体中的亚硝氮对固氮细菌没有或很少有毒害或抑制作用，且对其生长繁殖有一定的促进作用；水体中的固氮细菌对 DO 有一定的依赖性，存在好氧固氮细菌。

此外，固氮细菌 *nifH* 基因香农–维纳多样性指数（SW-GD-k）、丰度指数（SN-GD-k）还与 T、TN、COD、电导率、硝氮、氨氮、BOD、pH 呈现出一定的负相关性，说明枯水期沣河水体中的大部分固氮细菌可能为自养型，且 T、TN、COD、电导率、硝氮、氨氮、BOD、pH 的增加可能会对水体中的部分固氮细菌的生长繁殖产生一定的抑制或毒害作用。

从图 4-34 中固氮细菌 *nifH* 基因辛普森多样性指数（S-GD-k）与环境因子的关系可以看出，枯水期沣河水体固氮细菌 *nifH* 基因辛普森多样性指数（S-GD-k）与环境因子的关系表现出与 SW-GD-k、SN-GD-k 相反的趋势。说明 SS、TP、亚硝氮、DO 的增加，或 T、TN、COD、电导率、硝氮、氨氮、BOD、pH 的减少，虽会增加沣河水体中固氮细菌的种类，同时也会使得其中的优势菌种逐渐消失。

由以上分析可知，枯水期沣河水质对水体中固氮细菌的分布起到了重要影响。N-6（太平乡，上游）、N-7（北大村，中游）、N-8（郭北村，中游）、N-13（严家渠，下游）、N-20（滈河桥，中游）、N-21（杜樊桥，中游）断面的水体中 SS、TP、亚硝氮、DO 的检测值较高，T、TN、COD、电导率、硝氮、氨氮、BOD、pH 检测值较低；而 N-15（梁家桥，下游）和 N-24（小峪河桥，上游）相应检测值相反，从而导致 N-6（太平乡，上游）、N-7（北大村，中游）、N-8（郭北村，中游）、N-13（严家渠，下游）、N-20（滈河桥，中游）、N-21（杜樊桥，中游）断面的水体中固氮细菌 *nifH* 基因的 SW 和 SN 较高，S 较低；而 N-15（梁家桥，下游）和 N-24（小峪河桥，上游）固氮细菌 *nifH* 基因的 SW 和 SN 较低，S 较高。

2）硝化细菌多样性指数、丰度与环境因子相关性分析

从图 4-34 可以看出，硝化细菌香农–维纳多样性指数（SW-CTO-k）、丰度指数（SN-CTO-k）与 BOD 的正相关性最大，与氨氮、亚硝氮也显示出了较大的正相关性，同时也与 T、TP 呈现了一定的正相关性。这说明水体中的 BOD 可能是硝化细菌生长的限制因子之一；T、TP 的增加会提高硝化细菌的生存繁殖能力；水体中的亚硝氮对硝化细菌没有或很少有毒害或抑制作用，且对其生长繁殖有一定的促进作用，说明水体中的硝化细菌可能会利用亚硝氮作为原料生长。

此外，硝化细菌香农–维纳多样性指数（SW-CTO-k）、丰度指数（SN-CTO-k）还与 pH、DO、ORP、硝氮、SS、电导率、COD、TN 呈现出一定的负相关性，其中与 pH、DO、ORP 负相关性较强。这说明枯水期沣河水体中 pH、DO、ORP、

硝氮、SS、电导率、COD、TN 的增加可能会对水体中的部分硝化细菌的生长繁殖产生一定的抑制或毒害作用。其中，pH、DO、ORP 对硝化细菌的丰富度的影响较大，由于沣河水体整体为偏碱性、富氧水体（pH：7.36~8.81；DO：7.14~9.19mg/L），沣河水体的 pH、DO、ORP 变化范围内，pH、DO、ORP 的增加均会对硝化细菌的生长繁殖产生不利影响。

从图 4-34 中硝化细菌辛普森多样性指数（$S\text{-CTO-}k$）与环境因子的关系还可以看出，枯水期沣河水体硝化细菌辛普森多样性指数（$S\text{-CTO-}k$）与环境因子的关系表现出了与 SW-CTO-k、SN-CTO-k 相反的趋势。这说明 BOD、氨氮、亚硝氮、T、TP 的增加，或 pH、DO、ORP、硝氮、SS、电导率、COD、TN 的减少，虽会增加沣河水体中硝化细菌的种类，但是同时也会使得其中的优势菌种逐渐消失。

由以上分析可知，枯水期沣河水质对水体中硝化细菌的分布产生了重要影响。枯水期沣河断面 N-9（东大沣河大桥，中游）、N-7（北大村，中游）、N-14（马王村，下游）、N-3（沣峪口，上游）水体中 BOD、氨氮、亚硝氮、T、TP 的检测值较高，pH、DO、ORP、硝氮、SS、电导率、COD、TN 检测值较低；而断面 N-26（五里庙，上游）、N-20（滈河桥，中游）、N-2（观坪寺，上游）、N-8（郭北村，中游）相应检测值相反。导致枯水期沣河 N-9（东大沣河大桥，中游）、N-7（北大村，中游）、N-14（马王村，下游）、N-3（沣峪口，上游）断面水体中硝化细菌的 SW 和 SN 较高，S 较低；而 N-26（五里庙，上游）、N-20（滈河桥，中游）、N-2（观坪寺，上游）、N-8（郭北村，中游）断面水体中硝化细菌的 SW 和 SN 较低，S 较高。

3）反硝化 nirS 基因多样性指数、丰度与环境因子相关性分析

从图 4-34 可以看出，反硝化细菌 nirS 基因的多样性指数与反硝化细菌 nirS 基因丰度指数呈现一定负相关性。反硝化细菌 nirS 基因香农–维纳多样性指数（SW-nirS-k）、丰度指数（SN-nirS-k）与 TN、COD、电导率、硝氮、T、氨氮、pH 呈现了一定的正相关性，其中与 TN、COD 正相关性最强，与 BOD 正相关性最弱。这说明水体中的反硝化细菌利用 TN（氮源）、COD（碳源）生长繁殖；BOD 对沣河水体反硝化细菌的生长繁殖无明显影响；沣河水体中存在可以直接利用氨氮的反硝化细菌；T、电导率、pH 的增加会提高反硝化细菌的生存繁殖能力。

此外，反硝化细菌 nirS 基因香农–维纳多样性指数（SW-nirS-k）、丰度指数（SN-nirS-k）还与 TP、SS、亚硝氮、ORP、DO 呈现出一定的负相关性，而与 DO 相关性较差。这说明枯水期沣河水体中的大部分反硝化细菌可能多为好氧反硝化细菌，且亚硝氮、TP、SS、ORP 的增加可能会对水体中的部分反硝化细菌的生长繁殖产生一定的抑制或毒害作用。

从图 4-34 中反硝化细菌 nirS 基因辛普森多样性指数（S-nirS-k）与环境因子的关系可以看出，枯水期沣河水体反硝化细菌 nirS 基因辛普森多样性指数（S-nirS-k）与环境因子的关系表现出了与 SW-nirS-k、SN-nirS-k 相反的趋势。这说明 TN、COD、电导率、硝氮、T、氨氮、pH 的增加，或 TP、SS、亚硝氮、ORP、DO 的减少，虽会增加沣河水体中反硝化细菌的种类，但是同时也会使得其中的优势菌种逐渐消失。

由以上分析可知，枯水期沣河水质对水体中反硝化细菌的分布产生了重要影响。枯水期沣河 N-15（梁家桥，下游）、N-24（小峪河桥，上游）、N-31（王曲街道，中游）断面水体中 TN、COD、电导率、硝氮、T、氨氮、pH、BOD 较高，而 TP、SS、亚硝氮、ORP、DO 检测值较低；而 N-6（太平乡，上游）、N-7（北大村，中游）、N-8（郭北村，中游）、N-13（马王村，下游）、N-21（杜樊桥，中游）断面相应检测值相反。导致枯水期沣河 N-15（梁家桥，下游）、N-24（小峪河桥，上游）、N-31（王曲街道，中游）断面水体中反硝化细菌 nirS 基因的 SW 和 SN 较高，S 较低；而 N-6（太平乡，上游）、N-7（北大村，中游）、N-8（郭北村，中游）、N-13（马王村，下游）、N-21（杜樊桥，中游）断面水体中反硝化细菌 nirS 基因的 SW 和 SN 较低，S 较高。

4.3.2　丰水期相关性分析

1. 研究断面与环境因子和微生物指数的关系

1）研究断面与环境因子的关系

从图 4-35 可以看出，氨氮、硝氮和亚硝氮箭头方向相同，说明沣河水体中氨氮、硝氮和亚硝氮污染通常同时进入河流。而氨氮、硝氮和亚硝氮与 DO、ORP、pH 箭头方向相反，说明 ORP、DO、pH 的增加可能会导致水体硝氮、亚硝氮和氨氮的减少。

由图 4-35 可初步推断，研究断面 S-9（东大沣河大桥，中游）、S-20（滈河桥，中游）距离最近，相似度最高。S-11（三里桥，下游）与 S-23（太乙宫街道，中游），S-8（郭北村，中游）与 S-26（五里庙，上游），S-4（祥峪，上游）与 S-15（梁家桥，下游），S-9（东大沣河大桥，中游）与 S-11（三里桥，下游），S-8（郭北村，中游）与 S-13（严家渠，下游），S-14（马王村，下游）与 S-23（太乙宫街道，中游），S-14（马王村，下游）、S-18（秦渡镇，中游）与 S-31（王曲街道，上游），S-18（秦渡镇，中游）与 S-19（长安高桥，中游）距离较近，相似度较高。说明丰水期研究断面在河流中的位置是影响水体环境因子的重要因素，但是由于丰水期水量大，水体混合较快，再加上人类活动的频繁，不同河段（中游和上游、中游和下游）的研究断面的水体指标也显示出一定的相似性。

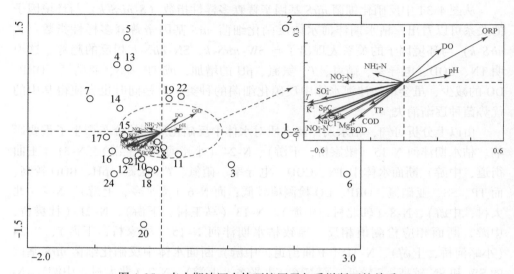

图 4-35　丰水期沣河水体环境因子与采样断面的关系

1~24 分别代表 S-1、S-2、S-3、S-4、S-5、S-6、S-7、S-8、S-9、S-11、S-13、S-14、S-15、S-16、
S-17、S-18、S-19、S-20、S-21、S-22、S-23、S-24、S-26、S-31

2）研究断面与固氮细菌 *nifH* 基因多样性指数、丰度的关系

从图 4-36 可以看出，断面 S-6（太平乡，上游）、S-1（沣河源头，上游）、
S-2（观坪寺，上游）、S-3（观坪寺，上游）固氮细菌 *nifH* 基因的 SW 和 SN 较

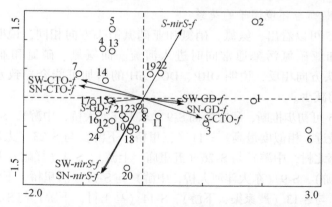

图 4-36　丰水期沣河水体环境因子、微生物多样性指数与采样断面的关系

1~24 分别代表 S-1、S-2、S-3、S-4、S-5、S-6、S-7、S-8、S-9、S-11、S-13、S-14、S-15、S-16、
S-17、S-18、S-19、S-20、S-21、S-22、S-23、S-24、S-26、S-31

SW-GD-*f*：丰水期固氮细菌多样性指数 SW；*S*-GD-*f*：丰水期固氮细菌多样性指数 *S*；
SN-GD-*f*：丰水期固氮细菌丰度指数 SN；SW-CTO-*f*：丰水期硝化细菌多样性指数 SW；
S-CTO-*f*：丰水期硝化细菌多样性指数 *S*；SN-CTO-*f*：丰水期硝化细菌丰度指数 SN

高，S 较低；而断面 S-7（北大村，中游）、S-19（长安高桥，中游）、S-18（秦渡镇，中游）、S-31（王曲街道，中游）固氮细菌 *nifH* 基因的 SW 和 SN 较低，S 较高。

3）研究断面与硝化细菌多样性指数、丰度的关系

从图 4-36 可以看出，断面 S-7（北大村，中游）、S-4（祥峪，上游）、S-5（李家岩，上游）、S-13（严家渠，下游）、S-14（马王村，下游）、S-17（五星蛟河大桥，中游）硝化细菌的 SW 和 SN 较高，S 较低；而断面 S-6（太平乡，上游）、S-1（沣河源头，上游）、S-2（观坪寺，上游）、S-3（沣峪口，上游）硝化细菌的 SW 和 SN 较低，S 较高。

4）研究断面与反硝化细菌 *nirS* 基因多样性指数、丰度的关系

从图 4-36 可以看出，断面 S-22（小江村，中游）、S-31（王曲街道，中游）、S-20（滈河桥，中游）、S-9（东大沣河大桥，中游）、S-14（马王村，下游）、S-18（秦渡镇，中游）反硝化细菌 *nirS* 基因的 SW 和 SN 较高，S 较低；而断面 S-2（观坪寺，上游）、S-5（李家岩，上游）、S-1（沣河源头，上游）、S-3（沣峪口，上游）反硝化细菌 *nirS* 基因的 SW 和 SN 较低，S 较高。

2. 环境因子与多样性指数和丰度的关系

图 4-37 为丰水期沣河氮循环微生物群落多样性指数、丰度与水体环境因子之间的关系。

通过氮循环微生物群落多样性指数、丰度和环境因子之间的箭头夹角表示其间的相关性。夹角越小，表明其相关性越大，若箭头同向，表示它们之间是正相关；若箭头反向，则表示它们之间是负相关；若夹角接近于直角，则表示它们之间的相关性较小。因此可以判断，若环境因子与氮循环微生物群落多样性指数、丰度箭头方向相同，则可以初步预测该氮循环微生物指数随相应环境因子指标的增加而增加，因此由图 3-37 所示可以分析得到丰水期沣河氮循环微生物群落多样性指数、丰度与环境因子之间的关系。

1）固氮细菌 *nifH* 基因多样性指数、丰度与环境因子相关性分析

从图 4-37 可以看出，固氮细菌 *nifH* 基因香农–维纳多样性指数（SW-GD-*f*）、丰度指数（SN-GD-*f*）与 pH 夹角最小，正相关性最高，与 ORP、DO 也显示出了一定的正相关性。沣河水体 pH 变化范围（7.70～8.96）内，较高的 pH 对其生长繁殖有一定的促进作用；丰水期沣河水体中含有好氧固氮细菌，对 DO 有一定的依赖性。

此外，固氮细菌 *nifH* 基因香农–维纳多样性指数（SW-GD-*f*）、丰度指数（SN-GD-*f*）还与 SO_4^{2-}、*T*、K^+、电导率、氨氮、亚硝氮、硝氮、Na^+、Ca^{2+}、Mg^{2+}、Cl^-、BOD、COD、TP 呈现出一定的负相关性，说明丰水期沣河水体中的

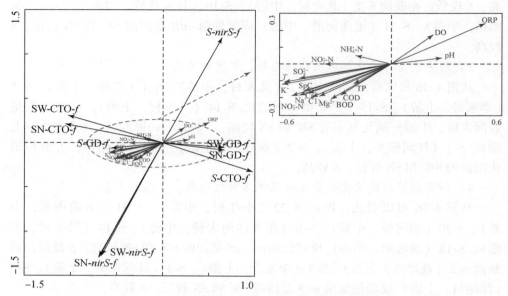

图 4-37　丰水期氮循环微生物群落多样性指数、丰度与环境因子之间的关系

SW-GD-*f*：丰水期固氮细菌多样性指数 SW；*S*-GD-*f*：丰水期固氮细菌多样性指数 *S*；SN-GD-*f*：丰水期固氮细菌丰度指数 SN；SW-CTO-*f*：丰水期硝化细菌多样性指数 SW；*S*-CTO-*f*：丰水期硝化细菌多样性指数 *S*；SN-CTO-*f*：丰水期硝化细菌丰度指数 SN；SW-*nirS*-*f*：丰水期反硝化细菌多样性指数 SW；*S*-*nirS*-*f*：丰水期反硝化细菌多样性指数 *S*；SN-*nirS*-*f*：丰水期反硝化细菌丰度指数 SN

氮素会对水体中固氮细菌的生长繁殖不利，较高的 SO_4^{2-}、T、K^+、电导率、Ca^{2+}、Mg^{2+}、Cl^-、Na^+、BOD、COD、TP 也可能会对水体中的部分固氮细菌的生长繁殖产生一定的抑制作用。

从图 4-37 中固氮细菌 *nifH* 基因辛普森多样性指数（*S*-GD-*f*）与环境因子的关系还可以看出，丰水期沣河水体固氮细菌 *nifH* 基因辛普森多样性指数（*S*-GD-*f*）与环境因子的关系表现出了与 SW-GD-*f*、SN-GD-*f* 相反的趋势。说明 pH、ORP、DO 的增加，或 SO_4^{2-}、T、K^+、电导率、氨氮、亚硝氮、硝氮、Na^+、Ca^{2+}、Mg^{2+}、Cl^-、BOD、COD、TP 的减少，虽会增加沣河水体中固氮细菌的种类，但是同时也会使得其中的优势菌种逐渐消失。

由以上分析可知，丰水期沣河水质对水体中固氮细菌的分布产生了重要影响。丰水期沣河断面 S-6（太平乡，上游）、S-1（沣河源头，上游）、S-2（观坪寺，上游）、S-3（观坪寺，上游）水体中 pH、ORP、DO 检测值较高，SO_4^{2-}、T、K^+、电导率、氨氮、亚硝氮、硝氮、Na^+、Ca^{2+}、Mg^{2+}、Cl^-、BOD、COD、TP 检测值较低，而断面 S-7（北大村，中游）、S-19（长安高桥，中游）、S-18（秦渡镇，中游）、S-31（王曲街道，中游）中相应检测值大小相反。导致丰水期沣河断面 S-6（太平乡，上游）、S-1（沣河源头，上游）、S-2（观坪寺，上游）、S-3（观坪寺，上游）水体中固氮细菌 *nifH* 基因的 SW 和 SN 较高，*S* 较低；而断面 S-7（北大村，中游）、S-19（长安高桥，中游）、S-18（秦渡镇，中游）、S-31（王曲街道，中游）固氮细菌 *nifH* 基因的 SW 和 SN 较低，*S* 较高。

　　2）硝化细菌多样性指数、丰度与环境因子相关性分析

　　从图 4-37 可以看出，硝化细菌香农–维纳多样性指数（SW-CTO-*f*）、丰度指数（SN-CTO-*f*）与氨氮正相关性最大，与亚硝氮、SO_4^{2-}、*T*、K^+、电导率、硝氮、Ca^{2+}、Mg^{2+}、Cl^-、Na^+、BOD、COD、TP 也显示出了较大的正相关性。说明水体中氨氮作为硝化细菌生长繁殖的底物，对硝化细菌的群落结构影响最大（Otawa et al.，2006；Lydamark et al.，2007），但是在丰水期沣河氨氮浓度变化范围（<0.530mg/L）内，氨氮的增加会提高硝化细菌的生存繁殖能力和多样性，有利于硝化细菌群落结构的稳定；电导率的增加也会有利于硝化细菌群落结构的构建；硝化细菌香农–维纳多样性指数（SW-CTO-*f*）、丰度指数（SN-CTO-*f*）与亚硝氮呈正相关性，说明丰水期沣河中的硝化细菌可能会利用亚硝氮，亚硝氮的增加也有利于提高硝化细菌的多样性和丰度。

　　此外，硝化细菌香农–维纳多样性指数（SW-CTO-*f*）、丰度指数（SN-CTO-*f*）还与 pH、ORP、DO 呈现出一定的负相关性。说明丰水期沣河水体中 pH、ORP、DO 的增加可能会对水体中的部分硝化细菌的生长繁殖产生一定的抑制或毒害作用。其中 DO 与 SW-CTO-*f*、SN-CTO-*f* 方向相反，但是夹角接近于直角，相关性较低。

　　从图 4-37 中硝化细菌辛普森多样性指数（*S*-CTO-*f*）与环境因子的关系还可以看出，丰水期沣河水体硝化细菌辛普森多样性指数（*S*-CTO-*f*）与环境因子的关系表现出了与 SW-CTO-*f*、SN-CTO-*f* 相反的趋势。说明 pH、ORP、DO 对沣河水体中硝化细菌的种类具有选择性，pH、ORP、DO 的降低会增加沣河水体中硝化细菌种类的丰富度，降低优势菌种的优势地位。

　　由以上分析可知，丰水期沣河水质对水体中硝化细菌的分布产生了重要影响。丰水期沣河断面 S-7（北大村，中游）、S-4（祥峪，上游）、S-5（李家岩，上游）、S-13（严家渠，下游）、S-14（马王村，下游）、S-17（五星蛟河大桥，中游）水体中氨氮、亚硝氮、SO_4^{2-}、*T*、K^+、电导率、硝氮、Ca^{2+}、Mg^{2+}、Cl^-、Na^+、BOD、COD、TP 的检测值较高，pH、ORP、DO 检测值较低，而断面 S-6（太平乡，上游）、S-1（沣河源头，上游）、S-2（观坪寺，上游）、S-3（沣峪口，上游）水体中这些检测值大小呈相反趋势。导致丰水期沣河断面 S-7（北大村，中游）、S-4（祥峪，上游）、S-5（李家岩，上游）、S-13（严家渠，下游）、S-14（马王村，下游）、S-17（五星蛟河大桥，中游）水体中硝化细菌的 SW 和 SN 较高，*S* 较低；而 S-6（太平乡，上游）、S-1（沣河源头，上游）、S-2（观坪

寺，上游）、S-3（沣峪口，上游）水体中硝化细菌的 SW 和 SN 较低，S 较高。

　　3）反硝化细菌 *nirS* 基因多样性指数、丰度与环境因子相关性分析

　　从图 4-37 可以看出，反硝化细菌 *nirS* 基因香农–维纳多样性指数（SW-*nirS*-*f*）、丰度指数（SN-*nirS*-*f*）与 BOD、COD、TP、Mg^{2+}、Cl^-、Ca^{2+}、Na^+、电导率、K^+、T、SO_4^{2-}、硝氮、亚硝氮、氨氮呈现了一定的正相关性，其中与氨氮夹角接近直角，相关性较低。说明 BOD、COD 作为碳源，对反硝化细菌的生长繁殖具有重要作用；亚硝氮对沣河水体反硝化细菌的生长繁殖无毒害或不利影响，与 Jayakumar 等（2004）在阿拉伯海沿岸水体反硝化基因多样性的研究结果一致；沣河水体中存在少量可以利用氨氮的反硝化细菌。

　　此外，反硝化细菌香农–维纳多样性指数（SW-*nirS*-*f*）、丰度指数（SN-*nirS*-*f*）还与 DO、ORP、pH 呈现出一定的负相关性。说明沣河水体中 DO 也会对反硝化细菌有抑制作用（Maribeb et al.，2005），ORP、pH 的增加会对水体中的部分反硝化细菌的生长繁殖产生一定的抑制或毒害作用。

　　从图 4-37 中反硝化细菌 *nirS* 基因辛普森多样性指数（S-*nirS*-*f*）与环境因子的关系还可以看出，丰水期沣河水体反硝化细菌 *nirS* 基因辛普森多样性指数（S-*nirS*-*f*）与环境因子的关系表现出了与 SW-*nirS*-*f*、SN-*nirS*-*f* 相反的趋势。说明 BOD、COD、TP、Mg^{2+}、Cl^-、Ca^{2+}、Na^+、电导率、K^+、T、SO_4^{2-}、硝氮、亚硝氮、氨氮的增加，或 DO、ORP、pH 的减小，虽会增加沣河水体中反硝化细菌的种类，但是同时也会使得其中的优势菌种逐渐消失。

　　由以上分析可知，丰水期沣河水质对水体中反硝化细菌的分布起到了重要影响。丰水期沣河断面 S-22（小江村，中游）、S-31（王曲街道，中游）、S-20（滈河桥，中游）、S-9（东大沣河大桥，中游）、S-14（马王村，下游）、S-18（秦渡镇，中游）中 BOD、COD、TP、Mg^{2+}、Cl^-、Ca^{2+}、Na^+、电导率、K^+、T、SO_4^{2-}、硝氮、亚硝氮、氨氮的检测值较高，DO、ORP、pH 检测值较低，而断面 S-2（观坪寺，上游）、S-5（李家岩，上游）、S-1（沣河源头，上游）、S-3（沣峪口，上游）该类检测值大小呈相反趋势。导致断面 S-22（小江村，中游）、S-31（王曲街道，中游）、S-20（滈河桥，中游）、S-9（东大沣河大桥，中游）、S-14（马王村，下游）、S-18（秦渡镇，中游）水体中反硝化细菌 *nirS* 基因的 SW 和 SN 较高，S 较低；而断面 S-2（观坪寺，上游）、S-5（李家岩，上游）、S-1（沣河源头，上游）、S-3（沣峪口，上游）水体中反硝化细菌 *nirS* 基因的 SW 和 SN 较低，S 较高。

4.3.3　水质相关性分析

1. 沣河水质与水体中固氮细菌多样性指数、丰度的关系

　　枯水期沣河断面 N-6（太平乡，上游）、N-7（北大村，中游）、N-8（郭北

村，中游）、N-11（三里桥，下游）、N-20（滈河桥，中游）、N-21（杜樊桥，中游）断面的水体中 SS、TP、亚硝氮、DO 的检测值较高，T、TN、COD、电导率、硝氮、氨氮、BOD、pH 检测值较低；而 N-15（梁家桥，下游）和 N-24（小峪河桥，上游）相应检测值相反。导致 N-6（太平乡，上游）、N-7（北大村，中游）、N-8（郭北村，中游）、N-11（三里桥，下游）、N-20（滈河桥，中游）、N-21（杜樊桥，中游）断面的水体中固氮细菌的 SW 和 SN 较高，S 较低；而 N-15（梁家桥，下游）和 N-24（小峪河桥，上游）固氮细菌 $nifH$ 基因的 SW 和 SN 较低，S 较高。说明枯水期沣河水体中的 SS、TP、亚硝氮、DO 的增加促进水体中固氮细菌的均匀性和丰富度的增高，降低优势菌种的优势地位，而 T、TN、COD、电导率、硝氮、氨氮、BOD、pH 则会对部分固氮细菌产生不利影响，使得水体中固氮细菌的均匀性和丰富度降低，优势菌种突出。

丰水期沣河断面 S-6（太平乡，上游）、S-1（沣河源头，上游）、S-2（观坪寺，上游）、S-3（观坪寺，上游）水体中 pH、ORP、DO 检测值较高，SO_4^{2-}、T、K^+、电导率、氨氮、亚硝氮、硝氮、Na^+、Ca^{2+}、Mg^{2+}、Cl^-、BOD、COD、TP 检测值较低，而断面 S-7（北大村，中游）、S-19（长安高桥，中游）、S-18（秦渡镇，中游）、S-31（王曲街道，中游）中相应检测值大小相反。导致丰水期沣河断面 S-6（太平乡，上游）、S-1（沣河源头，上游）、S-2（观坪寺，上游）、S-3（观坪寺，上游）水体中固氮细菌的 SW 和 SN 较高，S 较低；而断面 S-7（北大村，中游）、S-19（长安高桥，中游）、S-18（秦渡镇，中游）、S-31（王曲街道，中游）固氮细菌 $nifH$ 基因的 SW 和 SN 较低，S 较高。说明丰水期沣河水体中的 pH、ORP、DO 的增加促进水体中固氮细菌的均匀性和丰富度的增高，降低优势菌种的优势地位，而 SO_4^{2-}、T、K^+、电导率、氨氮、亚硝氮、硝氮、Na^+、Ca^{2+}、Mg^{2+}、Cl^-、BOD、COD、TP 则会对部分固氮细菌产生不利影响，使得水体中固氮细菌的均匀性和丰富度降低，优势菌种突出。

2. 沣河水质与水体中硝化细菌多样性指数、丰度的关系

枯水期沣河断面 N-9（东大沣河大桥，中游）、N-7（北大村，中游）、N-14（马王村，下游）、N-3（沣峪口，上游）水体中 BOD、氨氮、亚硝氮、T、TP 的检测值较高，pH、DO、ORP、硝氮、SS、电导率、COD、TN 检测值较低；而断面 N-26（五里庙，上游）、N-20（滈河桥，中游）、N-2（观坪寺，上游）、N-8（郭北村，中游）相应检测值相反。导致枯水期沣河 N-9（东大沣河大桥，中游）、N-7（北大村，中游）、N-14（马王村，下游）、N-3（沣峪口，上游）断面水体中硝化细菌的 SW 和 SN 较高，S 较低；而 N-26（五里庙，上游）、N-20（滈河桥，中游）、N-2（观坪寺，上游）、N-8（郭北村，中游）断面水体中硝化细菌的 SW 和 SN 较低，S 较高。说明枯水期沣河水体中的 BOD、氨氮、亚硝

氮、T、TP 的增加促进水体中硝化细菌的均匀性和丰富度的增高，降低优势菌种的优势地位，而 pH、DO、ORP、硝氮、SS、电导率、COD、TN 则会对部分硝化细菌产生不利影响，使得水体中硝化细菌的均匀性和丰富度降低，优势菌种突出。

丰水期沣河断面 S-7（北大村，中游）、S-4（祥峪，上游）、S-5（李家岩，上游）、S-13（严家渠，下游）、S-14（马王村，下游）、S-17（五星蛟河大桥，中游）水体中氨氮、亚硝氮、SO_4^{2-}、T、K^+、电导率、硝氮、Ca^{2+}、Mg^{2+}、Cl^-、Na^+、BOD、COD、TP 的检测值较高，pH、ORP、DO 检测值较低，而断面 S-6（太平乡，上游）、S-1（沣河源头，上游）、S-2（观坪寺，上游）、S-3（沣峪口，上游）水体中这些检测值大小呈相反趋势。导致丰水期沣河断面 S-7（北大村，中游）、S-4（祥峪，上游）、S-5（李家岩，上游）、S-13（严家渠，下游）、S-14（马王村，下游）、S-17（五星蛟河大桥，中游）水体中硝化细菌的 SW 和 SN 较高，S 较低；而断面 S-6（太平乡，上游）、S-1（沣河源头，上游）、S-2（观坪寺，上游）、S-3（沣峪口，上游）水体中硝化细菌的 SW 和 SN 较低，S 较高。说明丰水期沣河水体氨氮、亚硝氮、SO_4^{2-}、T、K^+、电导率、硝氮、Ca^{2+}、Mg^{2+}、Cl^-、Na^+、BOD、COD、TP 的增加促进水体中硝化细菌的均匀性和丰富度的增高，降低优势菌种的优势地位，而 pH、ORP、DO 则会对部分硝化细菌产生不利影响，使得水体中硝化细菌的均匀性和丰富度降低，优势菌种突出。

3. 沣河水质与水体中反硝化细菌多样性指数、丰度的关系

枯水期沣河 N-15（梁家桥，下游）、N-24（小峪河桥，上游）、N-31（王曲街道，中游）断面水体中 TN、COD、电导率、硝氮、T、氨氮、pH、BOD 较高，而 TP、SS、亚硝氮、ORP、DO 检测值较低；而 N-6（太平乡，上游）、N-7（北大村，中游）、N-8（郭北村，中游）、N-13（严家渠，下游）、N-21（杜樊桥，中游）断面相应检测值相反。导致枯水期沣河 N-15（梁家桥，下游）、N-24（小峪河桥，上游）、N-31（王曲街道，中游）断面水体中反硝化细菌 *nirS* 基因的 SW 和 SN 较高，S 较低；而 N-6（太平乡，上游）、N-7（北大村，中游）、N-8（郭北村，中游）、N-13（马王村，下游）、N-21（杜樊桥，中游）断面水体中反硝化细菌 *nirS* 基因的 SW 和 SN 较低，S 较高。说明枯水期沣河水体中的 TN、COD、电导率、硝氮、T、氨氮、pH、BOD 的增加促进水体中反硝化细菌的均匀性和丰富度的增高，降低优势菌种的优势地位，而 TP、SS、亚硝氮、ORP、DO 则会对部分反硝化细菌产生不利影响，使得水体中反硝化细菌的均匀性和丰富度降低，优势菌种突出。

丰水期沣河断面 S-22（小江村，中游）、S-31（王曲街道，中游）、S-20（滈河桥，中游）、S-9（东大沣河大桥，中游）、S-14（马王村，下游）、S-18

（秦渡镇，中游）水体中 BOD、COD、TP、Mg^{2+}、Cl^-、Ca^{2+}、Na^+、电导率、K^+、T、SO_4^{2-}、硝氮、亚硝氮、氨氮的检测值较高，DO、ORP、pH 检测值较低，而断面 S-2（观坪寺，上游）、S-5（李家岩，上游）、S-1（沣河源头，上游）、S-3（沣峪口，上游）该类检测值大小呈相反趋势。导致断面 S-22（小江村，中游）、S-31（王曲街道，中游）、S-20（滈河桥，中游）、S-9（东大沣河大桥，中游）、S-14（马王村，下游）、S-18（秦渡镇，中游）水体中反硝化细菌 *nirS* 基因的 SW 和 SN 较高，S 较低；而断面 S-2（观坪寺，上游）、S-5（李家岩，上游）、S-1（沣河源头，上游）、S-3（沣峪口，上游）水体中反硝化细菌 *nirS* 基因的 SW 和 SN 较低，S 较高。说明丰水期沣河水体中的 BOD、COD、TP、Mg^{2+}、Cl^-、Ca^{2+}、Na^+、电导率、K^+、T、SO_4^{2-}、硝氮、亚硝氮、氨氮的增加促进水体中反硝化细菌的均匀性和丰富度的增高，降低优势菌种的优势地位，而 DO、ORP、pH 的增多则会对部分反硝化细菌产生不利影响，使得水体中反硝化细菌的均匀性和丰富度降低，优势菌种突出。

第 5 章　河流代谢功能评价

5.1　河流代谢概念与理论

5.1.1　河流代谢概念

河流代谢是指初级生产力（光合作用）和生态系统的呼吸，以初级生产速率和呼吸速率反映 $[mg\ O_2/(L \cdot d)]$。初级生产力包括藻类和其他水生植物的光合作用；生态系统的呼吸则包括鱼类、无脊椎动物、藻类、水生植物、微生物等的呼吸作用。

Mulholland 等（2005）认为河流代谢是一种潜在的评价生态健康的优良指标，因为新陈代谢取决于水文、河岸及河道内的植被、地貌、气候、化学和生物学的水环境和集水区的排水条件等复杂的相互作用。河流代谢能综合性地测量溪流和河流生态系统功能，因此可以用来评估河流健康。

与无脊椎动物、鱼类或河流生态其他方面的研究相比较，河流代谢很少被关注，因此应用河流代谢来评价河流的健康面临着不确定性。Gessner 和 Chauvet（2002）提出了克服这个问题的两种可选方案：①设置参照点与采样点进行比较；②使用给定变量的绝对值进行判断，绝对值方法的标准应根据不同河流制定不同标准。

Young（2004）等提出了基于初级生产力和呼吸的河流健康评价标准，具体见表 5-1，该法通过监测断面和参考断面的比值来判断河流健康程度。参考断面一般选择保持自然状态良好，周边是农田的断面。研究者在做了大量试验的基础上，进行了箱图分析，将处于方框图内的（25%百分位数和75%百分位数之间）定义其健康为"好"，赋值"2"；将处于5%百分位数和25%百分位数之间的，或大于75%小于95%百分位数的定义其健康为"中等"，赋值"1"；小于5%百分位数，或大于95%百分位数的定义为"差"，赋值"0"。尽管不能确定该分类标准是否具有普遍性，但随着对河流代谢研究的深入，用河流代谢功能评价河流健康无疑会越来越精确。

表 5-1　河流代谢评价河流健康标准表

方法	评估参数	标准	评分
与参考断面值相比	$GPP_t : GPP_r$	$GPP_t : GPP_r = 0.4 \sim 1.5$	2
		$GPP_t : GPP_r = 0.1 \sim 0.4$ 或 $1.5 \sim 3.0$	1
		$GPP_t : GPP_r < 0.1$ 或 > 3.0	0
	$ER_t : ER_r$	$ER_t : ER_r = 0.4 \sim 1.4$	2
		$ER_t : ER_r = 0.2 \sim 0.4$ 或 $1.4 \sim 2.5$	1
		$ER_t : ER_r < 0.2$ 或 > 2.5	0
绝对值	GPP_t $[g\ O_2/(m^2 \cdot d)]$	$GPP_t = 0.8 \sim 4.0$	2
		$GPP_t \leq 0.8$ 或 $4.0 \sim 8.0$	1
		$GPP_t > 8.0$	0
	ER_t $[g\ O_2/(m^2 \cdot d)]$	$ER_t = 1.5 \sim 5.5$	2
		$ER_t = 0.7 \sim 1.5$ 或 $5.5 \sim 10.0$	1
		$ER_t < 0.7$ 或 > 10.0	0

注：t 表示监测断面，r 表示参考断面。2 表示健康状况"好"，1 表示健康状况"中等"，0 表示健康状况"差"。

5.1.2　研究理论基础

河流代谢的测量有基于 CO_2 的测量方法和基于溶解氧的测量方法。初级生产力（或光合作用）涉及 CO_2 的吸收和氧气的释放，而生态系统呼吸则恰恰相反，需要吸收氧气和释放 CO_2。因此用溶解氧或 CO_2 浓度的变化来测量生态系统代谢是可行的方法。但由于直接测定水中 CO_2 比较困难，一些研究人员采用与 CO_2 有密切相关性的 pH 来测量河流代谢或者用放射性 ^{14}C 的吸收来测量光合作用速率。溶解氧相对容易测量，且通常情况下变化幅度较大，因此利用溶解氧的变化来测量河流代谢是文献中最常用的方法。

溶解氧昼夜变化曲线反映了光合作用和呼吸在水体中的关系，人们常利用此曲线计算河流代谢。溶解氧的测量具体有两种方式：一种是测量开放河流系统中氧气浓度的自然变化，即明渠（open channel）法或开放系统法；另一种是用密封箱将生态系统的一部分密封起来测量箱内的氧气变化，即呼吸箱（chamber）法。开放系统法是在开放的环境进行河流溶解氧的测量，即直接进行测量。而呼吸箱法则是在一个封闭的环境里进行监测。如果要测量生态系统的整体健康，开放系统法更全面一些。开放系统法是目前最有效的连续监测河流的方法之一。虽然呼吸箱法也可以测量代谢，但它不能反映自然条件。呼吸箱法有利于评价河流生态系统不同组成成分对总河流代谢的贡献，但它往往严重低估了总的呼吸，因为它无法测量潜流区沉积物的呼吸。

开放系统法以时间为函数进行溶解氧浓度的测量，这个时间至少是完整的、连续的24h。开放系统法又分为单站式和两站式监测，单站式是在一个点进行监测，而两站式则是在上游和下游两个点进行监测后取平均值。在一定的环境条件下，两个方法的差异不大。

以开放河流系统计算代谢速率要求准确确定复氧系数。如果复氧系数 K_{O_2} 值已确定，那么计算初级生产速率和呼吸速率就相对简单。计算 K_{O_2} 的方法有基于溶解氧浓度变化估算的方法，基于河道地貌形态和水力学特征的经验模型的 K_{O_2} 估算方法和基于示踪剂变化的估算法等。得到 K_{O_2} 以后，我们可以按照溶解氧在水体中的平衡关系求得河流代谢速率。

5.2 河流代谢计算方法

5.2.1 河流代谢计算原理

采用基于溶解氧的测定方法计算河流代谢。水体中溶解氧浓度的变化与初级生产力（光合作用）GPP、呼吸 ER、复氧 E 和补给 A 有关，其溶解氧平衡方程如式（5-1）所示。

$$dC/dt = GPP - ER \pm E(\pm A) \tag{5-1}$$

$$E = K_{O_2} \times D \tag{5-2}$$

式中：dC/dt 为溶解氧浓度随时间的变化；A 表示补给，指的是地下水的补给，通常在研究中忽视此部分；K_{O_2} 为复氧系数（h^{-1}）；D 为氧亏（mg/L），是饱和溶解氧与溶解氧监测数值之差。C 的单位为 mg/L，GPP、ER、E、A 的单位为 mg O_2(L·h)。

白天，在光照条件下，光合作用、呼吸作用和大气复氧作用均正常进行。而到夜间，因没有光照，光合作用停止，只有呼吸作用和大气复氧作用。因此在夜间，初级生产力等于零，式（5-1）又可写成式（5-3）的形式。

$$dC/dt = ER \pm E \tag{5-3}$$

通过溶解氧连续监测结果可以得知 dC/dt 和 D，从而得到 $dC/dt-D$ 的关系，根据式（5-4）得夜间 ER 和 K_{O_2}。因求复氧系数有利于求代谢速率，首先求复氧系数，在已知复氧系数的情况下，根据白天的溶解氧平衡关系式［式（5-1）］求得 GPP、ER。

$$dC/dt = -ER + K_{O_2} \times D \tag{5-4}$$

使用基于溶解氧的测定方法计算河流代谢，必须要有足够的溶解氧和氧亏的变化数据，且要求溶解氧和氧亏的测定是准确的。

5.2.2　河流代谢计算步骤

通过 24h 连续监测可以获得溶解氧浓度、水温、电导率等参数的实时数据。河流代谢的具体计算步骤如下。

1. 计算饱和溶解氧

（1）根据饱和溶解氧浓度与水温的关系计算饱和溶解氧浓度。

$$\ln C^* = -139.34411 + \frac{1.575701 \times 10^5}{T} - \frac{6.642308 \times 10^7}{T^2} + \frac{1.243800 \times 10^{10}}{T^3} - \frac{8.621949 \times 10^9}{T^4}$$

$$(5-5)$$

式中：T 为华氏温度，℃；C^* 为饱和溶解氧浓度，mg/L。

（2）用电导率校正饱和溶解氧浓度。

$$\ln C^* = -139.34411 + \frac{1.575701 \times 10^5}{T} - \frac{6.642308 \times 10^7}{T^2} + \frac{1.243800 \times 10^{10}}{T^3} - \frac{8.621949 \times 10^9}{T^4}$$

$$-S \times (1.7674 \times 10^{-2} - \frac{1.0754 \times 10}{T} + \frac{2.1407 \times 10^3}{T^2})$$

$$(5-6)$$

$$S = 6 \times 10^{-4} \times EC$$

$$(5-7)$$

式中：EC 为电导率，μS/cm；S 为参数。

（3）利用大气压再次校正饱和溶解氧浓度。

$$\ln P = 5.25 \times \ln\left(1 - \frac{h}{44300}\right)$$

$$(5-8)$$

$$C_P = C^* \times P\left(\frac{1 - \dfrac{P_{WV}}{P}}{1 - P_{WV}}\right) \times \left(\frac{1 - \theta \times P}{1 - \theta}\right)$$

$$(5-9)$$

$$\ln P_{WV} = 11.8571 - \frac{3840.70}{T} - \frac{216961}{T^2}$$

$$(5-10)$$

$$\theta = 9.672 \times 10^{-3} - 4.942 \times 10^{-5} T + 6.436 \times 10^{-8} T^2$$

$$(5-11)$$

式中：P 为大气压，kPa；h 为高程，m；P_{WV} 为标准压强，kPa；θ 为参数。

2. 计算氧亏

根据氧亏的定义计算氧亏（mg/L）。

$$D = C^* - C$$

$$(5-12)$$

3. 夜间呼吸速率与复氧系数的计算

采用夜间回归法［式（5-4）］计算夜间呼吸速率与复氧系数，连续监测获得溶解氧连续数据、通过步骤 2 获得每个时刻相对应的氧亏。采用夜间 9 点到次日凌晨 3 点的监测数据做溶解氧变化与氧亏的关系图（图 5-1）。获得直线回归趋势线方程，方程截距为夜间呼吸速率，方程斜率为夜间复氧速率。

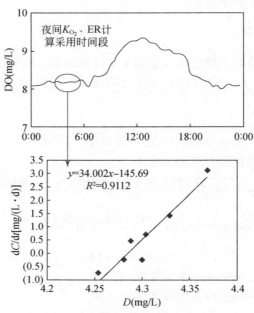

图 5-1　计算夜间 K_{O_2} 与 ER 示意图

4. 白天复氧系数与呼吸速率的计算

根据式（5-13）和式（5-14）求得白天的复氧系数和呼吸速率。

$$K_{O_2}(T_i\,℃) = K_{O_2}(T_n\,℃) \times 1.024^{(T_i - T_n)} \tag{5-13}$$

$$R_{day} = R_{night} \times 1.072^{(T_i - T_{night})}\,(i = 1, 2, \cdots, 3) \tag{5-14}$$

5. 日呼吸速率、复氧系数、初级生产力的计算

通过以上 4 个步骤求得了夜间和白天的呼吸速率和复氧系数，根据式（5-15）和式（5-16）求得日呼吸速率和复氧系数，根据式（5-17）求得某一时刻初级生产速率，根据式（5-18）求得日总初级生产速率。

$$K_{O_2} = \overline{K}_{O_2}(T_n\,℃) \tag{5-15}$$

$$R = R_{day} + R_{night} \tag{5-16}$$

$$dC/dt = GPP_i - ER + K_{O_2}D \tag{5-17}$$

$$GPP = \sum GPP_i \tag{5-18}$$

5.3　河流代谢计算结果

5.3.1　溶解氧数据获取

1. 采样点布设

在沣河流域选择沣河干流的沣峪口、秦渡镇，沣河一级支流高冠裕河的李家岩、北大村，一级支流太平峪河的太平乡、郭北村等 6 个监测断面，具体分布见图 5-2。沣峪口属沣河上游断面、秦渡镇为沣河中下游断面、李家岩为沣河一级支流高冠裕河上游断面、北大村为高冠裕河下游断面、太平乡为太平峪河上游断面、郭北村为太平峪河下游断面。为了研究河流代谢空间分布规律，采样断面分布于各河流的上游和中下游。

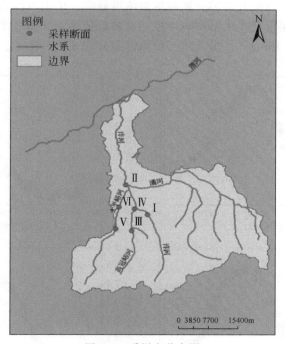

图 5-2　采样点分布图

Ⅰ：沣峪口；Ⅱ：秦渡镇；Ⅲ：李家岩；Ⅳ：北大村；Ⅴ：太平村；Ⅵ：郭北村

2. 数据获取

溶解氧监测试验于 2010 年 12 月 2 ~ 10 日进行，采用 Eureka Manta 2 系列多参数水质监测仪。监测时将仪器开关调到离线监测挡，用硅胶密封仪器开关盖，放入水中固定，记下监测开始时间。水深较浅地区用铁架固定，水深较深地区，从断面所在桥梁吊到水中，保证探头完全浸入水下 0.2 ~ 0.5m 处。为保证数据准确，仪器使用前需放置在大气中校准溶解氧至 100%。将仪器连到计算机，采用 Eureka Environment 软件导出监测数据。

5.3.2 溶解氧变化分析

根据 24h 连续监测测得的各断面溶解氧昼夜变化曲线图如图 5-3 所示。图 5-3（a）、（c）、（e）中各断面的溶解氧昼夜变化曲线图表明，研究区内各河流（或支流）上游地区，受人类活动影响较其他断面小，溶解氧变化基本上呈现抛物线趋势。在夜间 0 点的时候溶解氧浓度较低，中午时段达到最高值后呈缓慢下降趋势，直至夜间水中溶解氧浓度达到最低值后，开始逐渐升高。溶解氧浓度基本维持在 8 ~ 10mg/L，最高值与最低值差异均大于 1mg/L。

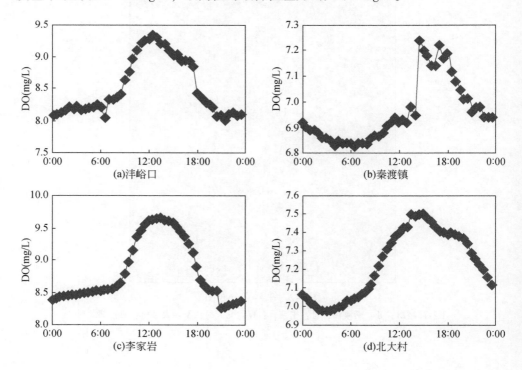

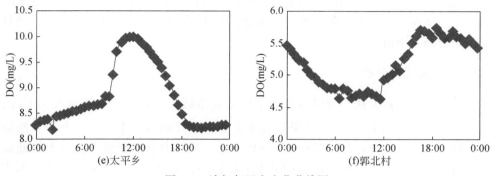

图 5-3　溶解氧昼夜变化曲线图

图 5-3（b）、（d）、（f）对应各河流中下游断面，受到人类活动影响较大。这三个断面的溶解氧浓度比上游地区的溶解氧浓度小，在 4.4～7.5mg/L 区间范围内，最高值与最低值差异均小于 1mg/L。对比图 5-3（a）、（c）、（e），中下游断面的溶解氧浓度没有缓慢上升或缓慢下降的过程，相比上游抛物线更倾向于倒 S 形曲线。最高值和最低值出现时间也不同于上游，没有明显的规律性。

从图 5-4 可以直观地看出，上游断面溶解氧变化曲线均在中下游断面变化曲线之上，溶解氧浓度较高，中下游断面溶解氧变化曲线较上游断面曲线平滑，变化波动较小。上游断面溶解氧浓度夜间趋于平滑，而中下游地区较难看出白昼的区别。由此可以判断，中下游断面夜间溶解氧的变化受到了外来影响。中下游断面，人口密集，中途有废污水不定时排入河中，受到人类活动影响较大。从排污

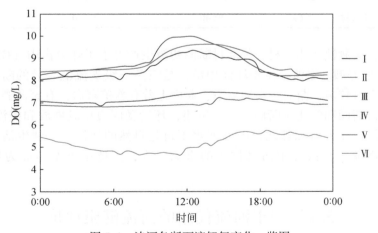

图 5-4　沣河各断面溶解氧变化一览图

Ⅰ：沣峪口；Ⅱ：秦渡镇；Ⅲ：李家岩；Ⅳ：北大村；Ⅴ：太平乡；Ⅵ：北大村

口排放的废污水水温往往高于河流自然水温，当污水流入河流后，导致河流水温的变化，从而影响了水体中的溶解氧浓度，缩小了溶解氧浓度白昼的差距，使其变化曲线趋于平滑。

5.3.3　河流代谢分析

按照上文所示方法，求得各断面平均复氧系数 $K_{O_2}(d^{-1})$，初级生产力 GPP，呼吸 ER $[mg\ O_2/(L \cdot d)]$。结果如表 5-2 所示。沣峪口、李家岩、太平乡断面的初级生产力（GPP）和呼吸作用（ER）远比其他中下游断面大，且上游断面均为初级生产力大于呼吸作用（GPP/ER 大于 1），为自养型。沣峪口位于沣河中上游地区，与李家岩、太平乡断面相同，都属于河流上游区。上游地区一般人员稀少，李家岩和太平乡断面附近有少数居民居住，沣峪口断面附近有农家乐、民宿等。但冬季影响不大，研究在冬季进行，河流基本保持自然状态，由河流代谢分析结果得知，上游断面均属自养型河流，与实际相符。

表 5-2　各断面代谢计算结果

断面编号	断面	$K_{O_2}(d^{-1})$	GPP $[mg\ O_2/(L \cdot d)]$	ER $[mg\ O_2/(L \cdot d)]$	GPP/ER
Ⅰ	沣峪口	34.29	365.96	296.04	1.24
Ⅱ	秦渡镇	5.19	4.41	46.10	0.10
Ⅲ	李家岩	19.27	180.56	152.61	1.18
Ⅳ	郭北村	4.78	9.81	40.32	0.24
Ⅴ	太平乡	22.15	259.83	182.71	1.42
Ⅵ	北大村	2.69	29.40	33.80	0.87

相反，秦渡镇、北大村、郭北村断面初级生产力小于呼吸作用（GPP/ER 小于 1），为异养型。秦渡镇位于沣河中游，是三条一级支流汇入后的断面，断面附近居住人口较多，断面为交通要道，断面上游有养殖家禽，有家禽粪便排入河中。北大村断面和郭北村断面，人口密集，环境受周边垃圾堆放和挖沙的影响。可见秦渡镇、北大村和郭北村断面河水不再是自然的河流，受到生活污水、废水、垃圾渗滤、畜禽养殖污水排入的影响巨大，支持中下游断面为异养型的结论。

5.4　基于河流代谢的河流健康评价

评价河流健康，需有一个适合的参考断面。结合沣河实际，以受人类影响最小，水质最好的太平乡为参考断面进行评价，所得结果见表 5-3。

表 5-3 基于河流代谢的沣河河流健康评价结果

断面	GPP_t/GPP_r	GPP 评价	ER_t/ER_r	ER 评价	综合评价
沣峪口	1.41	2	1.62	1	1
秦渡镇	0.02	0	0.25	1	0
李家岩	0.69	2	0.84	2	2
北大村	0.04	0	0.22	1	0
郭北村	0.11	1	0.18	0	0

注：t 表示监测断面，r 表示参考断面。2 表示健康状况"好"，1 表示健康状况"中等"，0 表示健康状况"差"。

从结果可以判断，对于初级生产力状况，沣峪口、李家岩好，郭北村中等，秦渡镇和北大村差；呼吸状况在李家岩呈现较好的状态，在郭北村表现较差，其他断面属中等。综合评价判断李家岩河流的健康程度好，沣峪口健康程度中等，其他断面健康程度差。基于河流代谢评价沣河的河流健康状况，与沣河实际受人类活动影响的情况相吻合，因此河流代谢可以作为评价河流健康的一个单因子指标。

下篇
河流生态系统修复

第6章　河流生态系统修复技术体系

6.1　河流生态修复定义

河流是地球演化过程中的产物，是陆地生态系统的动脉，连接着陆地与海洋。作为地球表面开放、复杂、动态、非均衡、非线性的生态系统，河流在生物与生态环境相互作用中形成了纵向、横向、垂向、时间的四维时空结构，具有物质流、能量流和信息流的传递与运输功能。河流具备自然、生态和社会功能属性，为人类提供涵养水源、水力发电、净化水体、交通运输、文化娱乐等功能服务。

水是生命之源，生产之要，生态之基。河流是人类文明的起源和摇篮。人类从沿水而生，逐水而居，再到临水而兴，千万年来在江河流域创造了极其灿烂的文明。人类从敬畏和崇拜河流到开发利用河流，在开发利用河流过程中，破坏了河流生态系统的健康，过量获取河流水资源，排放污染物造成水体严重污染，防洪排涝工程阻断河流横向的连通性，数以千计的堰坝阻隔河流纵向的连续性。河流水质下降、生物栖息地破碎、生物多样性降低等生态环境问题也成为限制当今社会经济发展的重要因素。

Carpenter（2003）定义河流生态修复是通过工程或非工程的手段，将受损河流的物理、化学、生物过程修复至一种更接近自然的状态。董哲仁等（2013）提出河流生态修复，不是创造一个新的河流生态系统，也不可能是自然河流生态系统的完全复原，更不是园林景观建设，而是在调查、监测与评估的基础上，遵循自然规律，制定合理的规划，通过人们的适度干预，来改善水文条件、地貌条件、水质条件，以维持生物多样性，改善河流生态系统的结构和功能；河流生态修复是指在充分发挥生态系统自修复功能的基础上，采取工程与非工程措施，促使河流生态系统恢复到较为自然的状态，从而改善其生态完整性和可持续性的一种生态保护行动。

根据现场调查、生态保护修复目标及标准等，河流生态修复可分为自然恢复、辅助再生或生态重建。自然恢复（natural regeneration）是对轻度受损、恢复力强的生态系统，采取切断污染源、保证生态流量、消除胁迫因子等方式，依靠生态系统的自然调节能力和自组织能力使其向有序的方向自然演替和更新恢复的活动，一般为生态系统的正向演替过程。辅助再生（assisted regeneration）是对于中度受损的生态系统，在自然恢复、消除胁迫因子的基础上，充分利用生态系统的自我恢复能力，辅助人工促进措施，引导和促进生态系统逐步恢复。生态重建（reconstruction）是对于严重受损的生态系统，其发生不可逆转变化，以人工措施为主，通过生物、物理、化学、生态或工程技术方法，围绕提升水质、地貌重塑、水文改善、恢复植被、生物多样性重组等方面重构生态系统。

因此，河流生态修复是在遵循自然规律的前提下，控制待修复生态系统的演替方向和演替过程，把退化的生态系统恢复或重建到既可以最大限度地为人类所利用，又保持了系统的必要功能，并使系统达到自维持的状态。通常没有必要也难以将河流修复至完全自然的状态，而是根据经济技术条件修复至人类所需要的合适状态。

6.2　河流生态修复原则

（1）自然恢复为主，人工修复为辅。加强河流系统流域整体保护与塑造，根据生态系统退化、受损程度和恢复力，合理选择自然恢复、辅助再生和生态重建等措施，恢复生态系统的结构和功能，增强河流生态系统的稳定性。

（2）流域协同，综合治理。河流生态修复涉及自然、经济、社会各个方面，空间纵向上涉及流域上游、中游、下游，空间横向上涉及陆域、水陆交错带、水域，专业涉及水资源、水安全、水环境、水生态、水景观、水文化等，进行河流修复时需统筹考虑，流域协同，整体规划，综合整治，实现生态、经济、社会的综合效益。

（3）因地制宜，突出重点。正确认识与客观评价河流演变与开发历史，充分结合河流受损现状及问题，以生态学原理为指导，就地取材，与周围环境相协调，按照河流自身结构特点及健康需求，对河流生态系统的原有结构和功能进行恢复和保护，创造自然、协调的生态环境。在逐步实施具体的修复活动中，将修复内容进行优先排序，有重点有步骤地逐步实施。

6.3　河流生态修复技术体系

河流生态修复的目标是恢复河流系统受损的各项功能，从而从根本上恢复河流系统的健康。河流系统的健康最终由各项功能来体现，因而河流生态修复的技术也大多针对功能修复入手。河流生态修复的内容主要包括污染源控制及治理、水质净化、水体生态修复、河岸带生态修复及河流管理。

具体治理措施上，污染源控制及治理主要针对点源、面源及内源，鼓励采用适宜的技术削减目标污染负荷，满足水体环境容量控制要求。点源主要包括集中排放的城镇生活污水、工业及工业园区废水、规模化养殖废水以及分散排放的污水（宾馆、饭店等），对直接排入水体的点源应采取截污措施，完善污水收集系统，提高污水收集率和处理率。面源主要包括城市面源、种植业面源及村落生活污水。内源污染包括污染底泥及生活垃圾。

水动力改善及水力调控技术。针对生态基流较小或基本没有生态基流的水体，可采用生态调水，鼓励利用再生水、雨洪等进行补水。针对滞水区、缓流区，鼓励采用内循环或外循环等技术，改善水动力学条件。

生态修复是在控源截污的基础上，利用生态手段对水体内、滨岸带、缓冲带进行修复，改善水质，恢复景观。水体内生态修复，主要包括生境改善技术、水生植物修复及水生动物修复。针对滨岸坡面或直立岸堤，采用近自然岸堤、石笼护岸、生态工法等技术对滨岸带进行生态化改造。针对缓冲带生态修复，对缓冲带内已占用的道路、建筑、基础设施等逐步拆迁并进行生态修复。

河流管理是建立综合协调机制，加强政府各部门之间的联系、协调与合作，齐抓共管，形成流域水环境治理合力。鼓励综合利用自动在线监测、自动视频监测、人工巡视监控、网络信息传媒等手段，构建水体监控预警系统。

主要技术方法涉及流域内分散型农村污水处理与再利用技术、分散型社（园）区处理与再利用技术、河流沉积物修复与资源化技术、河流水质强化净化技术、河岸带构建与生态修复技术、河流监测评估技术及河流适应性管理技术等。

（1）分散型农村污水处理与再利用技术

随着农村城镇化进程的推进及农村生活方式的转变，大量农村生活污水未经处理直接排放，造成农村水污染问题突出，最终导致河流污染。农村污水主要有农村生活污水、农业种植业污染和畜禽养殖业污染三方面的来源。当前农村生活污水具有排放量小、分散、瞬时流量变化大等特点，其成分、污染物浓度与居民的生活习惯、生活水平以及水资源的享有状况有关。农村分散式生活污水的处理技术包括人工湿地、厌氧沼气池、蚯蚓生物滤池、地下土壤渗滤、净化槽及一体化处理装置等，一体化处理装置主要包括厌氧耗氧（A/O）工艺、序批式生物反应器（SBR）工艺、膜生物反应器（MBR）工艺、分段进水厌氧折流极反应器（SFABR）工艺等。本书在第 7 章 7.1 节重点介绍 SFABR 工艺及复合高溶解氧人工湿地技术。

（2）分散型社（园）区处理与再利用技术

近年来，在大城市外，中、小城镇、新农村、旅游景区、园（社）区迅猛发展，其产生的污水也成为重要的污染源。随着我国相关政策出台，全国各地逐渐加强对乡镇居民生活污水和部分工业废水的处理工作。污水处理厂处理工艺应考虑当地经济情况、人口分布情况、污水排放量、污水水质特点及排放标准等。

乡镇及社（园）区处理工艺涵盖厌氧-缺氧-好氧（A²/O）工艺、生物转盘法、生物接触氧化法、A/O 工艺、SBR 工艺、氧化沟工艺、强化絮凝沉淀法、膜分离法等。本书在 7.2 节重点介绍改良厌氧/好氧交替式 SBR 工艺、混凝—沉淀—过滤工艺和基于膜分离工艺的短流程污水深度再生处理技术。

（3）河流沉积物修复与资源化技术

底泥污染控制能有效地阻止污染物在河流系统中的迁移。底泥处理分为原位处理和异位处理。原位处理包括掩蔽技术和原位生物降解技术，底泥原位掩蔽技术是通过隔离底泥与水体而防止污染物向水体迁移，底泥原位生物降解处理技术是利用水生植物和微生物相互配合，在原地直接吸收、降解底泥中的污染物。底泥异位处理是通过对底泥疏浚、转移，对疏浚底泥进行无害化处理后加以利用，底泥疏浚涉及清淤疏浚设备选型。底泥无害化处理可进行土地利用，河道底泥资源化利用可以用于混凝土集料（砂或砂砾）、回填物、沥青混合物或泥灰（砂）、陶瓷和瓷砖（黏土）、石基原料和保护堤岸的砌块（岩石、混合物）、建筑墙体材料（黏土）、硅酸盐凝胶材料（黏土）等。本书在 7.3 节重点从底泥环保疏浚、原位固化、底泥无害化处理和资源化利用及植物对底泥重金属的富集展开介绍。

（4）河流水质强化净化技术

全国城市河流有约 87% 的河段受到污染，其中严重污染河段占 16%，重污染河段占 11%，中度污染河段占 15%，轻度污染河段占 33%，仅有 13% 河段水质较好。主要污染物为 COD、氨氮、总磷、石油类等。国内外河流治理与修复技术包括物理治理技术、化学治理技术、生物生态治理技术。河流物理治理技术包括人工曝气技术、机械除藻、人工调水等；化学治理技术包括化学除藻、化学絮凝和重金属化学沉淀等；生物生态治理技术包括植物修复技术、微生物修复技术、生物膜技术、生态混凝土技术、人工湿地及稳定塘技术等，这些技术利用生物的自然净化作用，增加水体中的溶解氧，去除污染河流水中的氮、磷，抑制藻类生长。本书在第 8 章重点介绍河流水质生物-生态强化净化技术，包括人工湿地生态净化技术和河流促流净水技术。

（5）河岸带构建与生态修复技术

河岸带是河流生态系统与陆地生态系统进行物质、能量、信息交换的一个重要过渡带，是一种生态交错带。河岸带是处于水陆交界处的生态脆弱带，是异质性最强、最复杂的生态系统之一，在维持区域生物多样性、促进物质与能量交换、抵抗水流侵蚀与渗透、进行营养物过滤及吸收等方面发挥着重要作用。河岸作为河道的重要组成部分，直接影响着城市景观规划和生态环境建设。河岸带构建与生态修复主要涉及植物群落营建、河岸带功能营建、生态护岸等技术。本书在第 9 章重点介绍植被过滤带净化机理、效果和效益以及河岸带构建技术。

第 7 章　河流污染源控制

7.1　分散型农村污水处理与再生利用

7.1.1　农村生活污水概况

1. 农村污水来源

农村污水是农村村庄和小镇的居民生活污水、生产废水和农田废水的总称。农村污水主要为农村居民日常生活产生的污水，乡镇企业尤其是小化工厂企业的工业废水，农村的畜禽养殖废水，中小学、当地政府机关、民俗旅游、宾馆饭店排放的污水及农业生产化肥产生的农业废水等。农村生活污水包含居民日常生活中厨房、洗涤、冲厕、洗澡等产生的污水及娱乐场所、宾馆、浴室、商业网点、学校和机关办公室等地方产生的废水。农村生产废水包含农村乡镇企业排放的工业废水及养牛、养猪、养羊和养禽等养殖业产生的污水。农田废水主要为汛期降雨后从农田流出的废水。

1）生活污水

随着农村的快速发展和居民生活水平的日益提高，农村家庭卫生条件逐步改善，农村生活污水的排放量也在大幅度增加。生活污水所占种类多且比较分散，很难进行处理，而且生活污水中含有病毒、细菌、磷和氮等有害物质，会对水体造成严重污染。另外，我国农村居民居住地点分布比较分散，污水的排放设施不完善，很难对其进行集中处理。据资料显示，我国多达70%的村庄、乡镇都未建设完善的污水处理和回收利用设备，各个村庄尤其是偏僻的山区自然村产生的生活污水通常不经任何处理就被直接排入周边的沟渠、池塘，造成部分区域水体污染十分严重，再加上村镇之间水体一般较小，区域内水体的流动性较差，地域环境容量有限，导致部分水体失去原有的功能，同时也破坏了农村地区的整体生态环境。

2）工业废水

随着农村经济的不断发展，地方政府注重经济发展的同时，缺乏对环境治理的足够重视。据调查，农村拥有许多具有自身特色的小企业，这些小企业规模不大，工业水平比较落后，基本上都没有配备污水处理系统，工业废水直接排放到当地的水环境中，污染物排放量大大超过水体的自净容量。相对于城市生态环境而言，农村生态环境因区域面积较大，规模化管理水平较低，更偏向自然循环系统的控制，一旦遭到工业废水的污染，一些酚类、重金属、氰类等有害物质，不仅对自然环境产生极大的危害，更严重影响数亿计的农村居民的生活用水质量。

3）养殖废水

随着国民经济的持续发展，居民生活水平的不断提高，人民对于肉类食品的需求量越来越大，推动了我国畜禽养殖业的蓬勃发展。畜禽养殖业逐渐成为我国农村经济最活跃的增长点和主要的支柱产业，我国不少地区在引导建设规模化的养殖场或养殖基地，尤其是城市周边的农村。农村场地丰裕，加之饲料来源充足，一方面可以极大地满足社会对肉类食品的需求，另一方面可以较快速地带动农村地区脱贫致富。但畜禽养殖业在带来良好经济效益的同时也带来了环境污染问题。很多畜禽养殖废水未经处理直接排放，废水中含有氮、磷以及一些微量元素，这些物质进入水体后造成水体污染，影响水体的使用功能，产生黑臭水体。

4）农田废水

农田径流污染是水体非点源污染的重要内容之一。农田径流污染主要是指由于水土流失或降水和灌溉形成的农田径流将农田的农药、化肥及其他污染物带入河流、湖泊等水体所造成的水体污染。农田雨水径流往往会携带种植用农药和化肥，氮、磷污染严重，但对农田雨水径流的治理未得到足够的重视。有关研究表明，我国耕地面积占全球的7%，化肥使用量占世界用量的1/3，亩（1亩=666.7m²）均化肥施用量21.9斤（1斤=500g），但是利用率过低，氮肥利用率仅为30%~50%，钾肥为35%~50%，磷肥的当季利用率为10%~20%，剩余大部分随农田排水经地表径流或土壤渗滤进入水体，因此很容易引起水体污染和富营养化。

2. 农村污水基本特征

1）水质特征

农村污水分布较分散，涉及范围广、随机性强，防治十分困难，管网收集系统不健全，粗放型排放，基本没有污水处理设施；农村生活污水浓度低，变化大；大部分农村生活污水的性质相差不大，主要的污染物为氮磷、病菌及悬浮物等，氨氮、总氮、总磷等污染物指标的浓度总体较高，水质波动大，可生化性强。

2）水量特征

一般农村的生活污水量都比较小，除小城镇外，一般农村人口居住分散，水量相对较少，我国大多数农村地区的供水设施简陋、自来水普及率较低，特别是偏远山区等条件落后的农村地区，居民的用水得不到保障。此外，农村地区的居民日常生活较为单一，农村居民人均用水量远低于城市居民，农村地区生活污水的人均排放量也远低于城市生活污水的排放量；排放量变化系数大，居民生活规律相近，导致农村生活污水排放量早晚比白天大，夜间排水量小，甚至可能断流，水量变化明显。

3）排放体制特征

农村污水一般呈粗放型排放，显著特征是间歇排放、排水量少且分散、远离排污管网及大水体、水环境容量小、污水处理率低、管理水平低和瞬时变化较大。目前，我国的农村地区房屋基本都属于自建房，具有较大的随意性，缺乏合理的总体布局规划。因此，居民的生活污水排放方式存在诸多差异，有的生活污水排入明沟或暗渠，有的就近排入溪、河及湖泊，还有的农户将粪便等收集作为肥料，其余的用水直接泼洒，使其自然蒸发或渗入土壤。很多农村尚无完善的污水排放系统，少部分地区具有完善的污水排放系统。另外，受人口密度、经济结构、作物组成、节水水平、水资源条件等多种因素的影响，各省农村的用水指标值差别很大，导致不同地域农村生活污水的排放特点也存在很大差异。

4）地理位置与自然环境

农村污水的水量以及水质特征与所处地理位置及自然环境有非常大的关系，村落的分布差异也会对污水排放情况造成一定影响。例如，我国东北地区农村的村落普遍较小，村子之间距离较远，气候以干燥为主，部分季节会出现大风天气，冬季长且温度较低，农村污水的排放量与南方城市相比较低，但是水质中污染物的含量与南方农村污水相比较高。我国东南沿海省份的农村与东北地区有很大的差别，全年温度较高，且降雨量较高，工业产业相对来说更为发达，农村生活质量相对较高，生活方式及生活习惯与城市相类似，用水量也比较高。而西北地区地域较为广阔，农村为西北地区的重要人员聚集地，经济水平相对来说较为落后，水源较为匮乏，工业及农业发展相对来说较为落后，用水量较少，污染物浓度较低。

7.1.2　处理技术与再生利用

1. 基于强化预处理的 SFABR 工艺

低进水有机负荷时人工湿地预处理构筑物 SFABR 的启动技术。当水温为 $18\sim22^{\circ}C$、水力停留时间（HRT）为 24h、进水 COD 浓度小于 200mg/L 时，SFABR 可成功启动，COD 去除率稳定在 45%~48%，启动时间为 40d，明显短于

以高有机物浓度废水为进水的启动时间。处理分散型农村污水时，HRT 可缩短
至 6h，对 COD 去除率基本不变，SS 和动植物油的去除率稳定在 90% 以上，不仅
可大幅节省基建投资，还可作为有效的预处理单元，保证人工湿地长期稳定运行
的需要。

　　低负荷低温快速启动技术：四隔室 SFABR 在低温、低浓度下能够快速成功
启动，比单点进水 ABR 对各隔室有机物的分配和去除更加有效，可有效地削减
后续人工湿地的有机负荷（结果见图 7-1 ~ 图 7-4）。采用实际农家乐餐饮废水作
为试验系统进水，当控制进水 COD 约 200mg/L、各隔室进水比例为 4∶3∶2∶1、
水温为 13 ~ 16℃、HRT 为 24h，COD∶N∶P 为 100∶（14 ~ 17.5）∶（1.5 ~ 3.5）
启动时，启动时间仅为 40d，在 SFABR 运行不断趋于稳定的过程中，不同隔室每
天对 COD 的去除量也趋于一致，稳定之后 COD 去除率稳定在 47.8% ~ 48.5%。

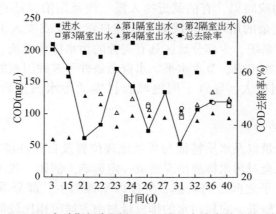

图 7-1　SFABR 启动期间各隔室 COD 进出水浓度及 COD 总去除率

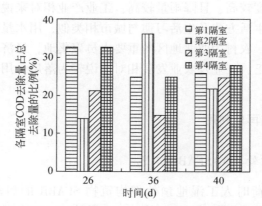

图 7-2　SFABR 各隔室 COD 的去除量占总去除量的比例

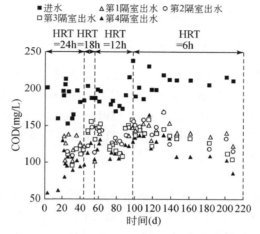

图 7-3　不同 HRT 时 SFABR 各隔室出水 COD 浓度变化

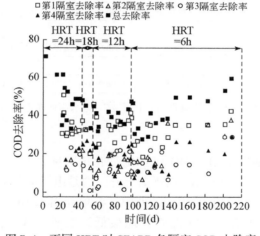

图 7-4　不同 HRT 时 SFABR 各隔室 COD 去除率

　　在 HRT 为 24h 下启动，启动时间为 32d，启动成功后 COD 去除率稳定在 48%；在整个运行过程中，HRT 从 24h 缩短到 18h，COD 去除率基本不变，但从 18h 缩小到 12h、6h 时，均历时一个多月才趋于稳定，各阶段运行稳定之后 COD 去除率均在 45% 以上，达到有效削减进入人工湿地有机负荷的要求，且反应器具有良好的抗冲击负荷能力；HRT 分别为 24h、18h、12h 时，均无明显产气；HRT 为 6h 时，产气量为 0.6L/d，但是产气中甲烷比例却较低，仅为 17%；ABR 在不同 HRT 时对 N、P 均无明显去除。多点分区进水 ABR 作为人工湿地预处理设施，不仅无能耗、结构简单、可以快速启动成功，充分减少了人工湿地的有机负荷和占地面积，而且耐冲击负荷能力强。

2. 复合高溶解氧人工湿地技术

根据有限空间植物根系诱导增殖理论，成功开发了植物栽培床床深小于0.1m的高溶解氧型人工湿地。非冬季时其出水中 COD、SS 和氨氮可达到 GB 18918—2002 一级 A 标准，TP 可达到 GB 18918—2002 一级 B 标准；冬季时，出水中 COD、SS 可达到一级 B 标准，氨氮、TP 可达到二级标准。

1）人工湿地对水中污染物的去除特性

（1）中试系统

原水经潜水泵提升进入调节池，通过电动阀控制，自流流入水培槽（HC），经配水井（水泵提升）分别流入水平流湿地（HF）和垂直流湿地（VF）。采用间歇式进水方式，日进水量为 0.3m³/d，0.1m³/次，水力停留时间均为 3d。中试系统流程见图 7-5。

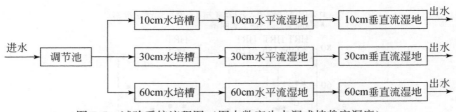

图 7-5　试验系统流程图（图中数字为水深或植栽床深度）

（2）出水变化

试验期间各湿地出水 pH、DO 和 ORP 变化情况见表 7-1。0.30m 和 0.60m 系列中各单元出水 DO 浓度和 ORP 均逐渐上升，这是由污染物沿程减少，根系泌氧和大气复氧作用所致。而在 0.10m 系列中，各单元出水 DO 却是先上升后下降，水平流湿地出水 DO 最高，垂直流湿地最低。之所以 $VF_{0.10m}$ 出水 DO 要低于 $HC_{0.10m}$ 和 $HF_{0.10m}$ 是因为：虽然进入 $VF_{0.10m}$ 的污染物较少，理论耗氧量也最少，但是，$HF_{0.10m}$ 中植物长势最好，光合作用也最强（叶面积、叶数为最优），其根系的泌氧能力也为最强，并且植株数量也要多于 $VF_{0.10m}$，因此 $VF_{0.10m}$ 出水 DO 要低于 $HF_{0.10m}$；至于水培槽 $HC_{0.10m}$，虽然污染物耗氧量大于 $VF_{0.10m}$，但是其大气复氧作用要好于湿地，并且 $HC_{0.10m}$ 中植株数量为 84 棵，远大于 $VF_{0.10m}$ 的 35 棵，因此 $VF_{0.10m}$ 的出水 DO 也比 $HC_{0.10m}$ 低。

表 7-1　各系列湿地出水 pH、DO 和 ORP 变化情况

水样		DO（mg/L）		ORP（mV）		pH	
		平均值	标准差	平均值	标准差	平均值	标准差
0.10m 系列	HC 出水	2.38	1.16	45.65	113.43	8.00	0.23
	HF 出水	2.59	0.94	82.00	63.17	7.84	0.38
	VF 出水	2.19	0.86	88.76	48.84	7.84	0.37
0.30m 系列	HC 出水	0.72	0.69	−62.59	138.43	8.03	0.16
	HF 出水	1.24	0.66	30.47	112.35	8.02	0.23
	VF 出水	1.32	0.57	71.35	54.48	7.76	0.25
0.60m 系列	HC 出水	0.54	0.68	−139.59	162.89	8.04	0.15
	HF 出水	1.09	0.55	27.65	96.84	8.20	0.21
	VF 出水	1.15	0.45	64.88	49.12	8.00	0.29

（3）高溶解氧人工湿地对 SS 及 COD 的去除效果

系统运行过程中各组湿地进出水 SS 浓度随运行时间的变化情况如图 7-6 ~ 图 7-8所示。经过水培槽预处理以后，各湿地系统进水中 SS 浓度已经很低，故经过湿地去除后，最终出水 SS 平均浓度均在 7mg/L 左右，达到城镇污水处理厂污染物排放标准（GB 18918—2002）中的一级 A 标准。图中显示，各系列湿地常有出水 SS 浓度高于进水浓度的现象发生，出现这种现象的原因可能是在布水过程中流水剪切力将截留下来的 SS 冲入水中，或者是植物根系衰亡以悬浮物形式进入水中。结合水培槽中 SS 的去除效果来看，水培槽–人工湿地系统对 SS 有较高的去除率，各系列对 SS 的平均去除率如下：$HC_{0.10m} + HF_{0.10m} + VF_{0.10m}$ 为 94.47%；$HC_{0.30m} + HF_{0.10m} + VF_{0.10m}$ 为 93.64%；$HC_{0.60m} + HF_{0.10m} + VF_{0.10m}$ 为 94.69%，其中大部分 SS 是在水培槽中去除的。

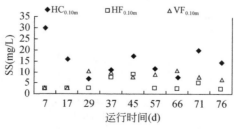

图 7-6　0.10m 系列湿地进出水 SS 浓度变化

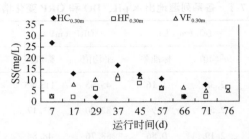

图 7-7　0.30m 系列湿地进出水 SS 浓度变化

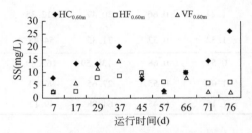

图 7-8　0.60m 系列湿地进出水 SS 浓度变化

系统运行过程中各组湿地进出水 COD 浓度随运行时间的变化以及对 COD 的去除率情况如图 7-9 ~ 图 7-11 所示。可以看出，各水平流湿地出水 COD 基本在 60mg/L 以下，已达到城镇污水处理厂污染物排放标准（GB 18918—2002）中的一级 B 标准，其平均浓度分别为：$HF_{0.10m}$，42.59mg/L；$HF_{0.30m}$，45.44mg/L；$HF_{0.60m}$，52.79mg/L。经过垂直流湿地处理后，出水 COD 浓度在 40mg/L 左右（完全满足一级 A 标准），平均浓度分别为：$HF_{0.10m}$，35.61mg/L；$HF_{0.30m}$，37.44mg/L；$HF_{0.60m}$，40.62mg/L。无论是水平流湿地还是垂直流湿地，均是 0.10m 系列出水 COD 浓度最低。

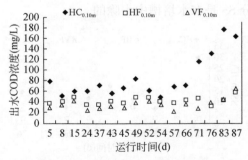

图 7-9　0.10m 系列湿地出水 COD 浓度变化

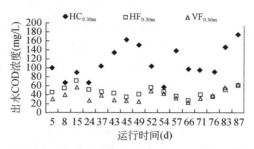

图 7-10　0.30m 系列湿地出水 COD 浓度变化

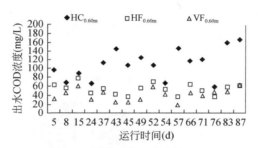

图 7-11　0.60m 系列湿地出水 COD 浓度变化

对各组湿地 COD 去除率结果进行方差分析可知，HF：$P = 0.378 > 0.05$，VF：$P = 0.527 > 0.05$，HF+VF：$P = 0.383 > 0.05$，各系列湿地间 COD 去除率无显著差异。表明在 0.60m 系列湿地中，基质与污水的接触面积在三者中为最大，较大的接触面积可以为微生物提供更大的附着场所，有利于污水中有机物在微生物（主要是异养菌）的分解作用下得到去除。而在 0.10m 系列湿地中，虽然床深较小，其基质与污水的接触面积小于 0.30m、0.60m 系列湿地，但该系列湿地中的根系密度却是三者中最大的，HF 和 VF 的平均根系密度分别为 0.981g/cm³、1.559g/cm³，远大于 0.30m 系列的 0.345g/cm³、0.761g/cm³ 和 0.60m 系列的 0.193g/cm³、0.309g/cm³。其相对发达的根系，不仅为微生物提供了较大的附着场所，增加了微生物数量，并且通过强化根系泌氧和释放分泌物能力，提高了微生物的活性，从而促进了根际微生物对 COD 的降解。同时，发达的根系增加了污水与微生物的接触面积，增强了湿地的截留过滤能力，从而弥补了床深较浅所带来的基质截留过滤不足的缺陷。因此，三组不同深度、不同基质组成的湿地对 COD 的去除效果差异不显著。另外，该结果也表明：植栽床床深减小至 0.10m 时，对 COD 的去除并无显著影响，这样就可以大量节省工程投资。

另外，垂直流湿地对 COD 的去除率均低于水平流湿地。其原因在于污水经过水平流湿地处理后，其中可生物降解的有机物 BOD 含量已经很少，因此表现出后一级湿地的处理率低于前一级。此外，在运行的后期，进入植物的衰亡期之后，垂直流湿地均出现处理效果急剧下降，甚至出水浓度比原水还高的现象。这可能是因为，垂直流湿地进水中的有机物负荷本来就低，湿地中微生物的数量可能低于其前面的水平流湿地，再加之植物衰亡，根际微生物活性下降，生物降解能力减弱，并且植物组织腐烂向水中释放有机物，从而导致上述现象发生。

（4）高溶解氧人工湿地对总氮的去除效果

各系列湿地进出水的总氮（TN）平均浓度和平均去除率如图 7-12 和图 7-13 所示。各系列复合湿地（HF+VF）对 TN 的去除率分别为 34.91%、30.40% 和 32.22%，无显著差异（$P>0.05$），其中 0.10m 系列略优于其他两个系列。三个系列的 TN 去除率均在 40% 以下，普遍偏低，这主要是经过水培槽预处理以后，COD 大幅度下降，各湿地进水 C/N 均小于 3，从而导致后续湿地反硝化过程中碳源不足所致。

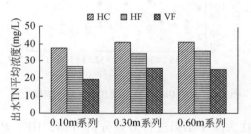

图 7-12　人工湿地中进出水 TN 平均浓度变化

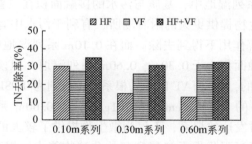

图 7-13　各系列人工湿地对 TN 的平均去除率

在水平流湿地中，$HF_{0.10m}$ 的 TN 去除率为 30.06%，显著高于 $HF_{0.30m}$ 的 15.08% 和 $HF_{0.60m}$ 的 13.21%（$P<0.01$）。这主要是在水平流湿地中，$HF_{0.10m}$ 的床深最浅、植物根系密度最大，其泌氧能力和大气复氧作用为三者中最强的，使得 $HF_{0.10m}$ 中 DO 普遍高于其他两组，平均浓度在 2mg/L 以上，从而为湿地中的硝化细菌创造了良好的好氧环境，有利于硝化的发生。而 $HF_{0.30m}$ 和 $HF_{0.60m}$ 中的平均 DO 浓度只有 1mg/L 左右，限制了硝化的进行。此外，尽管三个水平流湿地都存

在碳源不足的问题，但是由于 HF$_{0.10m}$ 中的美人蕉长势最好，其大量的根系分泌物、腐烂的根系和枯叶可以为反硝化细菌提供更多的额外碳源。因此，HF$_{0.10m}$ 中的硝化反硝化作用要强于其他两组。同时，HF$_{0.10m}$ 中植物的长势最好，有利于 TN 通过植物吸收作用去除，并且发达的根系有利于湿地对颗粒态有机物的截留过滤，从而加强了对有机氮的去除。正是由于在 0.10m 系列水平流湿地中硝化反硝化、植物吸收和截留过滤能力得到强化，其 TN 去除率明显优于其他两个系列。

在垂直流湿地中，各系列的垂直流湿地对 TN 的去除率相差不大，其中 VF$_{0.60}$ 的去除率略高些，这可能与其进水 COD 浓度相对偏高，碳源较其他垂直流湿地略为充足有关。另外，从图 7-13 还可以看出，在 0.30m 和 0.60m 系列中，垂直流湿地的 TN 去除率要高于水平流湿地，这主要是流态和布水方式的不同，使得垂直流湿地中 DO 含量较高，硝化进行得更加充分，从而提高了脱氮效率。同时，这一现象也表明，在湿地脱氮中，相比 COD，DO 才是脱氮的主要限制因素。而在 0.10m 系列中，水平流湿地与垂直流湿地的 TN 去除率相差不大，这与氨氮的去除规律类似，都是因为在该系列的水平流湿地中，DO 水平较高，DO 并未成为硝化的限制因素而使得脱氮效率低于垂直流湿地，反而由于进水 COD 要高于垂直流湿地而使得对 TN 的去除率还要略高于垂直流湿地。另外，这也说明布水方式和流态对极浅型湿地影响不大。

（5）高溶解氧人工湿地对氨氮的去除效果

试验期间，系统中各组湿地进出水氨氮浓度随运行时间的变化情况如图7-14～图 7-16 所示，对氨氮的平均去除率见图 7-17。从图 7-14～图 7-16 可以看出，各系列湿地出水氨氮浓度基本在 25mg/L 以下，均可满足城镇污水处理厂污染物排放标准（GB 18918—2002）中的二级标准，其中 0.10m 系列还可达一级 B 标准。图 7-17 表明，各复合湿地对氨氮的去除效果较好，平均去除率均在 56% 以上，其中 0.10m 系列的去除率最高，为 84.76%。经方差分析，无论是水平流湿地、垂直流湿地还是复合湿地，0.10m 系列湿地的氨氮去除率均显著高于其他两个系列（$P_{HF}<0.01$，$P_{VF}<0.01$，$P_{HF+VF}<0.01$）。尤其是在水平流湿地中，0.10m 系列氨氮去除率为其他系列的两倍多。湿地中的氨氮是通过氨氧化细菌氧化、植物吸收、离子交换以及基质与根系的截留等途径去除的，其中以微生物作用为主。在 0.10m 系列湿地中，其根系密度和出水 DO 都大于 0.30m 和 0.60m 系列湿地，发达的根系不仅为微生物提供了更多的附着点，而且强化了植物根系释放分泌物和氧气的能力，从而提高了氨氧化细菌的数量和活性，改善了氨氧化细菌的生存环境，最终促进了氨氮在微生物作用下硝化的发生。此外，在三个系列中，0.10m 系列湿地的生物量最高，故通过植物吸收作用去除的氨氮也较其他两系列为多。因此，在 0.10m 系列湿地中表现出了较高的氨氮去除率。

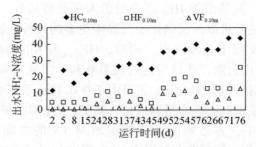

图 7-14 0.10m 系列人工湿地出水氨氮浓度变化

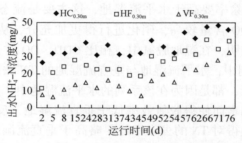

图 7-15 0.30m 系列人工湿地出水氨氮浓度变化

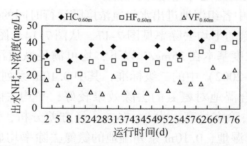

图 7-16 0.60m 系列人工湿地出水氨氮浓度变化

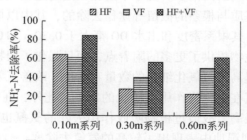

图 7-17 各系列人工湿地氨氮去除率

从图 7-14 ~ 图 7-16 可知，在 0.30m 和 0.60m 系列中，氨氮的去除主要发生在垂直流湿地，而在 0.10m 系列中，氨氮的去除则主要发生在水平流湿地。造成这种差异的主要原因如下：在 0.30m 和 0.60m 系列的水平流湿地中，DO 含量普遍较低，限制了硝化反应的进行，而到了垂直流湿地后，受布水方式的影响（大气复氧），进水 DO 大量升高，使得硝化可以顺利进行，因此这两个系列湿地的硝化反应主要发生在垂直流单元。对于 0.10m 系列来说，即使是在水平流湿地中，其 DO 含量也很高，在 2mg/L 以上，并不存在溶解氧限制，硝化可以顺利进行，氨氮被大量去除，而进入垂直流湿地以后，虽然氧气更加充足，硝化条件良好，但是剩余可降解的氨氮已经很少，因此，在该系列湿地中硝化主要发生在水平流单元。

从各系列的运行情况来看，进入运行后期，出水氨氮浓度逐渐升高，去除效果有所下降。这是由于：一方面，到了运行后期，水培槽处理效果下降，导致湿地进水氨氮浓度上升；另一方面，湿地植物开始衰亡，对氮的吸收作用相对减弱，并且根系释放氧气和分泌物的能力也有所下降，从而影响到了微生物的硝化作用，导致去除率下降，出水氨氮浓度上升。

（6）高溶解氧人工湿地对磷的去除效果

试验过程中，各复合湿地出水总磷的平均浓度和平均去除率见图 7-18 及图 7-19，进出水的磷酸盐浓度随运行时间变化情况以及去除率如图 7-20 ~ 图 7-23 所示。

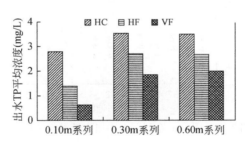

图 7-18　湿地出水总磷平均浓度变化

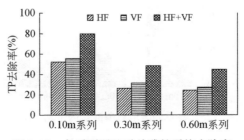

图 7-19　各系列湿地对总磷的平均去除率

从图 7-16～图 7-18 中可以看出，0.10m、0.30m 和 0.60m 三个系列是较大变化 □□□□□，□□□□□□□□□□□□□□□□□□□□□□□□□□□□□，□□□□□□□□□□□□□□□□□□□□□□□□□□□□□□□□□□，□□□□□□□□□□□□□□□□□□□□□□□□□□□□□，□□□□□□□□□□□□□□□□□□□□□□□□□□□□，□□□□□□□□□□□□□□□□□□□□□□□□□□□□□□□□□□□，□□□□□□□□□□□□□□□□□□□□□□□□□□□□□□□□□□□，□□□□□□□□□□□□□□□□□□□□□□□□□□□□□□□□□□□□□。□□□□□□□□□□□□□□□□□□□□□□□□□□□□□□□□□□□□，□□□，□□□，□□□□□□□□□□□□□□□□□□□□□□□□□□□□□□□□□□□□□□□，□□□□□□□□□□。

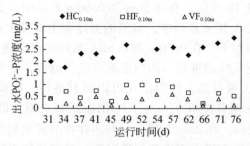

图 7-20　0.10m 系列湿地出水磷酸盐浓度变化

及各系列湿地对磷酸盐的去除率不高，由人工湿地出水，□□□。

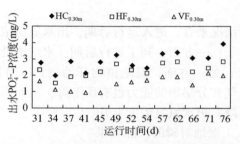

图 7-21　0.30m 系列湿地出水磷酸盐浓度变化

（3）□□□□□□□，□□□□□□□□□□□□□□□□□□□□□□□□□□□□□□□□□□□，□□□□□□□□□□□□□□□□□□□□□□□□□□□□□□□□（图 7-23）。

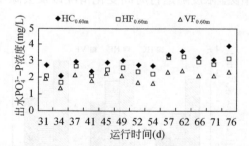

图 7-22　0.60m 系列湿地中出水磷酸盐浓度变化

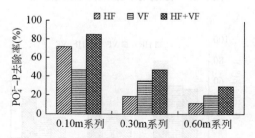

图 7-23　各系列湿地对磷酸盐的平均去除率

由以上结果可知，各系列湿地出水总磷平均浓度均低于 2mg/L，达到《城镇污水处理厂污染物排放标准》（GB 18918—2002）中的二级标准，其中 0.10m 系列可达国家一级排放 B 标准。在各湿地中，0.10m 系列湿地对磷酸盐和总磷的去除效果最好，其平均去除率为 85.33% 和 79.81%，明显高于其他两个系列（$P<0.05$）。0.30m 系列和 0.60m 系列在 TP 去除率上相差不多，而在磷酸盐去除率上差异较大，这可能是 0.30m 系列中植物生物量较 0.60m 系列大，植物对无机磷吸收能力更强些，从而使得磷酸盐去除率较好；但是由于该系列基质层较浅，对有机磷的截留和吸附沉降性能弱于 0.60m 系列湿地，故而在 TP 去除率上两者相差不大。

人工湿地对污水中磷的去除主要包括三条途径：填料的吸附沉淀作用、植物的吸收作用和微生物的转化吸收作用。其中，植物吸收和微生物除磷所占比例很小，除磷还是以物理化学作用为主，影响基质除磷的因素有 ORP、pH、基质表面积等，基质深度对磷的去除也有影响，出水总磷、无机磷浓度随着基质深度增加而降低。

2）新型人工湿地填料开发、磷吸附特征及影响因素

利用化学和物理改性技术，将含有大量水化水泥和黏土砖的建筑垃圾或氧化铝生产废料赤泥进行活化后作为人工湿地的填料，成功实现了以废治废、强化水中磷酸盐去除的目的。

（1）建筑垃圾对富营养化关键因子和其他阴离子的去除机理与特性

①直接水化（未淘洗）水泥颗粒吸附磷酸盐动力学研究

直接水化（未淘洗）水泥颗粒吸附磷酸盐动力学试验结果如图 7-24 所示。直接水化（未淘洗）的水泥颗粒对磷酸盐的吸附速度极快，60min 时液相已无法检测到磷酸盐，表明所添加的磷酸盐的浓度尚未达到未淘洗水泥的饱和吸附容量或与水泥发生了大量的非吸附性的结合。又由于试验中未淘洗水泥在水中有大量的碱度释放导致水中 pH 上升很快，因此很有可能是水泥中的碱性成分（如

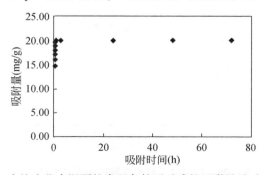

图 7-24 直接水化水泥颗粒常温条件下对磷的吸附量随时间的变化

CaO）与磷酸盐发生了中和反应，所以必须对水泥进行淘洗以使其在水中的 pH 稳定，同时消除或减少水泥中碱性物质与磷酸盐的非吸附反应。

磷酸盐吸附动力学特征：4℃和20℃时的不同型号水化水泥颗粒吸附水中磷酸盐的动力学试验结果如图7-25及图7-26所示，初始浓度为100mg/L，颗粒粒径为0.5~1.0mm。在192h后，4℃和20℃条件下，325和425两种型号水化水泥吸附剂对磷酸盐的吸附量开始随时间增长迅速增大，1天以后增加开始缓慢，曲线趋于平坦。在192h后吸附量基本稳定，所以后续的吸附等温线拟合及吸附热力学研究的吸附平衡时间确定为192h。图7-25和图7-26中所示结果还表明，在相同温度、相同吸附时间下，425型号的水化水泥吸附剂的吸附量均高于325型号的水化水泥吸附剂的吸附量。经 X 射线衍射分析看出，425型号水化水泥颗粒中含钙、镁、硅氧化物为39.13%，325型号水化水泥颗粒只含24.04%。表明了水化水泥吸附剂中钙、镁、硅氧化物是吸附的有效成分。由于425型号吸附效果优于325吸附效果，此后的有关吸附机理研究试验都采用425型号的水化水泥

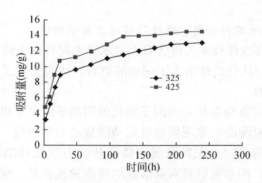

图 7-25　4℃时水化水泥颗粒吸附磷酸盐行为

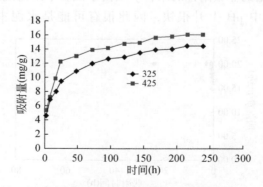

图 7-26　20℃时水化水泥颗粒吸附磷酸盐行为

为吸附剂。另外，4℃和20℃时425型号水化水泥颗粒的平衡吸附量均远大于粉煤灰、高炉炉渣等在相同温度和pH时的吸附量。另外，由于饱和吸附量随温度上升而减少，所以磷酸盐被水化水泥吸附的过程可能为吸热反应，即化学吸附为主。理论确认将在热力学研究部分进行。

对图7-25及图7-26的结果进行假一级和假二级动力学拟合，结果如表7-2所示。在不同的温度条件下，由假二级动力学方程求得的相关系数R^2均为0.99以上，要明显好于假一级动力学方程的相关性。另外，由假一级动力学方程求得的q平衡值与试验q平衡值相差较大，明显低于试验值，而由假二级动力学方程求得的q平衡值与试验q平衡值十分接近。故认为假二级动力学模型能更好地描述淘洗过普通硅酸盐水泥对磷酸盐的吸附动力学行为，即水化水泥颗粒对PO_4^{3-}的吸附过程主要受化学作用控制。

表 7-2　不同温度下动力学拟合方程比较

动力学模型	温度（℃）	动力学参数
假一级动力学	4	$k_1 = 0.0161$，$q_{平衡} = 13.78$，$R^2 = 0.9135$
	20	$k_1 = 0.0201$，$q_{平衡} = 9.26$，$R^2 = 0.9764$
假二级动力学	4	$k_2 = 1.5335$，$q_{平衡} = 14.36$，$R^2 = 0.9995$
	20	$k_2 = 0.4696$，$q_{平衡} = 9.45$，$R^2 = 0.9959$

②水化水泥颗粒的改性研究

a. 酸改性对水化水泥颗粒吸附特性的影响

试验对20℃时不同酸活化强度的水化水泥对PO_4^{3-}的吸附行为的影响进行了研究，结果如图7-27所示。在初始PO_4^{3-}浓度为100mg/L、反应240h条件下，0.05mol/L、0.25mol/L、0.4mol/L和0.5mol/L酸活化改性水化水泥吸附剂对PO_4^{3-}的平衡吸附量分别为17.67mg/g、18.54mg/g、14.85mg/g、13.90mg/g。说明适当强度的酸活化可以增加水化水泥对PO_4^{3-}的吸附量，且0.25mol/L酸活化改性后的效果最佳，但过高的酸活化强度会导致水化水泥对PO_4^{3-}吸附能力的下降。分析酸活化后水化水泥颗粒对PO_4^{3-}吸附量增加这一现象可能是由于一定浓度的酸与水泥颗粒表面物质发生反应后，清洗掉了妨碍PO_4^{3-}被吸附的薄膜，同时疏通了水泥的内部孔道。SEM的结果（图7-28及图7-29）也说明在酸化过程中发生了水泥表面侵蚀、外表面变得粗糙等变化，从而导致了吸附能力的增加。但是高浓度酸处理后吸附PO_4^{3-}的效果没有低浓度酸处理的吸附磷效果好，可能是由于过高的酸将水化水泥吸附剂中过多的钙、铁、铝等金属氧化物中和，而钙、铁、铝等氧化物是对磷素吸附的活性物质，从而导致吸附量下降。

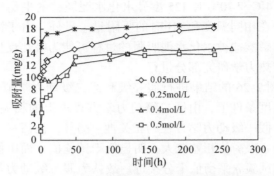

图 7-27　不同酸活化强度水化水泥对磷酸盐的吸附

图 7-28　酸活化前水化水泥 SEM 照片（放大倍数：8000 倍）

图 7-29　酸活化后水化水泥 SEM 照片（放大倍数：8000 倍）

　　另外，综合未酸化前水化水泥对水中磷酸盐的吸附结果可见：无论是否经过酸活化，水化水泥的饱和吸附量均大于 13.90mg/g，比其他除磷吸附剂，如沸石、钢渣、蛭石、磁铁矿和泥炭的饱和吸附量 0.814mg/g、1.43mg/g、3.473mg/g、0.38mg/g 和 2.38mg/g，均大一个数量级，表明水化水泥是一种性能优异的除磷吸附剂。

　　b. 盐改性对水化水泥颗粒吸附特性的影响

　　盐改性对水化水泥颗粒吸附量的影响见图 7-30。可见经过 4 种盐改性的水化水泥颗粒对 PO_4^{3-} 吸附量都有明显的增加。其中，$Al_2(SO_4)_3$ 使吸附量增大至未改性时的近 2.3 倍，而 $FeCl_3$、$Fe_2(SO_4)_3$、$MgCl_2$ 改性后吸附量变化依次是 2.1 倍、1.7 倍、2.33 倍。

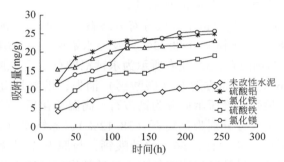

图 7-30　盐改性后水化水泥颗粒的吸附磷酸盐行为

　　但是采用盐类改性却也存在着难以忽视的问题，盐类本身是各种化学药剂，有颜色，容易引起出水的浊度变化。尤其 $FeCl_3$ 改性后的水化水泥颗粒，在试验结束时溶液呈红褐色、不透明状。$Al_2(SO_4)_3$ 改性后的水化水泥颗粒在试验结束后引起的浊度变化最小，肉眼几乎无法分辨。$Fe_2(SO_4)_3$ 和 $MgCl_2$ 改性后的水化水泥颗粒在试验结束时所引起的浊度变化比较明显，但是比 $FeCl_3$ 改性后的水化水泥颗粒所引起的颜色变化要小很多。因此 $Al_2(SO_4)_3$ 是一种性能比较优良的改性剂。

　　（2）工业废料赤泥对富营养化关键因子和其他阴离子的去除机理与改性研究

　　原态的拜耳法、烧结法赤泥在 40min 左右时对磷酸盐的吸附就基本达到平衡，吸附量基本不再发生明显变化。吸附很快达到平衡，可能是由赤泥中大量的碱性物质与磷酸盐发生了化学反应所致。在试验中，投加拜耳法赤泥吸附剂的磷溶液中 pH 为 9.46，投加烧结法原态赤泥的磷溶液 pH 为 11.13。可见赤泥中含有大量的碱性物质，烧结法赤泥的碱性强于拜耳法赤泥。在试验中赤泥的碱度在不断地释放导致 pH 的不稳定而影响吸附效果。可以看出，碱性略强的烧结法赤泥的吸附量大于原始拜耳法赤泥的吸附量，分别为 10.70mg/g 和 8.68mg/g。

　　酸活化赤泥在常温下仍会对磷有很好的去除，且吸附量大于以粉煤灰作为磷酸盐吸附剂时。pH=7是酸活化赤泥吸附剂吸附反应中比较合适的pH。

　　由于烧结法赤泥的碱性本身较强，在采用相同浓度的盐酸活化后，在溶液中其pH值较拜耳法的大。原态赤泥中的部分碱性物质与盐酸发生化学反应而转为非碱性物质，适量的酸有利于刻蚀赤泥的表面而使得表面积增大，从而导致吸附量增加，分别由10.51mg/g和13.42mg/g（0.1mol/L）增至17.41mg/g和17.19mg/g（0.25mol/L）、17.84mg/g和18.49mg/g（0.4mol/L）。酸活化后的烧结法赤泥吸附性能仍略好于拜耳法赤泥，这主要是由二者的成分性质的区别所致。700℃焙烧赤泥即在700℃高温下活化烧结法赤泥及拜耳法赤泥。加酸活化的赤泥和700℃焙烧后的两种赤泥均具有良好的吸附磷的性能，即使在磷酸盐浓度达到100mg/L时，仍能保证很好的吸附量。

　　原始拜耳法赤泥中经过分析主要成分有方解石（6.84%）、钙霞石（21.51%）、水钙铝榴石（20.68%）、钙钛矿（48.33%）及三水铝矿石（2.64%）。角度为28°时的峰所示的成分为钙霞石，32°左右所示为水钙铝榴石。经过酸化后，成分中出现了赤铁矿（14.63%）。而方解石（碳酸钙）消失，推测是由于碳酸钙与盐酸发生了化学反应。最强的峰所示成分为钙霞石。高温活化后，峰值凸显，从左至右四个较高的峰所示成分分别为钙霞石（38.12%）、赤铁矿（14.77%）及钙钛矿（36.06%）。另外，还含有5.66%的碳酸钙，与原态赤泥含量接近，可证明酸化赤泥中的碳酸钙含量的减少确实是由于盐酸的作用导致成分的改变。

　　烧结法赤泥与拜耳法赤泥相比，谱峰十分明显。原态烧结法赤泥XRD谱图中30°~35°处的两个明显的峰分别表示方解石（31.54%）和钙钛矿（41.39%）。另外还有赤铁矿（11.18%）、水钙铝榴石（4.27%）及斜硅钙石（11.62%）。与拜耳法赤泥进行对比发现，烧结法赤泥中铝的含量较拜耳法赤泥小很多，烧结法赤泥中碳酸钙含量大，而拜耳法赤泥中不含硅。这与原料有关，拜耳法所使用的铝土矿品位较高，而烧结法使用低纯度的铝土矿，硅含量大。由于其组分的影响，烧结法赤泥的碱性较强，在作为吸附剂对磷酸盐进行吸附的过程中，会发生化学反应，对磷的去除有所帮助。故原态的烧结法赤泥对磷的吸附能力强于碱性稍弱的拜耳法赤泥。

　　经盐酸活化后，仅在35°处有一明显的峰，指示成分为钙钛矿（92.06%），另有碳酸钙（3.17%）及赤铁矿（4.77%）。说明经过酸处理后的烧结法赤泥的成分变得单一，钙钛矿为其主要成分，碳酸钙含量也明显下降。盐酸与其中一些成分发生了化学反应，清理了赤泥中的杂质，使得孔隙变大，吸附能力加强。高温活化后，最高峰值指示成分为钙钛矿（65.92%），另有三水铝石（2.10%）、碳酸钙（1.40%）、斜硅钙石（21.53%）、白硅钙石（9.06%）。硅仍为其主要成分，而碳酸钙含量较原态大幅度下降。

经过高温活化后的拜耳法赤泥吸附磷酸盐后的晶体组成如下：赤铁矿19.69%，钙磷石 [$CaPO_3(OH)\cdot 2H_2O$] 35.7%，钙霞石 29.7%，钠长石（ $NaAlSi_3O_8$ ）15.14%。其中，含有磷的钙磷石为最主要的成分，最高峰指示的成分也为钙磷石，可以明显地验证出赤泥吸附除磷的效果。

酸活化烧结法赤泥吸附磷酸盐后只在 12°左右有一个明显的峰，其指示成分为钙磷石。而经过成分分析后，此种吸附剂主要成分只有两种：钙磷石 88.04%，赤铁矿 11.96%。盐酸能够与烧结法赤泥中的一些物质发生化学反应去除掉这些物质，对吸附剂起到清理的作用，使成分变得简单，同时侵蚀晶体表面，使得孔隙变大，孔道畅通，比表面积增大，从而吸附量随之变大。

另外值得一提的是，经成分分析可知，拜耳法、烧结法赤泥中均含有很大比例的钙钛矿（ $CaTiO_3$ ），如果能够从赤泥中有效地回收钛，不仅是一个很好的对赤泥的处置利用方法，也可以在很小的原料成本下实现较大的经济效益。

扫描电镜分析：图 7-31 ~ 图 7-36 为原态、酸活化、高温活化后拜耳法赤泥吸附磷前后的扫描电镜照片（放大倍数：5000 倍）。赤泥由不规则的晶体组成，为多孔框架结构，没有固定的形状。经过酸化的赤泥发生表面侵蚀，孔洞增加，因此比表面积增大，从而使吸附能力增强。酸化还能使赤泥晶格中铝、铁区域的孔隙配衡金属离子 K^+ 或 Na^+ 溶解于酸中，使表面形成正电荷孔洞。高温活化的赤泥经过 700℃ 的焙烧，可以使得晶体中的水分消失，从而产生微孔，使比表面积增大，提高其吸附能力。比较吸附前后的赤泥形态，可知吸附后的赤泥中的孔洞被填补，结构又变得密实，而这正是其吸附效果的体现。

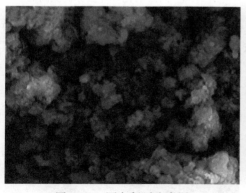

图 7-31　原态拜耳法赤泥

图 7-32　原态拜耳法赤泥吸附后

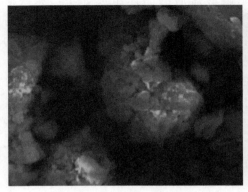

图 7-33　酸化拜耳法赤泥

图 7-34　酸化拜耳法赤泥吸附后

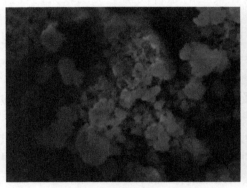

图 7-35　高温活化拜耳法赤泥

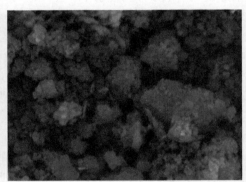

图 7-36　高温活化拜耳法赤泥吸附后

图 7-37 ~ 图 7-42 为原态、酸活化、高温活化烧结法赤泥吸附磷前后的扫描电镜照片（放大倍数：5000 倍）。烧结法赤泥的颗粒略粗于拜耳法赤泥，同时也

图 7-37　原态烧结法赤泥

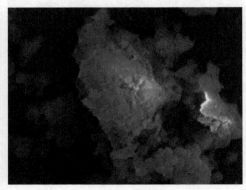

图 7-38　原态烧结法赤泥吸附后

图 7-39　酸化烧结法赤泥

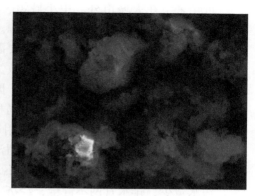

图 7-40　酸化烧结法赤泥吸附后

图 7-41　高温活化烧结法赤泥

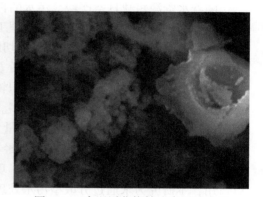

图 7-42　高温活化烧结法赤泥吸附后

较为粗糙。经过酸化后,同样变得细碎、粗糙,孔洞增加,从而使得比表面积增大。酸可以将赤泥表面妨碍磷吸附的薄膜清洗掉。酸活化、高温活化的烧结法赤泥,晶体结构发生了变化,这可能会影响到它的吸附能力。

7.2　社（园）区生活污水处理与再生利用

7.2.1　社（园）区生活污水概况

建设适应地方污染特点的污水处理设施成为渭河流域环境综合整治的一个重要组成部分。围绕渭河综合整治,主要解决关中段排污入渭的小城镇、新农村、园（社）区污水量为万吨/天左右中等城镇的分散型污水处理的技术开发、集成研究与示范工程的紧迫问题。为在规划时间内,大幅削减 COD、N、P,改善渭河水环境,实现渭河流域分散型污水处理工程的普及应用,提供技术支持。

　　近年来，在大城市外，中小城镇、新农村、旅游景区、园（社）区迅猛发展，其产生的污水也成为重要的污染源。其污水可生化性较好，处理技术以生物处理为主导，但传统生物处理技术主要源于大城市污水处理，工艺路线长、耗能高、操作复杂，且处理后多以达标排放为目标，水资源利用效率较低，不适于缺水地区日益发展的中小城镇、新农村、园区的污水处理。

　　集中型污水处理模式，适用于布局相对密集、规模较大、经济发达地区的污水处理，而分散型污水处理模式，适用于布局分散、规模较小、地形条件复杂、污水不易集中收集的村庄污水处理。渭河流域关中段中小城镇具有分布分散，人口少（不少虽以县设置但城镇人口远不及南方的城镇人口），城镇化水平低，缺水，污水量少，排水管网不健全，经济力量薄弱，管理水平低等特点，适于采用分散型污水处理、利用模式。

　　随着水资源短缺日益严峻，污水的再生利用也势在必行。因此研究开发流程短、效率高、投资少的分散式污水处理工艺，对于中小城镇、新农村、旅游景区及园（社）区的建设和发展是极为迫切的。对于园（社）区污水处理应集成优势技术，形成一体化的高效低耗、灵活方便的污水净化与水资源再生利用技术。

　　渭河流域的乡镇行政设置占地面积较大（一般在 $300 \sim 3000km^2$），和经济发达的沿海地区比较，城镇化水平低得多。乡镇行政设置的城镇人口多在 3.5 万 ~ 7 万人，乡镇、社（园）区污水产生量为几百吨至几万吨不等，加之该地区缺水，要求污水力求回用或重复利用；经济发展滞后，管理技术和力量薄弱；因此，从经济、技术、自然特点上分析，现行城市污水高水平的大流程处理工艺难以适用，本研究力求通过分散型污水处理、利用技术开发与集成研究及示范，遵循污水分散型处理的新理念，针对地域特点，开发集成适合当地实际的污水处理新技术，建立高效的节能强化处理体系，通过示范工程的研究，形成技术先进可行、经济节约、运行管理简单、政策成套、实施性强的研究成果。

7.2.2　处理技术与再生利用

1. 社（园）区污水处理集成技术

1）处理工艺

　　沣河流域点源大部分来自大、中校园污水和乡镇居民生活污水。针对社（园）区污水间歇排放、冲击负荷大、C/N 和 C/P 低的特点，提出了改良厌氧/好氧交替式 SBR 工艺为核心的处理思路，进行了技术集成研究和创新。试验采用西安建筑科技大学北校区生活污水，以西安市邓家村污水处理厂 A^2/O 工艺的回流污泥为种泥进行接种，接种后反应器污泥浓度为 2213mg/L，SVI（污泥容积指数）为 180L/g，生活污水来自西安建筑科技大学校园的排污总口下水道，进水水质见表 7-3。

表 7-3　校园污水水质

指标	COD$_{Cr}$	PO$_4^{3-}$	NH$_4^+$-N	NO$_2^-$-N	NO$_3^-$-N	TN	SS
浓度 （mg/L）	144~547	0.6~3.5	16.9~36.7	0.03~0.06	1.8~5.2	32.8~55.8	122.7~452.1
平均浓度 （mg/L）	331	2.7	26.2	0.04	2.8	44.8	228.2

SBR 工艺采用 A/O 方式运行（图 7-43），6h 为一周期，其中厌氧搅拌 2h，厌氧搅拌 30min 后进水 20min，曝气 2h，沉淀 1h 后出水 5min，闲置 1h，排水比 1/2。污泥浓度维持在 2000mg/L，曝气末端溶解氧维持在 2mg/L，污泥龄为 15d，试验期间反应器内部温度为（30±3）℃。

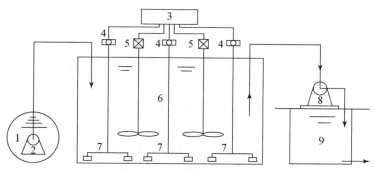

图 7-43　中试 SBR 反应器

1. 校园排污总口；2. 潜污泵；3. 可编程控制器；4. 曝气泵；5. 搅拌器；6. 反应器；
7. 穿孔曝气条；8. 出水泵；9. 出水箱

2）COD、NH$_4^+$-N、TN 和正磷酸盐去除特征

由图 7-44~图 7-46 可知，在处理工艺稳定运行期间，厌氧/好氧-SBR 反应器中同步脱氮除磷的效果良好，COD、NH$_4^+$-N、TN 和正磷酸盐的出水平均浓度分别为 35.5mg/L、1.38mg/L、10.93mg/L 和 0.05mg/L，平均去除率分别达到 83%、94%、70% 和 97%，出水浓度不仅均满足城市污水处理厂污染物排放一级 A 标准，总磷的出水浓度还可达 0.5mg/L 以下。

3）低溶解氧下脱氮特征

低溶解氧下脱氮特征见图 7-47。厌氧搅拌 30min 后，细胞利用内碳源进行反硝化脱氮，硝氮从 4.23mg/L 降低到 0.28mg/L，总氮从 6.58mg/L 降低到 2.38mg/L，进水前置厌氧搅拌有利于减少反应器总氮负荷及原水 SCOD（溶解性化学需氧量）的消耗。进水之后，在厌氧段氨氮、总氮变化不大，进水和反应器

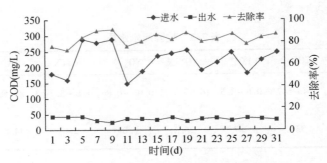

图 7-44　进水、出水 COD 浓度及其去除率变化

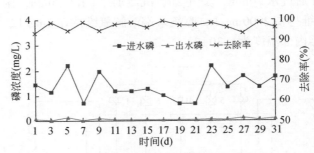

图 7-45　进水、出水磷浓度及其去除率变化

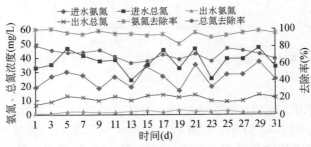

图 7-46　进水、出水氨氮、总氮浓度及其去除率变化

残留的硝酸盐通过反硝化被迅速去除，之后此段是一个严格的厌氧过程。进入好氧段后，由于 DO 梯度，微生物絮体内形成了良好的缺氧-好氧系统，形成同步硝化反硝化功能，曝气 60min 后，氨氮由 11.47mg/L 降低到 7.69mg/L，总氮从 20.99mg/L 降低到 15.43mg/L，系统同时发生着反硝化除磷过程，硝酸盐在曝气前 40min 几乎为零，曝气 60min 后升高到 0.99mg/L，系统表现出良好的脱氮效果。

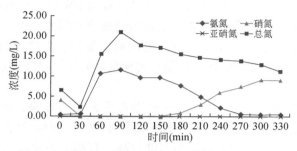

图 7-47　曝气 3h 氨氮、硝氮、亚硝氮、总氮变化

一般认为碳化在硝化之前，较高 DO 会迅速氧化反应器内碳源，试验控制低 DO，原水中的碳源在进水时得到保存，既避免了好氧氧化，又能作为反硝化电子供体，且反应速率理论上和氨氮的氧化速率相当，这两个反应的同时进行能较好达到同步硝化反硝化（SND）。120min 曝气结束后氨氮、总氮去除率分别为 88.5%、63.4%，氨氮、硝氮、总氮分别为 2.18mg/L、6.02mg/L、14.21mg/L，达到了污水处理厂污染物排放一级 A 标准，再曝气 60min，发现总氮变化不大，去除率增加到 67%，这主要由于反应器内没有足够的碳源。内源性反硝化脱氮速率取决于细胞的营养状况，当有丰富营养的细菌含有相当多的碳能源存储物时，就具有高的内源性反硝化速率，可以实现好氧硝化反硝化、反硝化除磷的效果。

好氧段溶解氧梯度变化特征见图 7-48。系统在曝气前 80min，DO 一直维持在 0.1～1.0mg/L，此段为脱氮除磷的主要阶段，在第 90min 时 DO 突变，从 1.0mg/L 突变至 1.5mg/L，最后稳定在 2mg/L 左右。与图 7-47 比对可知：在曝气末前 30min，内外碳源几乎全被消耗，脱氮效率几乎不变，但磷却进一步被吸收。首先，维持低 DO 能够形成缺氧-好氧系统，硝化的同时进行反硝化；其次，低 DO 有利于细胞内碳源的缓慢消耗，而有限的碳源是反硝化的限制因素，反硝

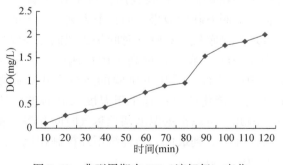

图 7-48　典型周期内 DO（溶解氧）变化

化是一个缓慢的过程，因此内碳源的缓慢释放有利于实现硝化反硝化；聚磷菌对DO非常敏感，DO的升高或降低都会引起磷的吸收和释放，因此系统即便维持非常低的DO也能有效地去除磷。因此，处理低碳氮比、碳磷比的实际生活污水，维持较低的DO，不但降低能耗而且能够实现良好的脱氮除磷效果。

4）温度对脱氮除磷系统的影响

当反应器温度在35℃左右时，反应器几乎无除磷效果，硝化效率非常高，在曝气1h后就能彻底硝化，氨氮硝化效率达到100%，但总氮去除率较低，基本维持在10%~30%。主要因为反应器温度过高，有利于硝化菌优势生长，对有机物的吸收能力强于聚磷菌，导致聚磷特性难以实现，因此反应器内硝化菌特性占优势，碳源难以实现积累和储存，好氧开始短时间内便被彻底"碳化"，即使有微观的缺氧-好氧系统存在，也难以实现反硝化聚磷和同步硝化反硝化；当温度在30℃左右时，脱氮除磷效果非常明显，DO在好氧结束时维持在2mg/L左右，就能够实现同步脱氮除磷效果，出水基本达到污水处理厂污染物排放一级A标准；但温度降低到20℃左右时，硝化效率下降，对氨氮去除率为50%~70%，但总氮去除率在60%左右。主要由于温度的降低影响硝化速率，导致氨氮去除率下降，但在曝气阶段仍然能形成缺氧-好氧微观系统，实现较高的脱氮除磷效果。因此温度的变化影响脱氮除磷的效果，可以根据出水达标要求，采取合理的措施降低能耗的同时达到良好的脱氮除磷效果。工程上可以采取下列措施：当温度在35℃时，缩短曝气时间、减少曝气量，满足脱氮要求；温度在20℃时，适当延长曝气时间，可以提高脱氮除磷效率。

温度为（30±2）℃，污泥浓度为2000mg/L左右时，控制好氧段曝气末端DO为1.5mg/L左右，在反应器内及污泥絮体形成了良好的DO梯度，不仅保证碳源能够缓慢被"碳化"，提高反硝化碳源利用率，而且降低了能耗，曝气60min，氨氮、总氮、磷的去除率分别达到了68%、70%、98%，实现了良好的好氧硝化反硝化、反硝化除磷效果，节约能源和碳源。进水前置厌氧搅拌及控制好氧段溶解氧浓度能够实现整个系统碳源的有效利用，对于C/N偏低的生活污水采用低氧曝气不但实现了良好的脱氮除磷效果，而且节省碳源、电能。

根据温度变化合理控制曝气量和曝气时间是实现低耗高效处理生活污水的关键调控因素。温度高于30℃，碳化远远高于硝化速率，应减少曝气量，缩短曝气时间；温度在20~30℃之间，采用本试验的运行方式控制曝气时间和DO浓度；温度在20℃以下时，硝化速率远远小于温度较高时的氧传质速率，可以采取低氧长时间曝气。因此，可以根据温度调控曝气时间和曝气量，实现良好的脱氮除磷效果的同时将能耗降低到最低。与传统不加控制相比，这种运行控制可以降低曝气所需电耗的20%~30%。

2. 混凝–沉淀–过滤工艺

渭河流域属我国西部缺水地区，乡镇生活污水若经一定的处理即可作为一种稳定、可观的水资源，但却未加以合理利用。污水回用是合理、高效利用水资源的重要途径之一。同时，渭河流域分布有大量火力发电厂等资源性用水大户，为实现电力企业的可持续发展、减少对当地水资源的需求，分散型乡镇生活污水处理厂的三级处理水经电厂中水处理系统处理（超滤膜分离）后用作电厂冷却系统补给水。为推进乡镇生活污水再利用工作，在二级处理工艺流程的末端再增加第三级处理，以提高供水水质。第三级处理工艺流程为混凝、沉淀、过滤和消毒。

鉴于回用水水质易受二级出水水质、三级处理系统运行稳定性的影响，为保障水质和水质的稳定性，采用铜川市污水处理厂二级处理出水模拟乡镇级生活污水处理厂二级处理出水，并对其进行三级处理（混凝—沉淀—过滤—消毒），探明拟采用的再生处理工艺出水水质的特征、稳定性及影响出水水质的主要因素；进行药剂比选、混合–反应条件的静态–动态试验验证、沉淀–过滤工艺条件及工艺参数的动态验证与考核，提出处理工艺组合（图 7-49）与运行方式，给出影响三级处理系统稳定性的工艺参数的建议值。以实验室静态试验和中试规模动态试验对三级处理的稳定性及影响其稳定性的因素进行研究，并针对性地提出相关工艺环节的设计、运行参数。

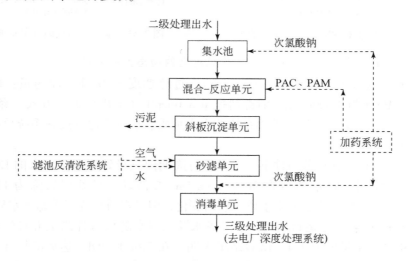

图 7-49　试验系统工艺流程图

1）混凝剂投量、混凝条件及最佳投药条件下颗粒的沉降特性

选择聚合氯化铝（PAC）、聚合氯化铝铁（PAFC）、硫酸铝、氯化铁为凝聚

剂，以阳离子型聚丙烯酰胺（PAM）（注：除特殊说明外，下文中 PAM 均指阳离子型聚丙烯酰胺）为絮凝剂进行最适宜的凝聚剂、絮凝剂的种类筛选。正交试验的结果揭示了影响混凝效果的主要因素及其影响的大小，对投药条件提出建议。通过静态试验进一步确定了动态运行的条件如下：混凝剂应首选 PAC，凝聚剂应选择 PAM；备选混凝剂为硫酸铝；混凝剂投量：PAC 投量为 50mg/L；PAM 投量为 0.75mg/L。

前加氯消毒对颗粒的沉降特性的影响。在最佳混凝条件下，研究前加氯对颗粒的沉降特性的影响，结果见图 7-50 和图 7-51。前加氯消毒使得混凝效果、颗粒的沉降性能显著变差。为实现沉淀出水浊度满足过滤的进水水质要求（浊度小于 10NTU），对应的 SS 去除率应不小于 85%，应选择的水力负荷由未加氯时的 0.96m³/（m²·h）降为 0.72m³/（m²·h）；所需沉淀时间由不小于 1.5h 增加为不小于 2.0h。

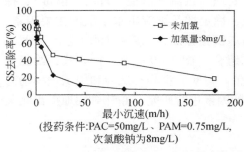
（投药条件：PAC=50mg/L、PAM=0.75mg/L，次氯酸钠为8mg/L）

图 7-50　加氯对颗粒最小沉速的影响

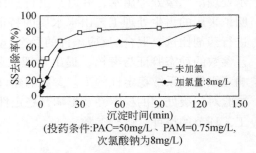
（投药条件：PAC=50mg/L、PAM=0.75mg/L，次氯酸钠为8mg/L）

图 7-51　加氯对沉淀时间的影响

2）混凝—沉淀—过滤—消毒系统稳定性的动态试验验证

在沉淀池水力负荷 5.0m³/（m²·h）、过滤速度 5.2m/h，加药量：PAC 为 50mg/L、PAM 为 0.75mg/L，消毒剂投量 8.0mg/L（采用后加氯方式）条件下，考察了混凝—沉淀—过滤—消毒系统的出水水质、水质变化及过滤系统反冲洗周期。结果如下：

（1）COD_{Cr}：在试验条件下，一个运行周期内三级处理系统出水的 COD_{Cr} 结果表明，原水中 COD_{Cr} 浓度在 30.2~54.5mg/L 波动，经处理后降为 11.57~22.04mg/L；出水水质随进水水质波动而变化，但其水质均优于冷却水水质要求。

（2）BOD_5：动态运行期间，对二级水及三级水随机取样测定五日生化需氧量（BOD_5），结果见表 7-4。试验结果表明：在二级水 BOD_5 达标的情况下，三级出水 BOD_5 均可达到冷却水水质要求。但在二级水 BOD_5 超标时，部分三级水中 BOD_5 超标。

表7-4　三级处理系统出水 BOD₅ 结果

样品	二级水达标时三级水 BOD$_5$（mg/L）	样品	二级水未达标时三级水 BOD$_5$（mg/L）
样品 1	5.9	样品 A	8.9
样品 2	8.7	样品 B	11.7
样品 3	6.6	样品 C	15.2
样品 4	9.1	样品 D	9.5
样品 5	6.6	样品 E	12.6

（3）色度：在动态运行条件下，二级水经处理后，色度由 25 倍降为 15~20 倍；三级处理对色度物质去除效果良好，显著改善了再生水水质，其出水色度符合冷却水水质标准要求。

（4）总硬度：在试验条件下，一个运行周期内二级水中总硬度值在 251~308mg/L 之间，三级处理后总硬度值在 250~302mg/L 之间，符合再生水水质要求。

（5）总碱度：在试验条件下，一个运行周期内二级水中总碱度值在 325.8~438.5mg/L 之间，三级处理后总碱度值在 327.9~376.4mg/L 之间，符合再生水水质要求。

（6）余氯：在三级处理系统运行过程中，三级出水余氯值在 0.1~0.2mg/L 之间，符合再生水水质要求（消毒剂投量 8.0mg/L）。

（7）粪大肠菌群数：在动态运行周期内随机取样测定粪大肠菌群数，粪大肠菌群数小于 20 个/L，符合再生水水质要求。

（8）重金属离子：在动态运行周期内随机取样测定二级水和三级处理出水中重金属离子（Fe、Mn、Cu、Zn）情况。56 个水样中均未检出铁离子；50 个水样中未检出锰离子，在检出锰离子的 6 个样品中，其浓度在 0.01~0.29mg/L 之间；三级处理出水随机取样 120 个，均未检出铁离子；90 个水样中未检出锰离子，在检出锰离子的 30 个样品中，其浓度在 0.01~0.06mg/L 之间。为进一步了解水中 Fe、Mn 的浓度水平，进一步随机取样，采用 ICP-AES 对样品进行测定，二级水中铁、锰的浓度均在 0.03mg/L 左右；三级出水中铁、锰的浓度均在 0.01~0.03mg/L。ICP-AES 结果还表明：二级水中铜、锌的浓度均小于 0.01mg/L；三级出水中铜、锌的浓度均小于 0.01mg/L。以上结果表明：二级水中，重金属含量已经符合冷却水水质要求，三级处理后，重金属含量进一步降低，其浓度值符合冷却水水质要求。

（9）pH：在试验条件下，一个运行周期内 pH 均在 6~9 范围之内，符合再生水水质要求。

（10）阴离子表面活性剂：在动态运行周期内随机取样测定了二级水和三级水中阴离子表面活性剂。结果表明：二级水中阴离子表面活性剂浓度值为0.36mg/L，三级处理后其浓度值降为0.26mg/L。

（11）浊度：在试验条件下，一个运行周期内二级水中浊度值在5.08～32.06NTU之间，三级处理后浊度值在0.18～5.0NTU之间（运行时间在0～4.7h之间）；运行时间超过4.7h后，出水浊度值不符合冷却水水质要求。试验结果还表明：在一定水质条件下，存在滤池运行周期过短的问题。

（12）其他水质指标（TP、NH_4^+-N、NO_2^--N、NO_3^--N）：试验过程中还测定了TP、NH_4^+-N、NO_2^--N、NO_3^--N的浓度。二级水中总磷浓度在0.082～1.47mg/L，三级处理后总磷浓度降为0.01～0.08mg/L，符合冷却水水质要求。三级处理系统（混凝—沉淀—过滤）对NH_4^+-N、NO_2^--N、NO_3^--N无去除作用，这是由于混凝—沉淀—过滤仅适合去除胶体态和细小悬浮态颗粒物，对溶解态物质无法去除。冷却水水质标准中对NH_4^+-N有明确要求（铜质冷却材料时，NH_4^+-N应小于1.0mg/L；非铜质冷却材料时，NH_4^+-N应小于10mg/L），因此，由氨氮带来的冷却水水质问题应引起足够重视。

（13）水头损失：在沉淀池水力负荷为5.0m^3/（m^2·h）、过滤速度为5.2m/h；加药量：PAC为50mg/L、PAM为0.75mg/L条件下，当滤池反冲洗条件为水头损失60cm时，其过滤周期为5.6h；当滤池反冲洗条件为水头损失80cm时，其过滤周期为7.0h；当滤池反冲洗条件为水头损失90cm时，其过滤周期为7.75h。考虑到出水的浊度水平，滤池的工作周期约为4.7h。

（14）反冲洗耗水量：在拟建的乡镇生活污水处理厂的三级处理系统中，滤池反洗条件为：气冲强度：60m^3/（m^2·h），水冲强度：28m^3/（m^2·h），单独气冲时间：1～2min，气水反冲时间：3～4min，单独水反冲时间：5～8min；总过滤面积180m^2。据此可以在实际运行工况下单次反冲洗耗水量为672（总水洗时间8min）～1008m^3（总水洗时间12min）；在单次平均水洗时间10min条件下，反冲洗耗水量为840m^3，约占滤池在实际运行工况下处理水量的3.74%。

3）沉淀池表面负荷选择及过滤周期

在众多改善沉淀池出水水质的不同技术方案中，技术上最为稳定、易于实现的方案是根据处理对象中颗粒的沉淀特性，选择适宜的沉淀池水力负荷，以增加颗粒态物质在沉淀单元的去除率、保障滤池单元的进水水质要求。根据静沉试验结果和沉淀池水力负荷为5m^3/（m^2·h）的动态运行结果，可供比选的沉淀池水力负荷为3～4m^3/（m^2·h）。

（1）不同沉淀池表面负荷条件下过滤出水水质

沉淀池水力负荷在3m^3/（m^2·h）及4m^3/（m^2·h）、滤池过滤速度5.2m/h、PAC投量50mg/L、PAM投量0.75mg/L、消毒剂投量8mg/L（后加氯）条件下，

二级水 BOD_5 达标时，三级出水 BOD_5：6.0~8.0mg/L；二级水 BOD_5 超标时，部分时段三级出水 BOD_5 为 10.5~11.2mg/L。在较低沉淀池水力负荷下三级处理出水水质符合冷却用水水质指标；与沉淀池水力负荷 $5m^3/(m^2 \cdot h)$ 条件下的出水水质相比较可知，两者出水水质接近。

试验过程中测定了二级原水、沉淀池出水及三级出水中浊度变化情况。在较低水力负荷下运行时，沉淀池出水浊度显著降低；当二级水中浊度在 12~23NTU ［沉淀池水力负荷为 $4m^3/(m^2 \cdot h)$ 时的进水浊度］及 27~145NTU ［沉淀池水力负荷为 $3m^3/(m^2 \cdot h)$ 时的进水浊度］范围内波动时，大部分沉淀池出水浊度在 2~5NTU 之间，个别情况下出水浊度为 7~9NTU，均可满足滤池进水对浊度的要求。在较低水力负荷下运行的沉淀池对细小颗粒态物质有更好的去除效果，且对二级原水水质（浊度）波动有较好的适应性。

（2）不同沉淀池表面负荷条件下过滤水头损失与过滤周期

沉淀池水力负荷在 $3m^3/(m^2 \cdot h)$ 及 $4m^3/(m^2 \cdot h)$、滤池过滤速度 5.2m/h、PAC 投量 50mg/L、PAM 投量 0.75mg/L、消毒剂投量 8mg/L 条件下，过滤水头损失结果见图 7-52。试验结果表明：沉淀池水力负荷在 $4m^3/(m^2 \cdot h)$ 条件下，当滤池反冲洗条件为水头损失 60cm 时，其过滤周期为 12.75h；当滤池反冲洗条件为水头损失 80cm 时，其过滤周期 15.65h；当滤池反冲洗条件为水头损失 90cm 时，其过滤周期为 16.85h；沉淀池水力负荷在 $3m^3/(m^2 \cdot h)$ 条件下，当滤池反冲洗条件为水头损失 60cm 时，其过滤周期为 20h；当滤池反冲洗条件为水头损失 80cm 时，其过滤周期为 23.6h；当滤池反冲洗条件为水头损失 90cm 时，滤池过滤周期为 24.8h。

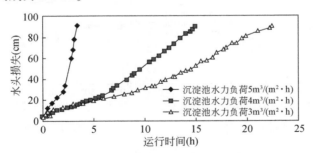

图 7-52　前加氯条件下滤池总水头变化

（3）消毒剂投加位置选择试验

消毒剂投加位置的选择对颗粒沉淀性能、沉淀池沉淀效率及滤池运行稳定性均存在潜在影响。根据乡镇生活污水处理厂三级处理系统拟采用的沉淀池水力负荷 ［$5m^3/(m^2 \cdot h)$］、过滤滤速（5.2m/h）及消毒剂投量（8mg/L），进行前加氯对三级处理系统运行稳定性的影响。另外，试验过程中还进一步考核前加氯对

低沉淀池水力负荷 [3m³/(m²·h) 及 4m³/(m²·h)] 条件下系统运行稳定性的影响。在不同沉淀池水力负荷下，采用前加氯方式时滤池水头损失见图 7-52。

结果表明，前加氯条件下，不同沉淀池水力负荷下，三级处理系统出水水质均达到或优于冷却水水质要求。但是，前加氯条件下沉淀池出水浊度有所升高。沉淀池水力负荷为 5m³/(m²·h) 时，三级处理出水浊度在 3.7 ~ 5.47NTU 之间（在类似二级原水水质及相同沉淀池水力负荷条件下，沉淀池出水为 2.47 ~ 3.25NTU）；沉淀池水力负荷为 4m³/(m²·h) 时，三级处理出水浊度在 3.76 ~ 5.82NTU 之间（在类似二级原水水质及相同沉淀池水力负荷条件下，沉淀池出水为 2.97 ~ 3.51NTU）；沉淀池水力负荷为 3m³/(m²·h) 时，三级处理出水浊度在 2.21 ~ 4.84NTU 之间（这一结果与类似二级原水水质条件及相同沉淀池水力负荷时，沉淀池出水浊度值接近）。

总体研究表明，通过采用较低的沉淀池水力负荷，可以显著增加颗粒态污染物在沉淀单元的去除、增加滤池的工作周期。考虑到工程的实际情况和工艺要求，建议沉淀池水力负荷采用 4m³/(m²·h)。

4）石灰除盐静态及动态试验结果

（1）石灰除盐静态试验结果

取二级水并投加不同量的石灰乳，经充分搅拌后，静置沉降分离。因形成的 $CaCO_3$ 沉淀物粒径极小，分离效果很差，因此，试验中补投了混凝剂（PAC 和 PAM），分离效果很好，在烧杯底部迅速形成了大量的比较密实的白色沉渣。澄清水经过滤后进行水质分析，结果见图 7-53 ~ 图 7-58。

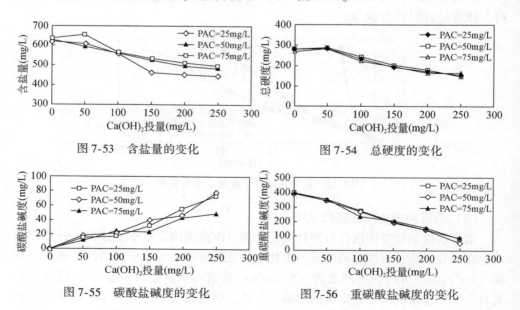

图 7-53　含盐量的变化　　　　　　　图 7-54　总硬度的变化

图 7-55　碳酸盐碱度的变化　　　　　图 7-56　重碳酸盐碱度的变化

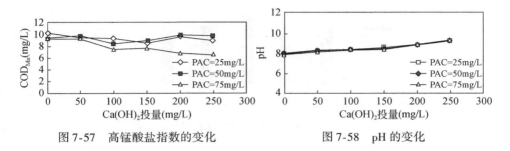

图 7-57　高锰酸盐指数的变化　　　　　图 7-58　pH 的变化

试验结果表明含盐量可由原来的 620mg/L 最低降至 444mg/L，降幅高达 176mg/L。但考虑到其他指标变化（如 pH、高锰酸盐指数）所带来的影响，以及投药量构成的经济因素，似以石灰 [Ca(OH)$_2$] 投量 200mg/L、PAC 投量 25mg/L 和 PAM 投量 0.75mg/L 的一组最为理想，此时的含盐量为 444mg/L，与地表水的高值比较接近。随着石灰投量的增大，总硬度和重碳酸盐碱度将明显减小；而随 pH 的升高，碳酸盐碱度自然会有所增大。随着石灰投量的变化，高锰酸盐指数值有升有降，但变化幅度不大。影响 pH 变化的因素颇多，总的趋势是随着石灰投量的增大，pH 在不断地升高。

（2）石灰除盐动态试验结果

动态试验选择石灰投量 200mg/L、PAC 投量 25mg/L 和 PAM 投量 0.75mg/L；沉淀池水力表面负荷 4m^3/(m^2·h)，滤柱过滤速度 5.2m/h。二级水经混合、反应、沉淀、过滤及消毒后进行水质测定，试验结果见图 7-59～图 7-64。石灰除盐动态试验结果表明，含盐量削减量在 80～296mg/L 之间，含盐量平均减少 173.6mg/L，实现了预期的除盐目标。总碱度、总硬度减少的量和变化趋势与含盐量变化类似。其他水质指标，如 COD$_{Cr}$ 及 COD$_{Mn}$ 的减少量分别在 2～10mg/L 及 1.5～3mg/L，出水水质优于冷却水水质要求。

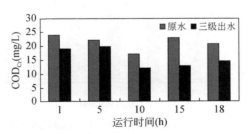

图 7-59　石灰脱盐动态运行时出水 COD$_{Cr}$ 变化

5）有机物分子量分布及超滤处理结果

乡镇生活污水处理厂出水拟在三级处理的基础上，进一步保障水质，需进一

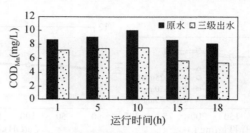

图 7-60　石灰脱盐动态运行时出水 COD_{Mn} 变化

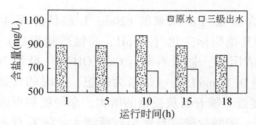

图 7-61　石灰脱盐动态运行时出水含盐量变化

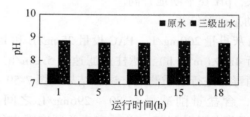

图 7-62　石灰脱盐动态运行时出水 pH 变化

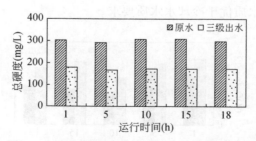

图 7-63　石灰脱盐动态运行时出水总硬度变化

步对三级处理出水进行超滤处理。因此，有必要了解三级处理出水中有机物分子量分布。在此基础上，对三级水进行超滤处理，以了解超滤处理对水质的改善程度以及是否可以解决试验研究中乡镇生活污水处理厂拟采用的三级处理工艺在二

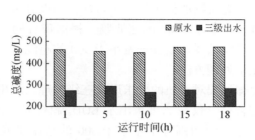

图 7-64　石灰脱盐动态运行时出水总碱度变化

级出水水质不合格时可能出现的部分 BOD_5 超标问题，为下一步超滤试验提供依据和基础。

（1）三级水中有机物分子量分布

试验三级处理系统出水经 0.45μm 过滤后，采用截留分子量为 100000、50000、30000、10000 及 1000 的聚醚砜板式超滤膜进行分子量切割，结果见图 7-65 及图 7-66。试验结果表明，粒径大于 0.45μm 的有机物（胶体态和颗粒态）约占 4.9%，0.45μm ~ 100000 之间的有机物约占 0.82%；100000 ~ 50000 之间的有机物约占 0.82%；分子量小于 1000 的有机物约占 78.5%；其他分子量范围（分子量小于 50000 至分子量大于 1000）的有机物约占 14.8%。

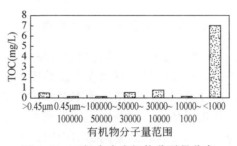

图 7-65　三级水中有机物分子量分布

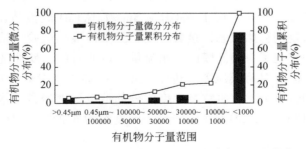

图 7-66　三级水中有机物分子量微分分布及累积分布

根据上述三级水中有机物的分子量分布特征，当以有机物去除量最大为目标时，应该选择切割分子量小于 1000 的超滤膜。根据现有同类研究结果，要大量去除三级水中这类物质需选择切割分子量小于 500 的超滤膜，甚至需要选择纳滤膜或采用其他物理化学处理方法。

但是，考虑到冷却过程对水质的要求以及三级处理系统出水在大部分工况下绝大部分水质指标均合格，仅在二级水出水 BOD_5 超标时出现部分出水 BOD_5 超出标准限值；同时，考虑到切割分子量小于 500 的超滤膜或纳滤膜的工作压力高、通量较小等因素，建议下一步超滤试验初步选择切割分子量为 100000 的超滤膜，但需经动态试验进一步验证。

（2）三级水超滤处理出水水质

根据三级处理系统面临的水质问题及冷却水水质要求，研究选用切割分子量为 100000 的超滤膜对三级水进行处理。膜材质：聚丙烯腈；工作压力：0.12 ~ 0.18MPa；膜通量：$0.35m^3/(m^2 \cdot h)$。

在特别地选择二级水出水 BOD_5 超标情况下，对混凝—沉淀—过滤—消毒出水进行处理。作为比对试验，研究还同步将二级水直接进行超滤处理，超滤出水水质完全达到或优于冷却水水质要求。试验条件下二级出水 BOD_5 为 23.0mg/L，三级出水 BOD_5 为 10.1mg/L，超滤出水 BOD_5 为 5.8mg/L；二级水直接超滤处理出水 BOD_5 为 6.6mg/L。三级水经超滤处理后，粪大肠菌群数小于 20 个/L。

3. 基于膜分离工艺的短流程污水深度再生处理技术

1）超滤膜对微污染水的处理效能及膜污染水力清洗

在恒压过滤模式下，以造纸黑液稀释水作为试验用水模拟微污染地表水，考察了超滤对微污染水的净化效果及在线清洗频率对膜污染的影响，为恒压超滤用于实际有机废水净化过程提供依据。膜分离工艺见图 7-67。

膜组件采用切割分子量为 30000 的聚丙烯腈内压式中空纤维膜。保安过滤器采用 5μm 的聚丙烯熔喷滤芯，主要是防止水中大的杂质堵塞膜孔。选用恒压过滤模式，跨膜压差为 30kPa，反洗压力为 75kPa，快洗压力为 15kPa，回收率为 80%。当运行完成后，用 0.4g/L NaOH + 5mg/L NaClO 碱液清洗污染后的膜，使膜通量基本恢复到初始状态，接着改变工况条件继续试验。试验采用计算机自动控制系统，实现了对超滤膜的出水流量、过滤时间、反冲洗频率等操作条件的自动控制，以及对跨膜压差、进水流量、膜透水流量等数据的自动采集。试验所用原水为具有天然有机物及色度成分的造纸黑液经自来水稀释水，调整其 UV_{254} 值为 $0.130cm^{-1}$，pH 值约为 7.5，浊度约为 6.2NTU，TOC（总有机碳）约为 7mg/L。

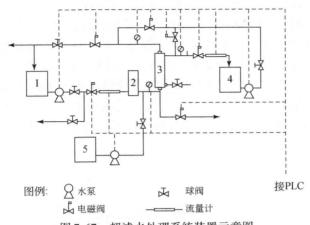

图例：　🕴水泵　　🔻球阀
　　　　🔻电磁阀　　═══流量计　　　　接PLC

图7-67　超滤水处理系统装置示意图

1. 原水箱；2. 保安过滤器；3. 超滤膜组件；4. 出水箱；5. 药洗箱

（1）浊度的去除

超滤膜对模拟有机物废水中的浊度去除情况如图7-68所示。进水的浊度范围为5.89~6.32NTU，出水的浊度基本稳定在0.26~0.79NTU范围内，其去除率为86%~96%，说明超滤工艺对废水中的浊度物质具有较好地去除效果。

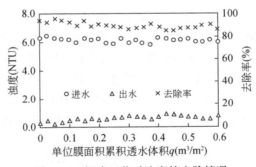

图7-68　超滤工艺对浊度的去除情况

（2）UV_{254}的去除

UV_{254}反映的是水中具有非饱和键的有机物（如芳香族有机物）的浓度。常用紫外光谱波长范围为200~400nm，即近紫外区，也称为石英紫外区。一般的饱和有机物在近紫外区无吸收，含共轭双键或苯环的有机物在近紫外区有明显的吸收或特征峰，它们的吸收波长主要在250~260nm。

水和废水中的一些有机物如木质素、单宁、腐殖酸类物质和各种芳香族的有机物都是苯的衍生物，而且是天然水体和污水二级处理出水的主体有机物，因此常用这些有机物在 254nm 处的紫外吸收强度，即 UV_{254} 作为它们在水中含量的替代参数。分析表明，有机物的分子量越大，其紫外吸收越强，特别是分子量大于 3000 的有机物是水中紫外吸收的主体。UV_{254} 不但与水中的有机物含量有关，而且与色度、消毒副产物的前体物等物质有关，因此 UV_{254} 可作为表征水质特性的一个重要指标。超滤工艺对废水中 UV_{254} 的去除情况如图 7-69 所示。超滤工艺对有机废水中的不饱和有机物有一定的去除，进水中 UV_{254} 范围为 0.127 ~ 0.133，其 UV_{254} 的平均去除率为 37% 左右。这和已有研究得出的结果较为相近。

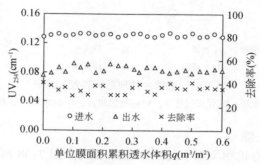

图 7-69　超滤工艺对水中 UV_{254} 的去除情况

（3）TOC 的去除

TOC 是表征水中总有机物的一个指标，它较 UV_{254} 更能反映水中有机物的含量。试验以 TOC 作为有机物的指标，考察了超滤对水中总有机物的去除情况，其结果如图 7-70 所示。进水中 TOC 浓度范围为 6.973 ~ 7.268mg/L，超滤膜对废水中总有机物的平均去除率约为 28%，低于以 UV_{254} 为指标时的情况，这主要是因为 TOC 所表征有机物中有一部分是饱和小分子有机物，在超滤过程中，这部分有机物较易透过膜孔，从而表现为超滤膜对总有机物的去除率降低。

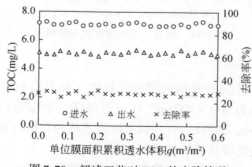

图 7-70　超滤工艺对 TOC 的去除情况

（4）在线水力清洗频率对超滤膜污染的影响

在恒压超滤试验中，跨膜压差（TMP）保持不变，渗透液通量随膜阻力和水的黏度（主要由水温影响）变化。为消除试验过程中温度对超滤过程的影响，膜通量值均校正到 25℃下的通量值，并以比膜通量 J_v/J_o 作为膜通量变化的指标来反映超滤膜净化废水过程。试验中把长时间无反洗的超滤膜污染过程和定期反洗的超滤膜污染过程进行了比较，其结果如图 7-71 所示。可以看出长期无反洗时的比膜通量下降速率要快于进行定期反洗的情况，这说明在线定期反洗能有效地缓解膜的污染。

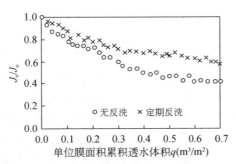

图 7-71　定期反洗与无反洗时超滤过程比较

同时，试验还考察了在总反洗水量相等时，反洗频率对膜污染过程的影响，试验结果如图 7-72 所示。可以看出，在总的反洗水量相等的条件下，随着反洗频率的提高，通量的下降速率逐渐变缓，膜污染累积的程度也相应减小。这主要是因为频繁的反洗使部分可能在膜表面沉积的污染物被及时洗脱，从而避免了污染物在膜表面的大量累积，从而有效地缓解了超滤膜的污染。国外也有研究者提出脉冲反洗（backpulsing）的操作方式，即在较短的过滤时间内进行极短的反洗，以保持长期的通量稳定的操作方式。

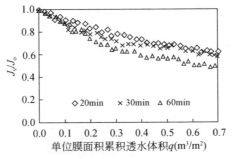

图 7-72　不同在线反洗频率对膜污染的影响

2）以超滤为核心的小城镇污水再生处理工艺技术

对以超滤为核心的小城镇污水再生处理工艺技术进行探讨，并用膜结构参数模型对超滤过程进行分析，为促进以超滤为核心的污水再生处理工艺技术应用提供基础。采用铜川某小城镇污水厂二级出水为原水，其水质指标及经不同预处理后水质指标见表7-5。

表7-5　原水水质指标

原水种类	pH	COD（mg/L）	氨氮（mg/L）	TP（mg/L）	SS（mg/L）
二级出水	7.62	79.0	39.0	0.44	42.0
混凝沉淀预处理后	8.17	39.0	34.8	0.14	13.0
石灰脱盐+混凝沉淀处理	8.69	66.0	46.7	0.03	15.0

试验所用超滤水处理系统装置参见图7-67，膜组件采用切割分子量为100000的聚丙烯腈内压式中空纤维膜，有效膜面积为4.28m²。保安过滤器采用30μm的聚丙烯熔喷滤芯，主要是防止水中大的杂质堵塞膜孔。试验选用恒流过滤模式，采用计算机自动控制系统，实现了对超滤膜的出水流量、过滤时间、反洗频率等操作条件的自动控制，以及对跨膜压差、进水流量、膜透水流量等数据的自动采集。

（1）二级出水直接超滤处理过程

以二级出水为原水进行直接超滤，设定过滤时间为60min，反洗时间为120s，快洗时间为60s，反洗压力为160kPa，快洗压力为50kPa，恒流过滤通量为0.07m³/（m²·h），运行5h，选取某一过滤阶段的运行数据，应用膜结构参数模型进行模型拟合，得到模型参数 $a_1 = 0.0675$，$a_2 = 5.3082$。拟合结果如图7-73所示。

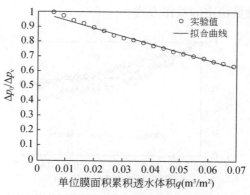

图7-73　二级出水直接超滤过程的模型拟合

　　在二级出水直接超滤过程中，超滤膜的进出水水质变化如表 7-6 所示。超滤膜对水中浊度的去除率最高，达到 94.4%，对色度的去除率为 36.4%，而对代表有机物指标的 COD_{Mn} 和 UV_{254} 的去除率分别仅为 21.4% 和 13.0%。

表 7-6　二级出水直接超滤过程进出水水质变化

	COD_{Mn}（mg/L）	浊度（NTU）	UV_{254}（cm^{-1}）	色度（倍）
膜进水	10.04	4.10	0.23	55
膜出水	7.89	0.23	0.20	35
去除率/%	21.4	94.4	13.0	36.4

　　在试验期间，当恒流过滤通量设定在 $0.0981m^3/(m^2 \cdot h)$ 时，跨膜压差快速上升（图 7-74），这表明，二级出水直接超滤只能维持在低膜通量条件下，要维持超滤过程在较高通量下稳定运行，必须进行适当的预处理。

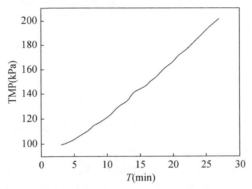

图 7-74　恒流过滤通量设定在 $0.0981m^3/(m^2 \cdot h)$ 时跨膜压差的变化

（2）二级出水经混凝沉淀处理后的超滤处理过程

　　对二级出水进行混凝沉淀预处理后，再进行超滤处理，设定过滤时间为 60min，反洗时间为 120s，快洗时间为 60s，反洗压力 160kPa，快洗压力为 50kPa，恒流过滤通量为 $0.1682m^3/(m^2 \cdot h)$，选取某一过滤阶段的运行数据，应用膜结构参数模型进行模型拟合，拟合得到模型参数 $a_1 = 0.1275$，$a_2 = 0.1275$。试验拟合结果如图 7-75 所示。

　　可知混凝沉淀预处理后超滤膜可以在较高通量下运行，并且混凝沉淀预处理可有效减轻膜污染。此时，超滤膜的进出水水质变化见表 7-7。从表 7-7 中的数据可以发现，经混凝沉淀预处理后，超滤膜对水中污染物的去除率均有所增加，对浊度的去除达到 100%，对 COD_{Mn} 和 UV_{254} 的去除比二级出水直接超滤过程中增加了 1 倍左右，对色度的去除也有相应的增加。说明混凝沉淀预处理有助于后续

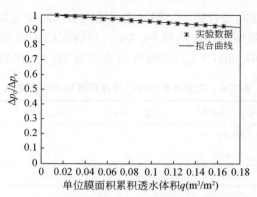

图 7-75　混凝沉淀处理后超滤过程的模型拟合

超滤膜对水中大分子有机物和浊度物质的去除。

表 7-7　混凝沉淀处理后超滤进出水水质变化

	COD_{Mn}（mg/L）	浊度（NTU）	UV_{254}（cm^{-1}）	色度（倍）
膜进水	8.76	3.25	0.25	45
膜出水	5.13	0.00	0.18	25
去除率/%	41.4	100.0	28.0	44.4

（3）二级出水经石灰脱盐+混凝沉淀处理后的超滤处理过程

以石灰脱盐+混凝沉淀处理水进行超滤，设定过滤时间为 60min，反洗时间为 120s，快洗时间为 60s，反洗压力 160kPa，快洗压力为 50kPa，恒流过滤通量为 0.1682m³/（m²·h），选取某一过滤阶段的运行数据，应用膜结构参数模型进行模型拟合，得到模型参数 $a_1 = 0.0008$，$a_2 = 0.7283$。试验拟合结果如图 7-76 所示。

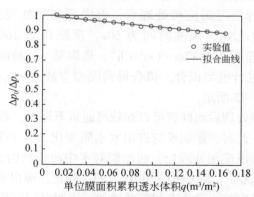

图 7-76　石灰脱盐、混凝沉淀处理后超滤过程模型拟合

　　石灰脱盐+混凝沉淀预处理后膜污染程度较二级出水直接超滤过程有所减轻，但与混凝沉淀预处理的对超滤膜进水的水质改善作用不同。超滤膜的进出水水质变化见表7-8。从表中可以看出，膜进水中COD_{Mn}指标较前面两种情况偏高，主要是试验运行过程中二级出水水质波动所致。经石灰脱盐+混凝沉淀预处理后，超滤膜对水中污染物的去除除浊度为100%外，其他指标和二级出水直接超滤过程的去除率相当。

表7-8　石灰脱盐+混凝沉淀处理后超滤进出水水质变化

	COD_{Mn}（mg/L）	浊度（NTU）	UV_{254}（cm^{-1}）	色度（倍）
膜进水	10.69	2.75	0.239	55
膜出水	8.46	0.0	0.202	35
去除率/%	20.9	100.0	15.5	36.4

　　超滤膜的分离机理主要是在压力驱动下的筛分截留作用，所以孔径阻塞是造成膜通量下降（或跨膜压差上升）的主要原因。城镇污水二级出水中主要污染物为悬浮物、溶解性有机物、溶解性无机盐等。其中，多数溶解性有机物分子量小于10000。超滤膜直接过滤二级出水时，水中同时存在造成膜孔径阻塞和膜孔密度减小的有机物和胶体，根据模型拟合结果，a_2远大于a_1，说明二级出水超滤过程中主要是一些大分子有机物阻塞膜孔，减小膜孔密度，进而引起膜的污染。

　　对于超滤膜污染过程，研究认为一般分为两个阶段，即通量初期快速下降阶段和后期缓慢下降阶段。过滤初期的污染机理主要是孔径阻塞和吸附作用，而之后主要是因为凝胶层的形成。二级出水经混凝沉淀处理后，水中分子量较大的溶解性有机物被去除。因此，混凝沉淀处理能有效地改善超滤膜过滤过程，分析其原因有两方面：①改变了颗粒特性，颗粒粒径增大并经过沉淀作用去除；②去除了导致膜污染的有机物。因为混凝工艺可有效去除二级出水中的有机物，所以膜孔密度变化系数a_2较二级出水直接超滤过程显著减小。

　　投加石灰可以降低二级出水中的硬度和碱度，同时，投加絮凝剂后，$CaCO_3$和$Mg(OH)_2$沉淀物在沉淀过程中大量吸附原水中的悬浮物、胶体等，使有机物有一定去除。但是也存在$CaCO_3$和$Mg(OH)_2$等部分物质在膜表面的沉积现象。所以，膜孔密度变化系数a_2比混凝沉淀预处理后大，说明此时超滤过程中膜表面污染仍占主导地位。

　　3）膜材料结构特性对污水深度超滤过程的影响

　　探讨污水深度超滤过程中，膜的结构特性及膜的亲疏水性对超滤过程的影响特性。采用西安市某城市污水处理厂生物处理二级处理水作为原水，原水水质指标见表7-9。

表 7-9　原水水质指标

COD(mg/L)	BOD$_5$(mg/L)	TOC(mg/L)	SS(mg/L)	浊度(NTU)	UV$_{254}$(cm^{-1})	氨氮(mg/L)
10.8~41.2	6~12	8~10	10~20	4~20	0.106~0.163	0.70~2.04

试验装置及方法使用中国科学院上海应用物理研究所生产的 SCM 杯式超滤系统，试验用膜选择聚砜（PS）、聚醚砜（PES）、聚偏氟乙烯（PVDF）、乙酸纤维素（CA）、聚丙烯腈（PAN）、聚酰胺（PA）等 6 种超滤膜，其切割分子量均为 30000，膜过滤面积为 $3.32×10^{-3} m^2$。压力驱动采用高纯氮气，过滤压力为 0.1MPa，出水通量采用电子天平连续测定。

（1）不同材质超滤膜电镜测试结果

采用聚砜、聚醚砜、聚偏氟乙烯、乙酸纤维素、聚丙烯腈和聚酰胺等 6 种超滤膜，分别进行相应预处理后用场发射扫描电镜（FESEM）进行电镜测试，得到膜表面的一系列电镜图片。其代表性图片如图 7-77 ~ 图 7-82 所示。

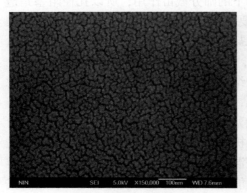

图 7-77　乙酸纤维素（CA）
膜表面（×150 000）

图 7-78　聚丙烯腈（PAN）
膜表面（×150 000）

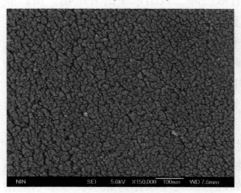

图 7-79　聚醚砜（PES）
膜表面（×150 000）

图 7-80　聚砜（PS）
膜表面（×150 000）

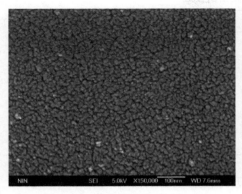

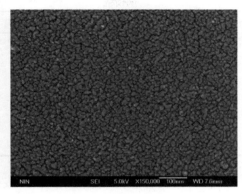

图 7-81　聚偏氟乙烯（PVDF）
膜表面（×150 000）

图 7-82　聚酰胺（PA）
膜表面（×150 000）

以上膜表面电镜图片放大倍数均为 15 万倍，从场发射扫描电镜测试所得图片来看，上述 6 种材质膜的表面差别不大。但根据膜断面电镜测试结果，乙酸纤维素膜与其他几种材质膜存在较大的差异，这主要是由膜的制备方法的差异所致，乙酸纤维素膜一般由相转化法制备，而其他几种材质的膜属于用复合膜法制备的非对称膜。

（2）膜结构参数测定结果分析

将电镜测试所得图片用专业图像处理软件处理，可以获得诸如孔径、周长、扫描面积、孔的个数等参数，进一步处理可以得到膜的孔径分布、平均孔径、膜孔的分形维数、膜孔密度、膜面孔隙率等膜结构参数。所得膜表面结构参数如表 7-10 所示。这 6 种超滤膜的结构参数相差不大，从孔形上说，都属于分形维数较大的缝状孔，已有文献报道膜孔越不规则发生表面污染的可能性越小，越易发生膜孔内部的污染，其中孔形最不规则的是聚酰胺膜，在处理过程中发现，将图片二值化以后，其膜面上都是极不规则的缝状孔。这几种材质的膜按膜孔的不规则程度排序，其顺序为：聚酰胺＞乙酸纤维素＞聚醚砜＞聚偏氟乙烯＞聚丙烯腈＞聚砜。有文献报道，膜孔径分布越窄的膜被污染的可能性就越小。从表 7-10 所得数据也可以发现，几种膜的平均孔径都比较小，孔径分布也都比较窄。乙酸纤维素膜平均孔径最大，孔径分布也最宽，聚砜膜平均孔径最小，孔径分布也最窄。另外，孔隙率较大的膜由于在过滤过程中通量较大，单位时间内由水样携带到膜表面的有机污染物也就越多，发生膜表面污染的可能性就大些。上述几种膜中，孔隙率最大的是聚酰胺膜，从这个角度考虑，聚酰胺膜被污染的可能性也就越大。

表 7-10　膜表面结构参数

膜材质	分形维数	平均孔径（nm）	标准偏差	孔隙率（%）	孔密度（10^{15}个/m^2）
PS	1.468	2.84	1.36	9.38	3.03
PES	1.514	3.71	1.84	11.27	2.10
PA	1.569	4.16	2.41	17.02	2.35
PVDF	1.508	4.16	2.40	14.17	2.34
PAN	1.494	4.11	2.74	16.80	2.18
CA	1.543	4.23	3.51	13.10	1.42

（3）膜材料性质对超滤膜过滤二级处理水过程的影响

已有研究表明，亲水性超滤膜和疏水性超滤膜吸附有机污染物的性质是不同的，亲水性超滤膜由于在膜附近的氢键作用而形成水化分子层，它比较容易吸附同样有水化分子层的亲水性有机物；疏水性超滤膜由于没有水化分子层而容易吸附同样没有水化分子层的疏水性有机物。

试验分别采用 6 种不同膜材料性质的超滤膜对二级处理水进行了过滤，以考察超滤膜的性质对膜过滤性能的影响。试验发现，同样是亲水性的聚丙烯腈、乙酸纤维素和聚酰胺膜的超滤膜，在过滤过程中通量变化是不一样的，具体的膜通量变化过程如图 7-83 所示。

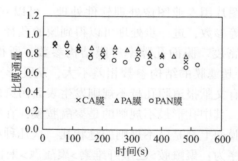

图 7-83　亲水性超滤膜过滤过程中膜通量衰减情况

PAN 超滤膜在过滤初期通量衰减比较慢，但最终衰减比较严重，乙酸纤维素超滤膜尽管初期衰减比较快，但后期衰减比较缓慢，而聚酰胺超滤膜过滤过程中通量衰减最为缓慢。结合表 7-10 分析发现，出现这种情况主要是因为 PAN 超滤膜的孔径分布在三种亲水材质的膜中居中，内部污染最终会比较严重，易造成膜孔径减小的因素比较多；其膜孔的分形维数比较小，说明孔形比较规则，因而 PAN 超滤膜发生膜表面污染的速度会比较慢，即造成膜孔密度减小的因素相对较少。由此也说明 PAN 超滤膜水处理过程中，由膜孔窄化引起的膜污染起控制作用。聚酰胺超滤膜孔形最不规则，分形维数值最大，膜表面污染的程度不会很严重，膜孔密度减小不会很大；其孔径分布比较均匀，膜孔内污染也不会很严重，造成的膜孔径减小较慢，污染的程度最终会比较轻。乙酸纤维素超滤膜在过滤开始的时候通量衰减最快，这可能是因为其表面的孔径分布最宽，容易被有机污染物污染，膜孔密度减小较快，但是最终在表面吸附的有机污染物比较少，所以在过滤末期通量衰减不是很严重。

　　综合以上分析可以看出，对于亲水性超滤膜来说，易造成膜孔密度减小的因素多时，膜过滤初期通量衰减较快，而造成膜孔径减小的因素比较多时，膜过滤末期通量衰减比较快。由此可见，亲水性超滤膜过滤初期通量衰减是由膜孔密度减小造成的，末期通量衰减是由膜孔径减小造成的。

　　试验中聚砜、聚醚砜和聚偏氟乙烯 3 种超滤膜的材质属于疏水性范围，其在二级处理水超滤过程中膜通量的衰减情况如图 7-84 所示。聚砜超滤膜在过滤初期通量衰减最快，但在过滤后期几乎与聚醚砜超滤膜通量曲线重合，末期通量衰减较慢；聚偏氟乙烯超滤膜在过滤初期和末期通量衰减都比较快；聚醚砜超滤膜在过滤初期和末期通量衰减都比较慢。

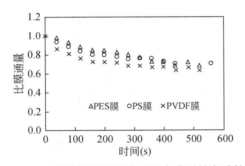

图 7-84　疏水性超滤膜过滤过程中膜通量衰减情况

　　聚砜超滤膜的孔形比较规则，孔径分布比较窄，发生膜表面污染的概率比较大，易造成膜孔密度减小；而膜孔内部污染最终不会很严重，其最初的通量衰减主要是因为表面污染比较迅速，膜孔密度减小速率较快。聚醚砜超滤膜孔径分布居中，其分形维数较大，孔形不太规则，造成的膜孔密度减小速率较慢。聚偏氟乙烯超滤膜孔形不太规则，膜孔内污染会比较严重，造成的孔径减小较严重；其孔径分布最宽，易发生膜表面污染，从而造成膜孔密度减小严重，所以其通量衰减会一直比较严重。

　　由以上分析可以看出，对疏水性超滤膜而言，易造成膜孔密度减小时，膜过滤初期通量衰减会比较快，而易造成膜孔径减小时，膜过滤末期通量衰减比较快，因此，与亲水性超滤膜一样，膜过滤初期通量衰减是由膜孔密度减小造成的，过滤末期通量衰减是由膜孔径窄化造成的。

4）面向污水再生利用过程的抗污染超滤膜开发

（1）溶剂种类对膜性能和结构的影响

溶剂种类对膜性能和结构的影响情况如图 7-85 和图 7-86 所示。从图 7-85 可以看出，以 LiCl 为添加剂时，溶剂种类对膜纯水通量和膜平均孔径影响显著。分别与 DMF 和 DMAC 相比，NMP 为溶剂时，所得膜纯水通量和膜平均孔径均最大，分别为 1532.2L/（m² · h）和 115.69nm。聚合物与溶剂的相容性与二者溶解度参数差值有关，差值越小，相容性越好，相互作用越大。一般认为聚合物与溶剂的相互作用越弱，聚合物的沉淀速率也就越快，从而容易形成指状孔。NMP 与 PVDF 的溶解度参数相差最大，相互作用最小，溶解不均匀，形成指状孔，通量大。但溶剂种类对截留率和孔隙率影响不大。由图 7-86 可知，以 H₃PO₄ 为添加剂时，溶剂种类对膜纯水通量的影响最大，NMP 为溶剂时，所得膜纯水通量和膜平均孔径均最大，分别为 147.12L/（m² · h）和 37.23nm，溶剂 DMAC 所得膜的截留率明显高于溶剂 NMP 和 DMF 所得膜的截留率，在平均孔径方面，溶剂 NMP 易形成大孔，溶剂 DMF 所得膜孔径最小。由此可看出，添加剂不同导致各

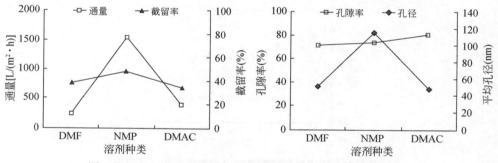

图 7-85　以 LiCl 为添加剂时溶剂种类对膜性能和结构的影响

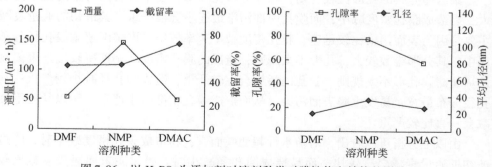

图 7-86　以 H₃PO₄ 为添加剂时溶剂种类对膜性能和结构的影响

因素的影响规律发生了变化，这主要是因为 LiCl 和 H_3PO_4 作为不同种类的添加剂，其致孔机理并不相同，与整个体系的反应也存在差异，所以各自有其影响规律，这也是选择不同添加剂进行试验的原因。

（2）添加剂浓度对膜性能和结构的影响

不同添加剂浓度对膜性能和结构的影响情况如图 7-87 和图 7-88 所示。从图 7-87 中看出，随着 LiCl 浓度的增加，膜纯水通量、孔隙率、平均孔径先上升后下降，截留率先下降后缓慢地上升。当添加剂浓度为 3%（质量分数）时，膜纯水通量、平均孔径、孔隙率均处于最大值，而截留率最低。以往研究发现，添加剂的加入可能使大孔生成，也可能抑制大孔的生成。当 LiCl 浓度为 1% 时，添加剂浓度较小，形成的大孔较少，孔径也较小，所以纯水通量、孔隙率、平均孔径都较小，但截留率高；当浓度达到 3% 时，成孔最多，孔径最大，纯水通量、孔隙率、平均孔径最大，相应的截留率最低；继续增加到 5% 时，添加剂起到了抑制大孔生成的作用，生成的孔变小，数量较少，所以纯水通量、孔隙率、平均孔径减小，截留率升高。

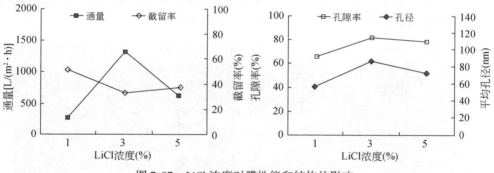

图 7-87　LiCl 浓度对膜性能和结构的影响

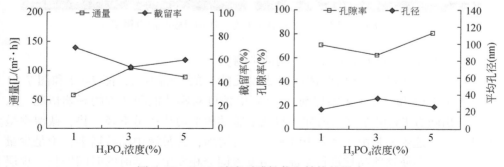

图 7-88　H_3PO_4 浓度对膜性能和结构的影响

　　从图 7-88 可以看出，随着 H_3PO_4 浓度的增加，纯水通量和平均孔径先升高后降低，截留率先降低后升高，孔隙率平稳升高。对于 H_3PO_4 体系，随添加剂浓度增加，孔隙率逐渐增大，H_3PO_4 起到增加孔隙率的作用。而对于纯水通量和平均孔径先升高后降低，截留率先降低后升高，这主要是因为 H_3PO_4 浓度为 1% 时，H_3PO_4 与溶剂和 PVDF 完全相容，1% H_3PO_4 起到了相应的致孔作用，小孔多；当 H_3PO_4 增加到 3% 时，整个体系相容性下降，形成大孔，且数量减少；当 H_3PO_4 增加到 5% 时，由于 H_3PO_4 较强的交联作用，H_3PO_4 未完全溶解，溶解状态好的 H_3PO_4 成孔小而多，不能很好地融合 H_3PO_4 则形成指状孔，纯水通量和平均孔径下降，截留率升高。

　　由此可见，两种添加剂对溶剂与聚合物的溶解状态、溶剂的化学位改变、凝胶过程中水与混合溶剂的交换扩散速度影响不同，导致膜形成后的孔径大小及其分布和膜的孔隙率都不相同。膜断面结构 FESEM 图片如图 7-89 所示。根据膜结构电镜图片和前述结果进行分析，发现添加剂 LiCl 成膜平均孔径大且分布不均，膜的内部形成长指状孔和海绵状孔，故水通量大，截留率较低。H_3PO_4 为液态添加剂，在制膜液中的分散性比固体 LiCl 要好，所制膜的孔径相对较小且分布较均匀，海绵状孔多，指状孔少，故水通量小，截留率高。

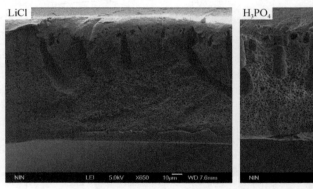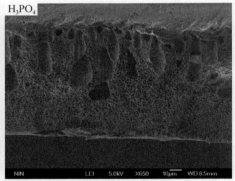

图 7-89　分别以 LiCl 和 H_3PO_4 为添加剂时膜断面电镜图片

（3）PVDF 浓度对膜性能和结构的影响

　　由极差分析可知，PVDF 浓度对成膜孔隙率的影响不大，图 7-90 和图 7-91 分别表示 LiCl 和 H_3PO_4 为添加剂时，PVDF 浓度对膜性能和结构的影响情况。从图中看出随着 PVDF 浓度的增加，膜纯水通量和平均孔径呈下降趋势，截留率呈上升趋势。这主要是由于随着 PVDF 含量的增加，铸膜液中晶核增多，于是少量的非溶剂就会使这些晶核进行结晶，引发液固分相发生，延时的时间增长，皮层变厚，膜中指状孔向海绵状孔结构转变，所以膜纯水通量和平均孔径减小，截留率上升。对于 LiCl 体系，随 PVDF 浓度增加孔隙率增大，对于 H_3PO_4 体系，孔隙率随 PVDF 浓度增加而减小。这与添加剂种类和溶剂种类有关。

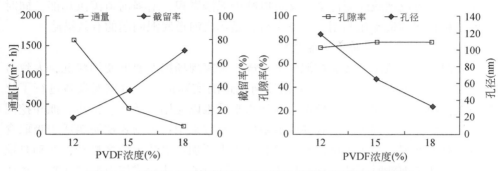

图 7-90　以 LiCl 为添加剂时 PVDF 浓度对膜性能和结构的影响

对新型抗污染的 PVDF 超滤膜的制备过程进行了研究，考察了不同添加剂对膜性能和结构的影响，所用的膜材料主要为 PVDF 和 PSF。

通过正交试验初步得出较佳制膜条件和影响因素对膜性能的影响程度，在综合考虑经济性和膜性能优化的前提下，进一步由单因素试验对制膜条件进行优化，以提高膜的性能，并探明了制膜参数对膜性能的影响。

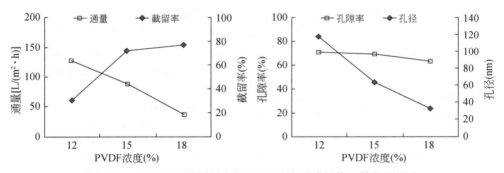

图 7-91　以 H_3PO_4 为添加剂时 PVDF 浓度对膜性能和结构的影响

7.3　河流沉积物修复与资源化

7.3.1　污染底泥环保疏浚与原位固化

1. 污染底泥环保疏浚

沣河河道的底泥淤积情况是实施环保疏浚的重要因素。沣河河道目前已经是淤积比较严重的河道，大部分的淤积在沣河入渭河口地段。严重的泥沙淤积影响了河道水生态效益的充分发挥和河道安全。因此，运用绞吸式挖泥船对底泥实施环保疏浚，可以削减底泥污染，又可以减少泥沙淤积，增强河道泻洪功能，同时开展淤积底泥的资源化利用，一举多得，是解决河道底泥问题的有效措施。

1）污染底泥环保疏浚设备选型

底泥的环保疏浚主要靠挖泥船来完成，考察现场挖泥船的使用状况，大致可分为三大类，如表 7-11 所示。根据沣河河道的实际情况，对挖泥设备进行了比较筛选：耙吸式挖泥船吃水较深，在浅水水域难以应用，链斗、铲斗、抓斗挖泥船由于挖泥提升过程中泥浆容易溢流散失，不宜采用；吸扬式挖泥船适于吸取含沙量较高的淤泥，对于稍微密实或稍黏性土需要加喷水装置使之松动；气动泵挖泥船在挖薄层泥沙时不能发挥其优势，经济性也差；斗轮式挖泥船的斗轮直径比绞刀大，漏沙比较严重，易造成底泥细颗粒扩散而形成二次污染。

表 7-11　河道疏浚常用船型

船型	适宜作业条件	在施工过程中的优缺点	
		优点	缺点
泥浆泵	干水作业	1. 挖运吹一体 2. 施工质量较好 3. 施工成本低 4. 设备调遣方便	1. 受排距影响大，超过设备额定排距须增设集浆池及接力泵，成本提高 2. 生产效率受垃圾等障碍物影响大
小型绞吸式挖泥船	带水作业	1. 挖运吹一体 2. 施工质量好 3. 生产效率高 4. 成本低	1. 受排距影响大，超过设备额定排距须增设接力泵，成本提高 2. 与通航矛盾较大 3. 受河宽、桥梁等限制，调遣不灵活 4. 生产效率受垃圾等障碍物影响大
清淤机（水陆两栖式挖机）	带水或干水作业	受运距影响小	1. 挖运卸设备间相互影响大 2. 施工质量难控制，淤泥质土很难清除干净 3. 成本较高 4. 受河宽、桥梁等限制，调遣不灵活

绞吸式挖泥船对土质的适应性强，生产率及排距的选择比较灵活，生产效率高而能耗和运行成本低，对细颗粒底泥的控制比较有效，是国内外应用最为广泛的船型。我国对绞吸式挖泥船应用于水利工程和航道疏浚有丰富的经验，滇池的底泥疏浚、巢湖的疏挖工程都证实了绞吸式挖泥船是可行的。因此，在沣河河道底泥的疏浚中考虑选择绞吸式挖泥船。

2）环保疏浚的实施

对沣河入渭河口的淤积地段实施了环保疏浚。根据对底泥特征的调查分析，将疏浚范围设定在入渭河口及其向上的水域，该水域下底泥的 P、Pb 和 Cd 含量较高。

根据污染底泥环保疏浚中可能产生的环境问题，对沣河河道污染底泥所采用的环保疏浚工艺如图 7-92 所示。该工程目前作为尝试在沣河入渭河口完成了60m³的疏浚工作。针对疏浚污泥含水率高的特点，设计了可实现自然脱水的脱水场来实现疏浚底泥的排水，为后期的资源化利用做准备。当疏浚底泥排入脱水池后，在自然流动的过程中逐渐沉淀，以达到脱水的效果。同时底泥在从脱水的进口到出口的整个沉淀过程中，颗粒也发生自然分级，沿程出现由粗到细的逐级分布，这十分有利于针对底泥的不同粒级进行资源化利用。

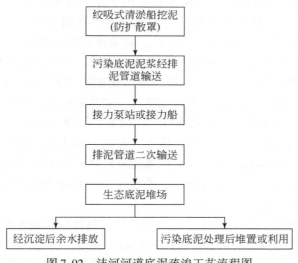

图 7-92　沣河河道底泥疏浚工艺流程图

2. 污染底泥原位固化

污染底泥原位固化技术是指利用对污染物具有固化作用的人工或自然试剂，将底泥中的污染物固化或惰性化，使之相对稳定于底泥中，从而大大减少底泥中污染物对水体的释放，达到阻隔作用，可有效降低其中污染物质的活性，从而对污染物起到稳定化作用。另外，底泥原位固化技术具有费用低、对污染物去除快、可避免底泥悬浮的二次污染、无需额外的处理设施、对河流生态环境干扰程度较小等优点，可对河流底泥进行有效治理。

国内外固化研究主要从材料选择、固化强度特性、效果及机理、产物属性及固化剂适用性等方面进行综合探讨。对于疏浚底泥固化的环境兼容性和现场应用，往往取决于其工程属性和污染物的释放特性。固化剂的污染物释放是一个动态的变化过程，其释放特征及稳定化效果随固化材料及方法而有所不同。底泥固化剂是否会对环境造成二次污染是固化技术应用的核心问题。因此，研究固化剂污染物的释放特征，探明其与固化剂二次污染的关系，并采取有效的控制方法，是底泥固化剂资源化利用的关键。

1）固化剂比选

固化剂的选择是固化技术中十分关键的步骤，目前常选作固化剂的有铝盐、铁盐和钙盐，具体包括硫酸铝（明矾）、氯化铁、硫酸亚铁（绿矾）、石灰、过氧化钙和硝酸钙等。

硫酸铝是使用最早、最广泛的固化剂，通过絮凝沉淀作用来惰化和去除水中的磷。氯化铁是常用的固化剂，优点是易溶于水、沉淀性好、对温度、水质及pH值的适应范围广，缺点是氯化铁易腐蚀设备、有刺激性、不便操作、有可能对水体产生二次污染。硫酸亚铁易沉淀，对温度适应范围广，其去除磷的理想pH范围为7~8，不适合在酸性的水体环境中使用，若遇酸性环境需要另加石灰或氢氧化钠来除磷。投加石灰是一种经济快速的去除水体磷的方法，pH越大，磷的去除率越高。过氧化钙是一种既能增氧又能除磷的化学物质，其投加不会使水的pH发生较大的变化，也不会造成二次污染，但投资较大。

硝酸钙是近年来被广泛研究和应用的一种新型固化剂，在底泥中注入硝酸钙不仅可以抑制淤泥中磷的释放，还可以氧化有机物质和去除黑臭，并且不影响水体生物，效果全面持久。研究证明，硝酸钙作为一种新型的固化剂比其他化学品拥有更优惠、更全面的污染控制效果。

目前常选作固化剂的有铝盐、铁盐和钙盐，具体包括硫酸铝（明矾）、氯化铁、硫酸亚铁（绿矾）、石灰、过氧化钙和硝酸钙等。

对底泥固化技术在沣河河道的应用进行了探索性研究。固化剂的选择是固化技术中十分关键的步骤，必须同时考虑其实用性、安全性、有效性、经济性和操作的方便性等。当对各种传统固化剂进行全面比较后，选择了硝酸钙作为沣河河道试验使用的固化剂。硝酸钙通过注射器注入底泥内部10~20cm处，不仅有其他固化剂都具备的除磷效果，同时还有除黑臭和降解有机污染物的作用，在合理投放量下无毒无害、不产生二次污染。因此，硝酸钙比其他固化剂具备了更全面的底泥固化效果和安全性，是沣河河道的最佳选择（表7-12）。

2）固化技术和投加固化剂的设备

（1）固化剂配制搅拌装置

搅拌装置由不锈钢圆筒、搅拌马达、搅拌浆、进料口加水泵和液压输送系统组成，安装在环保清淤船的后甲板上。

表 7-12　硝酸钙复合除磷剂固化除磷试验表

硝酸钙浓度（mg/L）	pH	沉降上清液 TP 含量（mg/L）	磷去除率（%）
0	7.12	0.251	—
20	7.13	0.190	24.36
40	7.08	0.131	47.62
80	7.21	0.077	69.37
100	7.15	0.061	75.69
150	7.30	0.033	86.74
200	7.23	0.012	95.32

（2）固化剂液体加注器

采用的加注器是一个具有 12 只不锈钢的加注头的丁耙式加注器，安装在由液压系统操纵的可弯曲悬臂上，输液管与固化剂配制搅拌装置连接。加注器可以由液压系统操纵，把固化剂加到一定深度的底泥中。这样，可大大节省固化剂的用量，并提高了固化剂的有效性。

（3）污染底泥的原位固化现场试验

在沣河入渭河口处约 50m×50m 范围进行了固化剂底泥注射试验。首先将硝酸钙白色粉状结晶在钢桶内用水溶解，配成溶液，然后通过输液管将固化剂注射到水下底泥 10～20cm 深处。将加注前和后 24h 的底泥做沉降试验，取上清液进行分析对比。

清淤船抽上来的淤泥含沙量为 5% 左右，取加注前和后 24h 的泥样在圆柱形玻璃筒内自然沉降，24h 后取其上层清液测定水质各化学项目。

试验结果见表 7-13，投加固化剂后，随投加量增加，自然沉淀上清液分析得出的 TP 的去除率逐渐增加，当固化剂投加量达到 80～100mg/L 时，去除率达到 70% 以上，说明底泥加注硝酸钙以后对污染物有较好的封固效果。

表 7-13　底泥固化试验泥样自然沉降上清液分析

硝酸钙浓度（mg/L）	pH	沉降上清液 TP 含量（mg/L）	磷去除率（%）
0	8.3	0.168	0
20	8.3	0.132	21.29
40	8.4	0.090	46.17
80	8.5	0.048	71.62
100	8.4	0.036	78.43
150	8.3	0.026	83.78
200	8.4	0.017	90.36

7.3.2　底泥无害化处理与资源化利用

1. 底泥土地利用

底泥中多含有病原菌、病毒、寄生虫（卵）等有害物质，如果不能得到有效处置，难免造成对环境的二次污染。另外，底泥中富含氮、磷等有机元素及一定量的金属元素，这为底泥的资源化创造了客观条件。近年来，随着环保疏浚项目的增多，底泥处置及资源化成为必然，针对不同的污染底泥进行相应的资源化利用，可以实现良好的经济效益、社会效益和环境效益。

从沣河河道疏浚挖出的淤泥，根据其理化性质，可用作填筑物、土壤改良剂或生产建筑用材料等。利用淤泥改造周边土地，大力发展种植业，可促进农业生产。当前，黏土资源严重不足已成为困扰建材行业的突出问题，而建材产品的巨大需求，又为河道底泥资源的利用提供了良好的机会。因此利用底泥制砖，可以解决淤泥的堆场问题，开辟新的黏土资源，节约保护耕地，符合可持续发展战略需求。

根据疏浚底泥的理化性质，分析发现其影响资源化利用的主要问题有以下几方面：①黏粒含量高、颗粒细，底泥容重大、孔隙率小；②含有较高含量的还原性物质；③速效 N、P 含量高，C/N 低；④底泥中 Cd 含量高。通过对底泥的无害化处理研究，根据其理化性质，开展底泥制砖、开辟黏土资源、发展种植业、改造周边土地、制作土壤改良剂等示范工程，变废为宝，节约保护耕地，达到资源的可持续循环利用。

1）底泥无害化处理方式

设计了 5 种底泥无害化处理方式，并开展盆栽和田间试验（表 7-14）。首先进行的盆栽试验是将从河道疏浚挖出的新鲜底泥实施无害化处理后，开展种植草和农作物试验。结果表明，无害化处理后的底泥容重均明显下降，密度变化不大，孔隙率均上升到了 50% 左右，与农田土壤物理性状相近；处理后底泥与原始底泥相比，pH、有机质和全 N 含量变化不大，速效 N 含量明显下降，由于孔隙率提高，底泥中还原性物质含量大大降低。

表 7-14　底泥无害化处理方式

处理	处理方式
处理 1	土壤+底泥
处理 2	土壤+底泥+秸秆
处理 3	土壤+底泥+秸秆+石灰
处理 4	土壤+底泥+秸秆+石灰+草炭
处理 5	底泥（对照）

由于盆栽试验的周期短,底泥无害化处理的实际结果还需要在田间验证。其方法是在河道周边农田选择 2 亩地,仍按盆栽的处理方式,进行无害化处理。试验结果表明,在田间试验条件下,底泥经过不同的处理后,容重、孔隙率和底泥相比发生了较大变化。其中容重下降幅度为 29%~42%,孔隙率增加了 114%~149%。4 个处理土壤的物理性质均达到了适合植物生长的要求(表7-15)。

表 7-15　底泥经无害化处理后的物理性质(田间试验)

测定项目	容重(g/cm^3)	密度(g/cm^3)	孔隙率(%)
原状底泥	1.89	2.48	23.8
土壤+底泥	1.13	2.68	56.65
土壤+底泥+秸秆	1.19	2.74	56.5
土壤+底泥+秸秆+石灰	1.35	2.76	50.99
土壤+底泥+秸秆+石灰+草炭	1.09	2.69	59.32

无害化处理使得底泥的有机质、N 含量有显著变化。处理前底泥中有机质含量为 1.95%,经过不同的处理后,由于加入了有机质含量低的土壤,处理后底泥的有机质含量与底泥相比下降,下降幅度为 63%~80%。底泥中全 N 含量由处理前的 0.12%下降到处理后的约 0.04%,下降幅度为 62%~70%。各处理后的下降幅度相当,均使得全 N 含量与当地表层土壤的全 N 含量较为接近。在对底泥 N 的降低中,无机 N 的下降较为显著,底泥中无机 N 的降低减小了对周围水体污染的潜在风险。

2)底泥的无害化处理安全性

试验证明无害化处理后的底泥可以用作土壤。因此,在底泥无害化处理田间试验的基础上,对不同处理的底泥种植了牧草、树苗和作物,植物生长期间对不同处理利用方式的土壤、植物和地表水进行了采样分析。

(1)底泥种植苜蓿

地上部分的干重反映苜蓿的生长状况,其在不同处理的底泥上的差异可以看出,处理 1 和处理 2 的底泥相对于处理 3 和处理 4 完全相同。不论是否使用底泥,苜蓿的地上部分生物量均相当,说明对能够自身固定 N 的豆科植物来说,底泥中的养分对其生长影响很小。

对苜蓿地上部分植物体的全 N、全 P 和全 K 的含量进行了分析。各处理之间的差异不显著,这说明不同处理之间对苜蓿 N、P 和 K 营养元素没有显著影响。其主要原因是苜蓿为多年生豆科植物,对土壤养分依赖性低。因此不同处理情况下虽然底泥中速效养分不同,但在苜蓿营养上反映不出来。

表 7-16 反映了不同处理苜蓿地上部分微量元素和重金属的含量，可以看出不同处理的差异不大。不同处理情况下有毒元素 Cd、Pb 的含量均很低，有些处理几乎检测不出，这表明底泥上种植的苜蓿作为牲畜饲料是安全的。

表 7-16　不同处理底泥苜蓿地上部分的微量元素和重金属含量　（单位：mg/kg）

处理	Fe	Zn	Cu	Cd	Pb
处理 1	110.05±5.76	33.31±2.24	10.69±0.82	0.60±0.60	0.22±0.13
处理 2	114.5±3.84	36.98±1.26	12.97±0.36	0.30±0.41	0.37±0.30
处理 3	120.9±2.84	34.66±3.76	12.47±0.97	0±0.17	0.38±0.18
处理 4	113.3±20.8	32.63±2.33	11.56±0.74	0.06±0.16	0.28±0.21

表 7-17 是不同无害化处理底泥种植苜蓿后在植物生长旺季灌溉之后地表实际排水水质结果分析。所采用的灌溉用水均为沣河河道水源。从表 7-17 可以看出，除处理 3 外，各种处理方式下的底泥在夏季植物旺盛生长期间的地表排水中 COD 均为 0mg/L。处理 3 地表排水中的 COD 含量高是由底泥无害化处理中加入了碱性物质石灰，石灰能促进部分有机质水解所致。BOD 净排出量在各处理情况下都较低，都达到地表水 I 类水质标准；TN 净排出量较低，都达到 I 类水质标准；TP 净排出量各个处理不同，处理 1、2、3 净排出量较高，属地表水的 V 类，处理 4 相对好，达到 III 类标准。

表 7-17　无害化处理底泥种植苜蓿后地表实际排水的水质分析　（单位：mg/L）

水样	COD			BOD			TN			TP		
	出水	进水	净排	出水	进水	净排	出水	进水	净排	出水	进水	净排
处理 1	72.76	101.7	0	1.39	2.03	0	0.23	0.19	0.15	0.40	0.06	0.34
处理 2	100.23	101.7	0	2.84	2.03	0.81	0.27	0.19	0.18	0.41	0.06	0.35
处理 3	129.74	101.7	27.98	1.17	2.03	0	0.38			0.36		0.30
处理 4	80.39	101.7	0	3.21	2.03	0.21	1.18			0.23	0.06	0.17

与地表水 III 类标准比较，底泥无害化处理种植苜蓿后，处理 1、2、3 的地表排水 TP 分别超标 0.7 倍、0.75 倍、0.55 倍，处理 3 下的 COD 超标 0.39 倍。

（2）底泥种植杏苗

图 7-93（a）是不同处理的底泥 1m 段内杏苗的出苗数。不同处理之间差异不显著，未使用底泥的处理 3 较使用了底泥的处理 3 出苗数偏低，这表明底泥能促进杏苗种子萌发。图 7-93（b）反映了不同处理下底泥生长的杏苗株高，处理

1 和处理 2 下杏苗的株高显著高于处理 3 和处理 4，处理 1 杏苗的平均株高最高。杏苗与苜蓿的状况类似，处理 1 和处理 2 方式无害化后的底泥更适合杏苗生长。同样，没有底泥的处理 3 和处理 4 下杏苗株高也低于有底泥的情况。这个结果与苜蓿的相一致，这表明底泥有利于杏苗的萌发和生长。

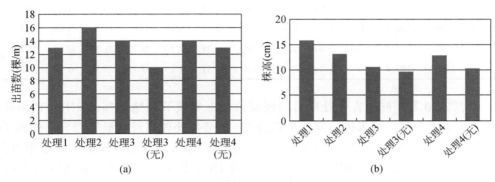

图 7-93　不同处理的底泥杏苗出苗数和株高

表 7-18 是不同无害化处理底泥种植杏苗地上部分的 TN、TP 和 K 营养元素的含量，经显著性检验，处理 1、2、3、4 间杏苗地上部分的 TN、TP 和 K 含量无显著差异，而在处理（无）即无底泥的情况下种植杏苗的地上部分营养元素含量明显较低，这表面底泥为杏苗的生长提供了较好的营养。

表 7-18　不同处理底泥种植杏苗的地上部分营养元素含量　（单位:%）

处理	TN	TP	K	处理	TN	TP	K
处理 1	0.849	0.185	2.115	处理 3（无）	0.663	0.121	1.696
处理 2	1.047	0.167	2.017	处理 4	0.852	0.190	2.477
处理 3	1.065	0.1898	2.524	处理 4（无）	0.558	0.142	32.293

表 7-19 是种植杏苗的地表排水情况。各处理的排水中 TN、COD、BOD 净排出量均很低，且全部达到了地表水环境质量 Ⅰ 类标准；TP 在处理 1、2、3 下属于 Ⅴ 类水，处理 4 稍好，达到了 Ⅳ 类水标准。

（3）底泥种植玉米

试验表明不同处理底泥上玉米的出苗率差异不显著，而拔节期的株高在各处理间差异显著，处理 1 和处理 2 株高显著高于处理 3 和处理 4，这表明这两种处理下的底泥更有利于玉米生长。与处理 3 相比，不加底泥的处理 3 的玉米株高显著低，这同样表明底泥的存在能促进玉米生长，其原因就是底泥中含有较多植物生长所需的养分。

表 7-19　无害化处理底泥种植杏苗后地表实际排水的水质分析

（单位：mg/L）

水样	COD			BOD			TN			TP		
	出水	进水	净排	出水	进水	净排	出水	进水	净排	出水	进水	净排
处理1	80.9	101.7	0	1.04	2.03	0	0.23	0.19	0.04	0.43	0.06	0.37
处理2	100.23	101.7	0	2.27	2.03	0.24	0.27	0.19	0.08	0.39	0.06	0.33
处理3	109.39	101.7	7.63	2.01	2.03	0	0.38	0.19	0.19	0.35	0.06	0.29
处理4	30.53	101.7	0	2.24	2.03	0.21	0.31	0.19	0.12	0.34	0.06	0.28

　　表 7-20 是不同无害化处理后的底泥种植玉米拔节期地上部分 TN、TP 和 K 营养元素的含量。玉米拔节期地上部分 TP 含量各处理间没有显著差异；处理 4 下的玉米地上部分 TN 和 K 含量都较高，这表明加入草炭给玉米提供了更多 N、K 营养。另外，处理 3 加底泥与不加底泥的 TN 差异显著，处理 4 加底泥与不加底泥的 K 含量差异显著，同样都表现为有底泥状况下的营养含量高。这同样也说明了底泥为玉米提供了较好的营养来源。

表 7-20　不同处理底泥种植玉米的地上部分营养元素含量　（单位:%）

处理	TN	TP	K	处理	TN	TP	K
处理1	0.705	0.227	3.99	处理3（无）	0.49	0.15	3.53
处理2	0.761	0.191	3.53	处理4	0.90	0.21	4.13
处理3	0.705	0.191	3.76	处理4（无）	0.89	0.21	3.22

　　表 7-21 是种植玉米的排水水质结果，除处理 4 外，COD 含量均为 0mg/L，各处理均达到了地表水 I 类水标准；BOD 和 TN 各处理也均达到了地表水 I 类标准；TP 仍然很高，处理 1、处理 2、处理 4 下的排水分别属于地表水的劣 V 类、Ⅳ类和Ⅲ类水标准，只有处理 3 的水质较好。种植玉米和种植苜蓿相比，各处理地表净排水中 COD、BOD 和 TN 含量都明显降低，而 TP 含量两者相当。

　　3）底泥土地利用效益评价

　　（1）底泥处理成本

　　筛选出的底泥无害化材料主要有玉米秸秆、石灰、砂土和草炭等，表 7-22 列出了田间试验所用材料及成本。由于是开展试验，玉米秸秆成本要高于实际当地成本，草炭购买了商品包装，成本要高于大规模应用的实际情况。表 7-23 比较了不同处理之间的底泥处理成本差异，其中土壤成本不计。从表 7-23 还可以看出，4 个处理的成本随无害化处理材料的不同而有较大差异，处理 1 成本最低。

表 7-21　无害化处理底泥种植玉米地表实际排水的水质分析（玉米拔节期）

（单位：mg/L）

水样	COD			BOD			TN			TP		
	出水	进水	净排	出水	进水	净排	出水	进水	净排	出水	进水	净排
处理 1	63.6	101.7	0	1.73	2.03	0	0.20	0.19	0.01	0.50	0.06	0.44
处理 2	63.6	101.7	0	1.48	2.03	0	0.33	0.19	0.14	0.30	0.06	0.24
处理 3	101.7	101.7	0	1.78	2.03	0	0.28	0.19	0.09	0.004	0.06	0
处理 4	114.4	101.7	12.7	2.34	2.03	0.31	0.24	0.19	0.05	0.22	0.06	0.16

表 7-22　田间试验材料及劳动力成本

项目	单价（元/m³）	试验用量（m³）	试验支出（元）	项目	单价（元/m³）	试验用量（m³）	试验支出（元）
秸秆	34.62	26	900	草炭	300	3	900
石灰	109.76	0.41	45	劳力	—	—	8000

表 7-23　田间试验中底泥不同无害化处理成本比较

处理	处理底泥量（m³/亩）	处理底泥的材料费（元/m³）	不加人工费的底泥处理成本（元/亩）	加上人工费的底泥处理成本（元/亩）
处理 1	133.34	0.00	0.0	3917.5
处理 2	133.34	4.50	600.0	4517.5
处理 3	133.34	5.05	673.4	4590.9
处理 4	133.34	23.05	3073.5	6991.0

表 7-23 中人工费是完全使用人力进行各种操作需要的成本，若大面积进行底泥的资源化利用可采用农业机械操作，该成本可大幅度下降。

从底泥无害化处理后种植玉米、苜蓿和树苗的生长营养状况看，处理 2 的综合效果最好，因此把处理 2 作为底泥无害化处理的最佳方法，可推荐为大面积底泥无害化处理的方法。考虑到大面积推广使用，在预算成本时将使用的主要材料玉米秸秆价格降低为当地价格 20 元/m³。同时考虑底泥的清淤、脱水、无害化机械施工等各种费用，总成本见表 7-24，为 2418 元/亩。

表 7-24　推荐的大面积底泥无害化处理方法（处理 2）成本测算

处理底泥量 (m³/亩)	底泥清淤成本 (元/亩)	底泥脱水成本 (元/亩)	玉米秸秆用量 (m³/亩)	玉米秸秆成本 (元/亩)	机械施工成本 (元/亩)	总成本 (元/亩)
133	7.26	6.82	17.3	346	200	2418

（2）底泥种植产出

底泥经不同的无害化处理后，种植苜蓿、玉米的产量和产值见表 7-25 和表 7-26。由于各种处理下，杏苗的株高没有显著差异，平均为 67cm，按 0.3 元/株、4000 株/亩计算，种植杏苗的产值为 1200 元/亩。

表 7-25　不同处理方式底泥上的苜蓿春、秋产量

处理	鲜重（kg/亩）		干重（kg/亩）		产值（元/亩）	
	春季	秋季	春季	秋季	春季	秋季
处理 1	1138	2888	204	1635	82	652
处理 2	1383	3969	239	2199	96	880
处理 3	1022	2404	187	1153	75	461
处理 4	800	1947	169	1163	68	465

表 7-26　不同处理方式底泥上的玉米籽粒产值

处理	籽粒（kg/亩）	产值（元/亩）	处理	籽粒（kg/亩）	产值（元/亩）
处理 1	441.7	530	处理 3	269.5	324
处理 2	380.4	457	处理 4	391.5	470

（3）效益分析

将处理 2 作为推荐的底泥无害化处理方法，大面积使用。在使用这种方法的前提下，表 7-27 分析了底泥在不同农用方式下的投资估算。3 种种植方式下种树苗的收益最好。当将底泥资源化利用为农地后，在较短时间内种植产出能收回底泥处理成本，之后便作为肥沃的农田长期持续生产。

2. 底泥资源化利用

河道底泥可替代黏土用于制造建筑材料，减缓建材制造业与农业土地竞争的局面，是底泥资源化的一种途径。河道底泥可以用于混凝土集料（砂或砂砾）、回填物、沥青混合物或泥灰（砂）、陶瓷和瓷砖（黏土）、石基原料和保护堤岸的砌块（岩石、混合物）、建筑墙体材料（黏土）、硅酸盐凝胶材料（黏土）等，在我国有着广阔的发展前景。

表 7-27　底泥农用经济效益分析表

项目	作物产值 [元/(亩·a)]	种植成本 [元/(亩·a)]	种植收益 [元/(亩·a)]	底泥处理 成本（元/亩）	投资回收 年限（a）
牧草	976	350	626	2418	3~4
树苗	1200	350	850	2418	2~3
玉米	457	315	142	2418	17

1）建筑墙体材料

从矿物组成看，底泥主要由石英、黏土类矿物（伊利石、高岭石、蒙脱石）、长石类矿物和少量的石灰石、铁矿石组成，成分含量均符合砖瓦原料的要求，通过对砖坯的成型、干燥、码窑、看火工的操作和砖的烧成温度等生产工艺进行调整，可实现底泥砖的烧制。向底泥中添加炉渣、煤矸石、粉煤灰等成分，可制得烧砖、黑陶、高档艺术装饰陶瓷墙地砖等不同的墙体材料。此外，在烧制底泥砖过程中，分别向底泥中添加煤粉和城市生活污泥，其中含有的大量有机物在焙烧过程中烧蚀产生微孔，这样就可以降低产品的体积密度，通过调节配方可以制砖，所制得的砖的物理特性基本上可以达到烧结普通砖的技术要求。部分底泥具有颗粒细、含沙量少、可塑性高、结合力强、干燥敏感性好和收缩率较大等特点，是生产空心砖的最佳原料。疏浚底泥经过脱水并添加助熔剂、等离子体过程后转化为聚合玻璃态物质，然后可以用来制作瓷砖。利用底泥和粉煤灰作为主要原料，辅以花岗岩和石英添加剂，可以烧制出达到国家有关质量标准的瓷砖。利用河道底泥和污水处理厂污泥进行砖体烧结，可实现对底泥和污泥的共同处置。底泥烧制的墙体材料符合规范要求，重金属进出率较低，可实现对底泥中有机物的破坏并实现对重金属的稳定化，使疏浚底泥的资源化产品对环境不产生危害。经过稳定化、无害化处理并轧干（含水率在 40%~50%）的河道底泥作为原料，并向其中加入镁水泥或硅水泥和一些添加剂来制作免烧砖，可用于河道护岸工程等。含砂量小于 30% 的底泥制砖是可行的，但在以前的技术水平下还不能生产出质量更好的砖。

2）制造陶粒

通过对底泥化学成分、颗粒组成和矿物组成等性能进行分析可知，利用底泥制备陶粒是可行的。底泥制备陶粒是一个污染黏土和底泥的可行的处理方法。以底泥样品为主要原料，通过添加不同配比原料（粉煤灰、污泥、白泥、黏土）、添加剂和黏结剂等，烧制建筑用陶粒骨料，产品性能完全满足黏土陶粒国家标准中技术指标的要求，同时底泥中的重金属大部分固溶于陶粒中，不会对环境造成污染。烧制的陶粒可用于污水处理和建筑等方向。

3）制备混凝土、水泥

混凝土是应用最为广泛的建筑材料，它的性能根据需要有各种不同的选择和变化，同时还能固化底泥中的污染物质。河道底泥物质通常是沉积物，特殊时也会有一些岩石或土壤，大部分疏浚物质都含有传统的黏土和岩土矿物，一般含有90%以上的黏土和沉渣，因此底泥可以满足水泥生料的配料要求，其中的有机污染物和重金属元素在水泥生产中和产品使用中对环境和人体均不会造成二次污染和危害，其熟料矿物组成及水化产物与硅酸盐熟料相同，因此可利用河道底泥生产水泥熟料。

4）制成填方材料

在适宜条件下对疏浚底泥进行预先处理，先通过改良其含水量高、强度低的性质，使其适合于工程要求，然后进行回填施工。经过固化的疏浚底泥可用于填方材料，代替砂石和土料用于填土工程、堤防和海堤工程、道路工程等。

5）轻质环境材料

利用河道底泥与建筑垃圾配合制备轻质环境材料，实现对两种废弃物的处理与资源化利用。在材料合成过程中，有机物能有效破坏，重金属元素实现了稳定化。具体操作方式是：①将建筑垃圾中的钢筋、木材、塑料、铝合金和其他金属进行分拣后作为再生资源，然后将剩余的砖瓦、砂石、玻璃碎片、杂土等用颚式破碎机破碎，用4目筛子筛分破碎物，将筛上物返回破碎机再处理。将筛下物进行自然风干或在回转加热炉中热处理除去水分。将处理后的原料转移至球磨机中球磨后，过14目筛，筛下物留用，筛上物去除。②称取一定量湿态底泥，按照一定比例加入一定量的建筑垃圾粉体原料，搅拌使两者混合均匀后，可利用成型机造粒或挤压成球。③将成型的生球体在高温炉中煅烧，控制一定的升温速率、保温时间、降温方式、降温制度等参数，可以生产出适合建筑、交通、园林、化工和污水处理领域使用的轻质环保材料。图7-94是实际生产的产品。

7.3.3　底泥重金属富集植物筛选

植物修复（phytoremediation）技术是近年来发展起来的一项主要用于清除环境中有毒污染物的绿色修复（green remediation）技术，是当前生物修复（bioremediation）研究领域中的热点。土壤中的重金属、水体中的放射性核素是很难降解的污染物，植物修复能有效地降低其毒害程度，将其从环境中去除。除有害金属外，植物修复还可以清除土壤中的有机污染物。在植物修复技术中，超富集植物和耐重金属植物是近年来研究的热点，这两种植物体内重金属浓度是通常植物

图 7-94 河道底泥生产多功能环境材料实际产品

的几十乃至几百倍，对重金属环境有着很强的适应能力，可有效地修复重金属污染地，经几次扩种与收割之后，污染物的重金属水平会显著减少。

对沣河流域近 20 年来土地利用、水质变化，人口、工厂密集度及沿岸植物种类和数量做一了解。搜集泾河、黑河不同河段近 20 年相关数据，实地调研，明晰植被数量、特征及演变规律，采取土壤样品和植物样品，测定优势植物中重金属元素的含量，并对土壤和植物中重金属的空间分布、富集特征及潜在风险进行分析，反映沣河沿岸土壤–植物系统中重金属含量特征，探明该地区的超富集植物和耐重金属植物。

1. 优势植物中重金属含量特征

涉及沣河沿岸 16 种优势植物，禾本科 5 种：狗尾草（*Setaria viridis*）、早熟禾（*Poa annua*）、雀稗（*Paspalum thunbergii*）、行仪芝（*Cynodon dactylon*）和芦苇（*Phragmites communis*）；菊科 3 种：鬼针草（*Bidens pilosa*）、野菊花（*Chrysanthemum indicum*）和艾蒿（*Artemisia argyi*）；苋科 3 种：水蒿（*Artemisia selengensis*）、牛膝（*Achyranthes bidentata*）和马齿苋（*Portulaca oleracea*）；蓼科、伞形科、豆科、车前科和藜科各一种，分别为水蓼（*Polygonum hydropiper*）、水芹（*Oenanthe javanica*）、白三叶（*Trifolium repens*）、平车前（*Plantago depressa*）和灰灰菜（*Chenopdium album*）。沣河沿岸禾本科和菊科植物优势度均在 12% 以上，在植物群落中占有明显优势，这可能与禾本科、菊科等草本植物具有耐贫瘠、干旱，相对比较容易形成重金属耐性以及其种子具有较强的传播能力和较强的环境适应能力有关。

沣河沿岸植物中重金属含量各异，整体表现为 Mn>Zn>Pb>Cu>Cr>Ni，其中 Mn、Pb 和 Zn 含量变幅较大，分别为 17.3 ~ 222.0、2.0 ~ 52.9 和 15.4 ~ 111.4mg/kg（表 7-28）。对重金属含量散点图矩阵进行旋转，绘制形成空间几何体的重心点，并用虚线表示出各点与重心之间的距离，以清晰地反映出土壤和植物地上部分及地下部分中重金属含量之间的相关关系，如图 7-95 所示。从图 7-95 中可以看出，植物地上部分对 Cr、Cu、Mn、Pb、Zn 和 Ni 的积累量重心大约为 5.0mg/kg、15.0mg/kg、80.0mg/kg、20.0mg/kg、40.0mg/kg 和 3.9mg/kg，地下部分对 Cr、Cu、Mn、Pb、Zn 和 Ni 的积累量重心大约 5.5mg/kg、17.0mg/kg、85.0mg/kg、34.0mg/kg、45.0mg/kg 和 3.7mg/kg，可见不同植物对不同重金属的吸收程度和转移能力各不相同。土壤中某种重金属含量高，植物地下部分对该种重金属富集量就比较高，说明植物体内重金属含量与土壤重金属含量有密切联系，与一般研究结果一致。

表 7-28　沣河沿岸植物中重金属含量水平

重金属	重金属含量（mg/kg）（$n = 16$）						富集系数（转移系数）
	地上部分			地下部分			
	含量范围	几何均值（标准差）	算术均值（标准差）	含量范围	几何均值（标准差）	几何均值（标准差）	
Cr	1.6 ~ 8.7	4.0(2.1)	4.5(2.1)	1.9 ~ 10.4	4.9(2.8)	5.6(2.7)	0.06(0.91)
Cu	4.5 ~ 35.4	13.4(7.3)	14.9(7.2)	3.9 ~ 43.2	14.2(9.6)	16.5(9.3)	0.74(0.98)
Mn	17.3 ~ 222.0	64.9(52.3)	80.1(50.0)	10.9 ~ 199.0	67.8(45.1)	80.5(43.3)	0.13(1.02)
Pb	2.0 ~ 52.9	15.5(13.0)	19.3(12.3)	20.1 ~ 42.5	32.1(6.2)	32.7(6.2)	0.99(0.60)
Zn	15.4 ~ 111.4	34.1(22.6)	38.7(22.1)	9.4 ~ 104.3	34.7(21.6)	39.7(21.0)	1.53(1.02)
Ni	0.2 ~ 10.4	2.4(3.2)	3.6(3.0)	0.4 ~ 7.6	2.7(2.0)	3.3(1.9)	0.15(1.30)

与一般植物体内正常含量相比（Mn 20 ~ 400mg/kg，Zn 20 ~ 150mg/kg，Cu 5 ~ 30mg/kg，Cr 0.2 ~ 8.4mg/kg），各样点植物中 Mn、Zn 含量均在正常范围内；艾蒿、马齿苋和牛膝中 Cu 含量较高，其中艾蒿地下部分中 Cu 含量为 43.2mg/kg，为正常植物的 1.4 ~ 8.6 倍；芦苇、水蓼和鬼针草中 Cr 含量较高，其中芦苇地下部分中 Cr 含量为 10.4mg/kg，为正常植物的 1.2 ~ 52 倍；一般植物体内 Pb 含量在 0.1 ~ 41.7mg/kg，但地上部分中 Pb 含量范围相对较窄，在 0.1 ~ 10mg/kg 之间，平均含量为 2mg/kg，而各样点植物地上部分中 Pb 含量均超出此范围，几何均值达到 15.5mg/kg，约为正常情况的 7.8 倍，其中马齿苋、水蓼和狗尾草对 Pb 的积累量均较高；植物体内 Ni 含量比较少，一般在 0.05 ~ 5mg/kg，各样点中平车前、野菊花、艾蒿和鬼针草对 Ni 的富集能力较强，含量均在 5mg/kg 以上，而狗尾草、早熟禾、行仪芝和芦苇中 Ni 含量较少，说明禾本科对 Ni 积累量小于菊科类植物。

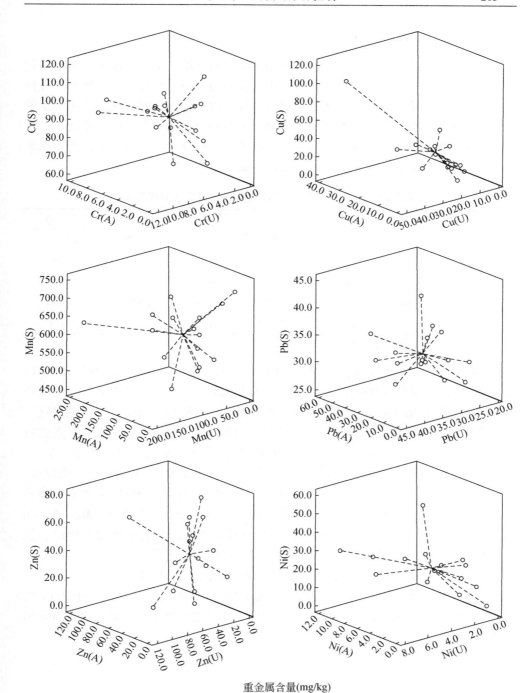

重金属含量(mg/kg)

图 7-95　沣河沿岸植物与土壤中重金属含量关系矩阵图

A、U 和 S 分别代表植物地上部分、植物地下部分和土壤

2. 植物重金属富集特征

大多数植物地下部分对重金属的积累量明显高于地上部分，说明植物会通过根部一定结构或生理特性限制金属离子由根部向地上部分转移，使得地上部分保持较低的重金属含量，从而将重金属排出体外，以减轻重金属对光合作用组织的毒害。重金属富集系数是指植物中重金属含量与相应土壤的重金属含量之比，它可以用来大致反映植物对土壤重金属的富集能力。研究区内植物重金属富集系数（算术均值）的顺序呈现为 $Zn>Pb>Cu>Ni \approx Mn>Cr$（表 7-29）。

表 7-29　土壤和植物地下部分重金属含量之间的相关性

	Cr（U）	Cu（U）	Mn（U）	Pb（U）	Zn（U）	Ni（U）
Cr（S）	0.336	−0.195	0.244	0.178	0.248	0.556 *
Cu（S）	−0.434	0.961 *	0.081	0.005	−0.163	0.196
Mn（S）	−0.279	0.27	0.145	0.496	0.057	−0.265
Pb（S）	0.008	−0.217	0.715 *	0.683 *	0.676 *	−0.014
Zn（S）	0.425	0.158	−0.017	−0.391	0.028	0.174

* 在 0.01 水平（双侧）上显著相关。

Brooks 等（2002）提出超富集植物中 Cr、Ni、Cu、Pb 含量在 1000mg/kg 以上，Mn、Zn 含量在 10000mg/kg 以上，且富集系数大于 1。本书所涉及的植物均没有达到超富集植物的要求，但发现了几种耐重金属植物。其中，马齿苋对这六种重金属元素的富集系数均较高，野菊花、鬼针草、平车前对 Ni 的富集系数较高，水蓼、狗尾草、三叶草和艾蒿对 Mn 和 Zn 的富集系数均较高，芦苇、艾蒿、牛膝对 Cu 和 Cr 的富集系数均较高。所有植物的地下部分对 Pb 的富集率均较高，富集系数最小的鬼针草也为 0.69，狗尾草、艾蒿、三叶草对 Pb 的富集系数均为最大值。从转移系数看，研究区内植物的转移能力较强，表现为 $Ni>Mn=Zn>Cu>Cr>Pb$，除三叶草、水芹、行仪芝、雀稗和灰灰菜外，其余植物均表现出较强的转移能力，以马齿苋、艾蒿、芦苇和水蓼四种优势植物最为突出。

统计分析显示，Cr（S）与 Ni（U），Cu（S）与 Cu（U），Pb（S）与 Zn（U）、Mn（U）、Pb（U）呈极显著性正相关（表 7-29），说明研究区内土壤中的 Cr 会促进植物地下部分对 Ni 的富集，土壤中的 Pb 会促进植物地下部分对 Zn、Mn 和 Pb 的富集。

第 8 章 水质生物–生态强化净化

8.1 人工湿地生态净化

8.1.1 概述

人工湿地污水处理技术是在一定的填料上种植特定的植物，利用填料的过滤、植物的吸收及植物根部微生物的处理作用，将污水进行净化的技术。人工湿地系统具有净化污染物效果好、运行费用低的特点，该系统一般由人工基质（多为碎石）和生长在其上的沼生植物（芦苇、香蒲、灯心草和大麻等）组成，是一种独特的"土壤—植物—微生物"生态系统，利用各种植物、动物、微生物和土壤的共同作用，逐级过滤和吸收污水中的污染物，达到净化污水的目的。

湿地按其结构设计可分为三种不同类型：①自由表面流人工湿地。自由表面流人工湿地是仿真天然湿地的环境状态，进水流动于湿地介质表面上，湿地底部介质为土壤层，为 20～30cm，并且高密度地种植挺水性水生植物。②水平潜流人工湿地。水平潜流人工湿地的基本架构为一洼地槽体，填充 40～60cm 厚的可透水性砂石或碎石作为湿地底部介质，以此支撑挺水植物的生长，进水在表面下的砂土间流动，以达到净化水质的作用。③垂直潜流人工湿地。进水由表面进入后，垂直贯穿湿地介质，流向埋于底部的集水设备然后排出。

自由表面流、水平潜流和垂直潜流人工湿地具有各自的优缺点，潜流人工湿地处理效果较好，而表面流人工湿地投资少、运行费用最低。河滩人工湿地需要充分考虑运行环境等因素，特别是洪水带来的大量泥沙对湿地运行和处理效果的影响。洪水退后，表面流人工湿地只需要清除表面杂物后即可继续运行，而潜流人工湿地则会因泥沙沉积造成阻塞而失去其原有功能。研究也证明了潜流人工湿地会出现不同程度的阻塞情况。

鉴于目前我国的国情，人工湿地处理法在我国是值得推广的。目前，北京、深圳等城市都采用了这一技术处理生活污水。有关研究表明，在进水污染物浓度较低的条件下，人工湿地对 BOD_5 的去除率可达 85%～95%，对 COD_{Cr} 的去除率可达 80% 以上，对磷和氮的去除率分别可达到 90% 和 60%。

8.1.2　构建内容及方法

1. 构建内容

以运行周期较长的人工湿地系统为研究对象，着重研究氮素的转化、形态分布，为氮转化机理和生物强化北方地区人工湿地提高脱氮效率提供数据支持。建立人工湿地生态动力学模型，寻求系统内污染物迁移转化的定量关系，了解人工湿地系统对氮素的各种降解去除途径，加深对湿地内部机理与过程的理解，为人工湿地的优化设计和优化运行、评估人工湿地运行效果，提供强有力的工具。

2. 构建方法

以芦苇、砾石作为湿地植物和填料，进行湿地除氮效能及主控因素分析和湿地氮形态分布及转化规律的研究。结合湿地系统中氮的去除及转化中的矿化、硝化/反硝化、植物吸收、微生物同化、沉淀再生等影响因素建立数学模型，来预测氮在湿地中的转化与去除的规律。人工湿地系统剖面如图 8-1 所示。

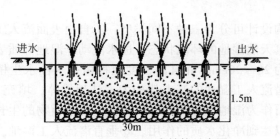

进水　　　　　　　　　　　　　　出水

1.5m

30m

图 8-1　人工湿地基本结构示意图

人工湿地试验运行期间于 2007~2010 年采用连续进水方式。湿地系统正常运行时水力负荷控制在 1.51m³/(m²·d) 左右，平均停留时间（HRT）为 3.85h。经历了春、夏、秋、冬四个季节。以污染河水为处理对象，系统运行阶段稳定。采用的基质填料为砾石和卵石，填料性质见表 8-1。湿地进出水涉及温度、pH、DO、COD、BOD_5、NH_4^+-N、NO_3^--N 和 TN 等 8 项指标。

表 8-1　填料的物理性质及来源

填料种类	堆密度（kg/m³）	粒径（mm）	渗透系数（cm/s）
砾石	1.47	8~20	$2.5×10^{-4}$
卵石	1.25	10~20	$1.8×10^{-3}$

生态动力学模型的状态变量是 Org-N（有机氮）、NH_4^+-N 和 NO_3^--N，存在形式分为水中、基质和植物，人工湿地除氮生态动力学概念模型如图 8-2 所示。人工湿地中氮的转化过程，包括矿化、硝化、反硝化、植物吸收、微生物同化、沉淀和再生、植物腐败等作用，以及水中悬浮的生物量及基质和植物根部附着的生物量的作用。生态动力学模型的构建涉及氨氮的质量平衡方程、硝氮质量平衡方程、有机氮的质量平衡方程、有机氮浓度的一级动力学进行模拟、反硝化过程 Arrhenius 动力学方程、Monod 动力学方程及植物对氨的吸收速率采用的一级动力学方程等。采用 MATLAB 编制程序，将概念模型转化为计算机程序，可以更直观、更方便模型的应用。

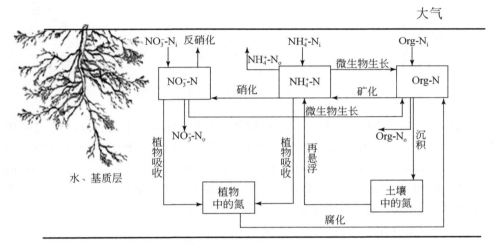

图 8-2　氮素在人工湿地的转化与去除过程示意图

8.1.3　人工湿地影响因素

1. 人工湿地除氮效率分析

开展整年的连续监测，湿地进水温度变化范围为 $0.8 \sim 26℃$，植物由早春复苏期到茂盛生长期，再到冬季休眠期，一定程度上能够完全表征四季变化。湿地进水流量控制在 $0.008 \sim 0.013 m^3/s$ 之间，平均水力停留时间约为 3.85h，相比较其他学者对人工湿地的研究而言，该人工湿地的水力条件设计的水力负荷大、停留时间短，因此该单元对污染物的去除效率不能简单直观地与其他研究效率直接相比较。系统运行期间，将温度划分为寒、暖两个季节，温度低于 10℃ 时作为寒季的一部分，温度高于 15℃ 时作为暖季的一部分。

1）湿地系统对 COD 的净化效果

由图 8-3 可知，湿地进水 COD 浓度稳定在 7.8 ~ 12.7mg/L 之间，4 ~ 9 月进水浓度略高于其他月份。人工湿地对 COD 去除率为 7% ~ 33.5% 之间，最高月平均去除率不到 40%，年平均去除率为 25.8%。

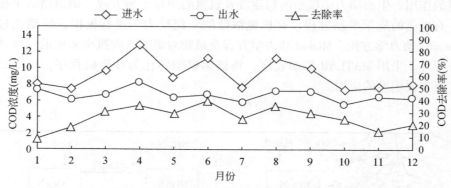

图 8-3　运行期间 COD 进出水浓度变化趋势

温度变化对 COD 去除率有一定的影响，在冬季低温的 1 月、11 ~ 12 月微生物的活性受到抑制，植物进入休眠和株体腐烂变质期，甚至会释放出有机污染物，因此可以导致 COD 去除率有所下降。当进入 4 ~ 10 月期间，湿地对 COD 的去除率比较稳定，平均去除率略高于在冬季低温期间内的去除率。分析认为该人工湿地系统对 COD 有一定的去除作用，但是去除率有限。

2）对氨氮（NH_4^+-N）的净化效果

图 8-4 为湿地 NH_4^+-N 进出水浓度和去除率的变化趋势。温度较低的 1 ~ 5 月 NH_4^+-N 进水浓度相对较高，在 NH_4^+-N 进水负荷较高的条件下，NH_4^+-N 的去除率平均为 10% 左右。当进入 6 月以来，随着进水负荷逐渐降低，NH_4^+-N 去除率逐渐提高，在 8 ~ 9 月系统去除率最大可达到 90% 以上。

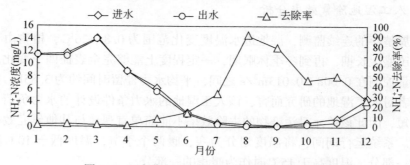

图 8-4　运行期间 NH_4^+-N 进出水浓度变化趋势

该人工湿地在寒季和暖季 NH_4^+-N 的平均去除率分别为 9.5% 和 25.6%，暖季的去除率明显高于寒季。该系统在寒季对 NH_4^+-N 的平均削减量为 0.44mg/L，显著高于暖季平均 0.239 mg/L 的削减量，也就是说该湿地系统在寒季的除 NH_4^+-N 作用要好于暖季。主要原因可能与温度、负荷率及去除主要途径有关，NH_4^+-N 的去除途径主要是挥发、介质吸附、植物吸收、硝化作用四个途径，研究表明在 pH 低于 9 的情况下，湿地系统的挥发作用可以忽略不计（湿地进水 pH 范围 7.84～8.7）；在低温的寒季，进水负荷较大，此时植物进入冬眠衰亡期或是复苏期，微生物活性处于一年四季中最低期，因此仅有基质吸附可以发挥作用。当季节变化进入暖季 6～7 月期间的最高温度，进水 NH_4^+-N 的平均浓度负荷为 1.415mg/L，负荷削减量为 0.225mg/L；在 8～9 月期间，进水 NH_4^+-N 的平均浓度负荷为 0.237mg/L，负荷削减量为 0.197 mg/L。由 8～9 月期间系统浓度负荷、削减量及污染物降解一级动力学理论可知，湿地系统背景 NH_4^+-N 浓度（折算成体积浓度）小于 0.04mg/L，如果考虑温度及介质吸附双重影响因素作用，在 6～7 月期间系统负荷削减量应大于 0.44mg/L，但实际值与理论值有一定差距，说明随着温度的升高，介质交换吸附容量逐渐趋近饱和，微生物和植物共同作用扮演着重要的角色。

3）对硝氮（NO_3^--N）的净化效果

由图 8-5 可知，NO_3^--N 的年平均去除率为 42%，在暖季 6～10 月硝氮的平均去除率为 53.2%，在寒季 NO_3^--N 的平均去除率为 31%，在 11～12 月 NO_3^--N 浓度出现了负增长。

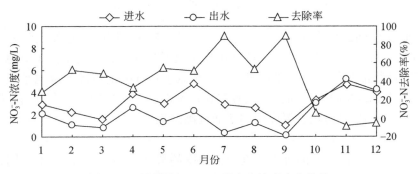

图 8-5　运行期间 NO_3^--N 进出水浓度变化趋势

暖季 NO_3^--N 的进水浓度为 1.0～4.85mg/L，出水浓度为 0.1～2.35mg/L；寒季 NO_3^--N 的进水浓度为 1.85～4.84mg/L，出水浓度为 0.8～5.83mg/L。在寒、暖季 NO_3^--N 的进水浓度基本保持稳定，在暖季 NO_3^--N 的去除率明显高于寒季，尤其是在 4～9 月，NO_3^--N 的去除率逐渐提高；进入 10 月以后，NO_3^--N 去除率逐渐降低。研究表明，NO_3^--N 的去除主要是由微生物的反硝化作用、植物吸收来完成。但是在相对较高的 NH_4^+-N 浓度存在的前提下，植物主要以吸收 NH_4^+-N 为主。因此可以推断微生物的反硝化作用是主导系统中 NO_3^--N 去除的主要因素，微生物的活性随着温度升高逐渐增强，反硝化强度也随之增大，加快了 NO_3^--N 的转化速率。当进入 10 月份以后虽然 NO_3^--N 的进水浓度增高，但是硝氮的去除率并未提高，而是出现骤然下降趋势，主要是由于反硝化作用遵循了一级反应动力学（即进水硝酸盐浓度无影响），季节的变化直接影响着反硝化作用强度，温度是影响该系统反硝化速率的主要环境因素。

　　4）对有机氮（Org-N）的净化效果

　　由图 8-6 可知，Org-N 的进出水浓度年均水平低水 2mg/L，未出现较大波动，年均 Org-N 去除率为 31.2%，暖季 Org-N 的平均去除率为 62.4%，寒季 Org-N 的平均去除率为 20.5%。在 3 月份 Org-N 浓度出现了负增长。

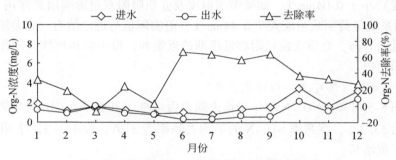

图 8-6　运行期间 Org-N 进出水浓度变化趋势

　　湿地进水 Org-N 浓度一直比较平稳，在 1～5 月份期间 Org-N 去除率基本稳定在 11% 左右，但 3 月份 Org-N 浓度出现了负增长现象，可能是由于湿地系统上层积累的植物散落物在春季冰封期以后，经微生物分解重新进入湿地系统，导致系统出水的 Org-N 浓度升高；进入暖季 6 月份以后 Org-N 的去除率升高，稳定在 60% 左右，至 10 月份随着温度的回落而逐渐降低。

　　5）对总氮（TN）的净化效果

　　由图 8-7 可知，TN 的进水浓度和去除率趋势曲线与 NH_4^+-N 基本相同，主要原因是因为试验期间系统进水中 NH_4^+-N 量占据了 TN 的 65% 以上。在寒季 TN 的月平均去除率在 15% 左右；进入暖季 TN 的去除率逐渐提高，8 月份达到最大值（76%），温度变化对 TN 的去除率影响非常显著。NH_4^+-N、NO_3^--N 及 Org-N 的浓度变化决定了 TN 浓度的变化，因此对 TN 去除率的限制性影响因素较多，其中包括水力停留时间、水力负荷、温度、pH 过低或过高、生物体有机氮释放量、硝化需氧量不足、没有充分碱度和没有充足的碳源维持反硝化作用。

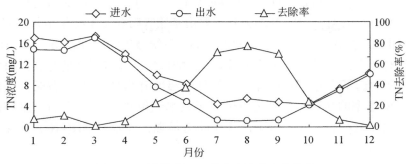

图 8-7　运行期间 TN 进出水浓度变化趋势

采用的是短水力停留时间，高水力负荷，并且系统运行期间有 5 个月左右的时间是在低温（$T<10℃$）下运行，以上三种条件共同限制了 TN 的去除率。

从以上各污染物组分的变化规律可知，COD、NH_4^+-N、NO_3^--N、Org-N 和 TN 的去除率与温度密切相关。湿地在 1～4 月份期间进水平均温度低于 10℃，在此条件下湿地微生物的活性和增长繁殖速度受到限制，同时湿地植物尚处于恢复期，植物根系的泌氧能力较弱，在恒定的短水力停留时间工况下运行，各种污染物 COD、NH_4^+-N、Org-N 和 TN 的去除率普遍偏低，在 20% 左右，其中 NO_3^--N 的去除率可接近 30%。当进入 5～6 月份随着环境温度的逐渐回升，湿地系统内的微生物数量逐渐增多，活性增强，植物也开始复苏茂盛生长，对营养物质的需求也不断增大，湿地系统对 NH_4^+-N、NO_3^--N、Org-N 和 TN 的去除率相对升高，尤其是对 Org-N 的去除率可达到一年中的最大值 67%，此阶段系统内污染物质去除效果的改变与温度的变化趋势是一致的。在 7～9 月份，NH_4^+-N、NO_3^--N 和 TN 的去除率达到了最大值，分别为 90%、94% 和 76%。从 10 月份开始随着温度的逐渐降低，植物生长进入了枯萎阶段，根系也会逐渐进入休眠状态，到 12 月份部分植物体开始腐烂，甚至会释放有机物，在微生物的作用下逐渐重新回到湿地系统，此时 COD、NH_4^+-N、NO_3^--N、Org-N 和 TN 的去除率因此下降。总结得出结论，季节变化对湿地净化效果的影响非常显著，尤其以 NH_4^+-N 和 TN 的变化最为显著。试验还发现，在 1～5 月份，温度的变化对湿地净化效果的影响不大，可能由于在低于微生物活性温度以下，温度的短程变化对微生物活性和植物生长没有实质性的影响。

2. 温度和污染负荷对氮素污染物去除速率的影响

各形态氮素的负荷率和温度对去除速率的影响如图 8-8 所示。由图 8-8（a）可以看出，NH_4^+-N 负荷去除速率随着温度的升高而逐渐降低，与 NH_4^+-N 负荷率对去除速率的影响正好相反，湿地系统在 10℃ 和 20℃ 左右出现去除速率的双峰，峰值分别为 0.25g N/(m^2·d) 和 0.38g N/(m^2·d)，尤其在低温高负荷下最为显著。已有研究表明，NH_4^+-N 的去除主要由基质吸附和微生物作用共同完成，在温度低于 10℃时 NH_4^+-N 负荷较高的条件下，系统微生物活性较弱，但 NH_4^+-N 去除速率相对较大，说明湿地基质起到了一定的作用；随着温度的升高，NH_4^+-N 负荷率的下降引起了去除速率的降低，但是当温度升高到 20℃左右时，又出现了 NH_4^+-N 去除速率的高峰，主要是由于大多数水生植物在 15℃左右，生物量增长最快，硝化细菌在 15~30℃范围内代谢能力最强，导致了 NH_4^+-N 去除速率出现双峰现象。

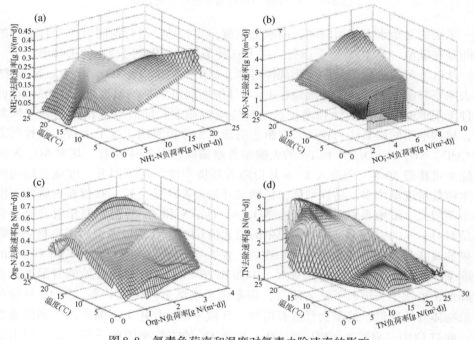

图 8-8　氮素负荷率和温度对氮素去除速率的影响

由图 8-8（b）可知，NO_3^--N 的去除速率与负荷率、温度基本呈正相关，温度在 25℃左右时 NO_3^--N 的去除速率最大值为 4.92g N/(m^2·d)，此时所对应 NO_3^--N 的最大负荷率为 7.53g N/(m^2·d)。负荷率和温度对 NO_3^--N 的去除速率的影响基本呈线性关系，说明在人工湿地影响 NO_3^--N 的去除速率的因素比较简单。已有研究表明，微生物的反硝化作用是 NO_3^--N 去除的主要影响因素，当环境温度大于 15℃时，反硝化细菌的活性逐渐增大，导致了 NO_3^--N 去除速率的骤然剧增现象。

从图 8-8（c）可知，在沿温度坐标方向上，Org-N 的去除速率在 10.9℃和

21.4℃出现双峰，分别为 0.58 和 0.77g N/(m² · d)。在沿负荷率坐标方向上随着负荷的增加形成先上升后下降的趋势，但是研究负荷率有限，具体随着负荷继续增加的趋势还有待进一步研究。

由图 8-8 (d) 可知，人工湿地 TN 的变化规律与温度相关性较大，随着温度的不断增大，TN 去除速率呈现出显著的正相关性，温度在 25℃左右时，TN 的最大去除速率为 5.22g N/(m² · d)。而 TN 的负荷率对 TN 的去除速率几乎没有影响。

湿地系统 NO_3^--N 是 TN 去除的最大贡献者。尽管进水 NH_4^+-N 浓度占总氮的 70% 左右，但是湿地对 NH_4^+-N 去除效率有限，因此 NH_4^+-N 的变化对 TN 去除速率的影响相对较小。该人工湿地中各形态氮素的负荷率与温度对各形态氮素的去除速率影响的双因素方差分析见表 8-2。

表 8-2　氮素负荷与温度对氮素去除速率影响的双因素方差分析

氮素类型	氮素负荷率		温度	
	F 值	P 值	F 值	P 值
NH_4^+-N	87.92	2.02E-97	45.20	1.40E-88
NO_3^--N	37.09	1.39E-115	39.86	1.19 E-104
Org-N	108.25	1.54E-168	77.91	2.36 E-111
TN	63.91	1.27E-86	54.65	1.74 E-67

由表 8-2，通过比较 F 值和 P 值可知，氮素负荷率对 NH_4^+-N 的影响要高于温度；温度对于 NO_3^--N 去除速率的影响略高于氮素负荷率，几乎差别不大；氮素负荷率对 Org-N 去除速率的影响更为显著；对于 TN，进水氮素负荷率和温度对去除速率的影响显著性差异较小，进水氮素负荷率的影响略高于温度的影响。

3. 季节变化对氮素去除速率的影响

目前针对改善人工湿地对污染物的去除效率，主要调控的几个因素为水力停留时间 (HRT)、污染负荷及流速等参数。但是从生物学角度分析，氮的去除主要与生物膜的活性有关，而温度恰恰是影响微生物活性的主要因素。因此人工湿地系统进水温度在整个处理过程中是非常重要的，低温会降低生物膜的活性，并且当温度低于 15℃时比温度高于 20℃时生物膜的反应受季节周期及温度的影响更为显著。

对人工湿地进出水指标连续监测，进水的温度变化范围为 0.4 ~ 26℃，各污染物组分随温度呈季节性周期变化。主要评价在北方区域人工湿地氮素的去除速率随季节的变化规律，同时研究与季节相关参数（如温度、进水污物组分及污染负荷率等）对氮素的去除速率的影响，确定人工湿地对各形态氮素的去除速率 k_v 及相关的温度系数 θ 值，为人工湿地在中国北方地区的应用推广奠定基础。通常在人工湿地设计时，假设污染物的降解服从一级反应动力学。生物反应过程经常用一级动力学反应来描述，随机地改变湿地运行参数可能会取得短期理想的处理效果，但是要保证湿地的长期稳定运行才能发挥一级反应动力学模型的优势，在研究过程中以污染物各组分的月平均值作为基础来研究反应速率及温度系数。一级反应动力学模型通常的表达方式为

$$C_e = C_i \times \exp(-k_v/\mathrm{HRT}) \tag{8-1}$$

$$C_e = C_i \times \exp(-k_A/\mathrm{HLR}) \tag{8-2}$$

式中：C_e 为氮素的出水浓度，mg/L；C_i 为氮素的进水浓度，mg/L；k_v 为体积去除速率常数，d^{-1}；k_A 为面积去除速率常数，$(\mathrm{m}^2)^{-1}$；HRT 为水力停留时间，d；HLR 为水力负荷，m/d。温度对体积去除速率常数或面积去除速率常数的影响可以用 Arrhenius 方程来修正。

$$k_v = k_{v20} \times \theta^{T-20} \tag{8-3}$$

式中：k_{v20} 为温度在 20℃时体积去除速率常数，d^{-1}；θ 为温度系数；T 为水温，℃；将式（8-3）两侧同时取对数，得到 $\ln k_v$ 关于 $T-20$ 的线性回归方程，以 $\ln\theta$ 为斜率，以 $\ln k_{v20}$ 为截距。通过相关系数 R 来评价所有线性回归的适应性。

在 1~3 月及 11、12 月份，湿地的月平均进水温度为 2.28℃（范围 0.8~3.6℃）高于当时的月平均大气温度，湿地系统出水温度与进水温度相比较无显著变化。整个试验期间，进水的 TN 浓度范围在 0.75~18.6mg/L 之间波动，其浓度在低温寒季相对较高，在高温暖季相对较低。从图 8-9 可知，进水 $\mathrm{NH_4^+}$-N 浓度与水温呈负相关。主要是由于在每年的冬季和春季上游源水河流处于干枯季节，上游排污量正常、降雨量少，直接导致河流中污染物组分浓度升高，当雨季来临之后，这种现象将会慢慢地发生变化。

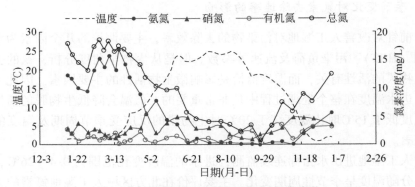

图 8-9　氮素浓度及进水温度随时间的变化

1) 温度对氮素去除速率的影响

经过计算，当湿地月平均水温在 $0.9 \sim 24.3 ℃$ 范围变化时，NH_4^+-N 的体积去除速率常数 k_v 值变化范围为 $0.01 \sim 0.2 d^{-1}$，NO_3^--N 的 k_v 值变化范围为 $0.03 \sim 0.3 d^{-1}$，Org-N 的 k_v 值变化范围为 $0.07 \sim 0.3 d^{-1}$，TN 的 k_v 值变化范围为 $0.02 \sim 0.15 d^{-1}$，并且各形态氮素去除速率的变化趋势与温度呈正相关（图 8-10）。因此从各形态氮素进出水变化趋势分析可知，各形态氮素的去除速率随温度的升高而增大。各形态氮素 NH_4^+-N、NO_3^--N、Org-N 和 TN 的去除速率经温度校正以后（校正温度为 20℃）k_{v20} 分别为 $0.0769 d^{-1}$、$0.1673 d^{-1}$、$0.1508 d^{-1}$ 及 $0.0732 d^{-1}$，可知 NO_3^--N 和 Org-N 的校正去除速率常数 k_{v20} 值略高于 NH_4^+-N 和 TN，这与各形态氮素的进水负荷有一定的关系。温度系数 θ 值相对于各形态氮素没有明显区别，NH_4^+-N、NO_3^--N、Org-N 和 TN 的温度系数 θ 值分别为 1.0915、1.0489、1.0415、1.0840。

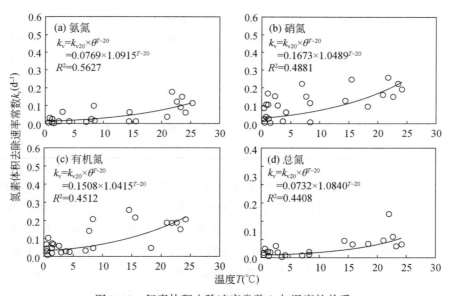

图 8-10　氮素体积去除速率常数 k_v 与温度的关系

通常认为生物反应取决于所处环境温度，因而随季节呈现出一定的周期性变化，在温度高于 15℃ 时微生物的硝化与反硝化作用相对更为敏感，温度系数（θ 值）相对而言也更高。将计算的 θ 值与其他参考文献所述相比，其非常接近所能查到已知文献记录的 θ 值（表 8-3）。研究认为较高的温度系数（θ 值）可以表征污染物的去除率随着温度的升高而提高，但实际上 NH_4^+-N 的去除率随着温度的升高而逐渐降低，这种说法看似是矛盾的，但是由于温度并不是提高 NH_4^+-N 去除率的唯一相关参数，其他随季节性变化的相关参数也对 NH_4^+-N 的去除率有一定影响。

表8-3　与氮素去除有关的温度动力学参数

k_v（d^{-1}）	K（cm/d）	T（℃）	温度系数 θ	组分	湿地类型
0.208		20	1.2120	NH_4^+-N	SSF
0.321		20	1.1040	NH_4^+-N	FWS
0.99 ~ 2.28	11.9 ~ 23.37	27		NH_4^+-N	FWS
0.1257		19.7	1.0079	NH_4^+-N	SSF
	4.932	20	1.0500	NH_4^+-N	FWS
0.411		20	1.0480	NH_4^+-N	SSF
0.219		20	1.0480	NH_4^+-N	FWS
	6.03	20	1.05	TN	FWS
	7.4	20	1.05	TN	SSF
	1.7	20	1.09	TN	SSF
0.0769		20	1.0915	NH_4^+-N	SSF
0.1673		20	1.0489	NO_3^--N	SSF
0.1508		20	1.0415	Org-N	SSF
0.0732		20	1.0840	TN	SSF

　　各形态氮的去除速率与温度的变化呈现不同的变化趋势（图8-11）。NH_4^+-N 的去除速率与温度呈负相关，NO_3^--N、Org-N 和 TN 的变化趋势相一致，与温度呈现正相关。通过研究分析得出温度在 0.9 ~ 24.8℃ 范围变化时，NH_4^+-N 的去除速率在 0.46 ~ 0.015g N/（$m^2 \cdot d$）之间变化；NO_3^--N 的去除速率在 0.17 ~ 1.32g N/（$m^2 \cdot d$）之间变化；Org-N 的去除速率在 0.13 ~ 0.57g N/（$m^2 \cdot d$）之间变化；TN 的去除速率在 0.192 ~ 2.46g N/（$m^2 \cdot d$）之间变化。

　　其中 NH_4^+-N 去除速率在温度逐渐升高的条件下，呈现逐渐降低的趋势，与温度变化呈负相关性，这主要是因为 NH_4^+-N 的进水浓度随季节性变化差异较大，在暖季湿地对 NH_4^+-N 去除速率远超过 NH_4^+-N 的进水负荷率，因而呈现出上述关系。NO_3^--N 和 Org-N 的进水浓度负荷随季节性变化较小，因而去除速率随着温度变化呈现出较好的正相关性。虽然 NH_4^+-N 的浓度占进水 TN 浓度的 65% 左右，但是 TN 随温度的变化趋势却与其相反，主要原因是该湿地系统对 NO_3^--N 和 Org-N 的去除效率较高，两者共同作用的影响要大于 NH_4^+-N。

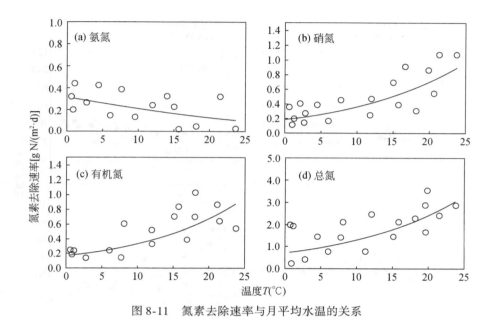

图 8-11　氮素去除速率与月平均水温的关系

2）氮素质量负荷率（MLR）对氮素去除速率的影响

人工湿地系统各氮组分的污染负荷也是随季节周期变化，并且与水温呈一定相关性。人工湿地的进水来自于污染河水，在寒冷的季节氮素的浓度随着河水流量的降低而增加，在暖季正好出现与前者相反的现象。各形态氮素的去除速率随着污染负荷的变化而呈一定规律性变化（图 8-12）。

NH_4^+-N 和 Org-N 的去除速率随着氮素负荷率的增加呈对数关系升高而逐渐趋于稳定，NH_4^+-N 在负荷率为 15g N/($m^2 \cdot$d) 时，最大去除速率为 1.02g N/($m^2 \cdot$d)；Org-N 在负荷率为 3.2g N/($m^2 \cdot$d) 时，最大去除速率 0.36g N/($m^2 \cdot$d)。NO_3^--N 的去除速率随着氮素负荷率的增加呈指数关系升高，随着 NO_3^--N 负荷率的不断增加，其去除率也不断增加。而 TN 的变化趋势与前三者相反，其负荷去除率随着 TN 负荷率的增加而降低。各形态氮素的去除率变化趋势各不相同，NH_4^+-N 和 TN 的去除率随着负荷率的增加而呈指数下降趋势，Org-N 的去除率随着负荷率的增加呈先增加后下降的趋势，而 NO_3^--N 的去除率却是随着负荷率的增加而呈指数关系升高。

从图 8-13 可知，各形态氮素的体积去除速率常数随着各形态氮素负荷率（MLR）的增加而呈幂指数函数降低。为了消除温度对污染负荷率与去除速率常数关系的影响，通过温度校正后的 k_{v20} 取代 k_v 值，来阐明真正的污染负荷率对去除速率常数的影响。其中 k_{v20} 可以通过 k_v 值除以 θ^{T-20} 来求得，这里选择 θ 为

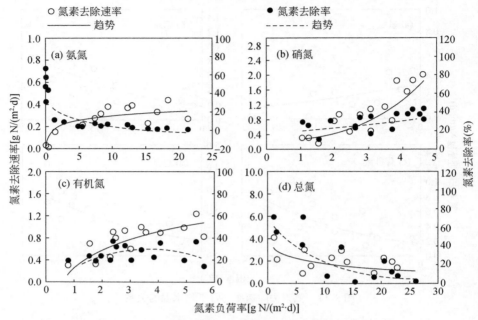

图 8-12　氮素负荷去除率及去除速率随氮素负荷率的变化

1.05，主要是由于该温度系数值（$\theta = 1.05$）是已经过国内外研究者通过针对温度的影响而进行修正后并得到大家认可的。所得到的 θ 值通过多元线性回归也能明显地反映污染负荷率与去除速率 k_v 的关系，污染负荷率与校正后的去除速率 k_{v20} 也具有类似关系（图 8-14）。湿地系统中 $NO_3^- - N$ 负荷率对 k_{v20} 的影响程度最大（幂值 -0.4673），$NH_4^+ - N$ 负荷率对 k_{v20} 的影响程度相对最小（幂值 -0.2393），各形态氮素负荷率对 k_{v20} 的影响顺序是 $TN > Org - N > NO_3^- - N > NH_4^+ - N$。

各形态氮素的去除速率常数 k_v 和 k_{v20} 与氮素负荷率呈幂函数负相关（αMLR^{-n}），氮素负荷率对去除速率常数有一定的影响。然而当温度系数采用参考文献的 $\theta = 1.05$ 校正以后，各形态氮素负荷率与去除速率常数均上升 30% 左右，结果表明温度对去除速率常数的影响依旧存在，污染负荷也是主要因素之一。此外，各形态氮素的校正去除速率与负荷率的关系（$k_{v20} = \alpha MLR^{-n}$）比（$k_v = \alpha MLR^{-n}$）更能真实反映负荷率对去除速率的影响。

季节性变化对人工湿地处理污染河水有一定影响，各形态氮素组分浓度随季节呈周期性变化。阐明了两个主要季节性的相关参数（温度与负荷率）与各形态氮素去除率之间的关系。通过对氮素负荷率随着进水浓度的季节性变化进行研究，论证了季节对各形态氮素去除率的影响。并且通过建立校正后体积去除速率常数 k_{v20} 与负荷率的幂指数函数来对实际人工湿地的设计进行校正。

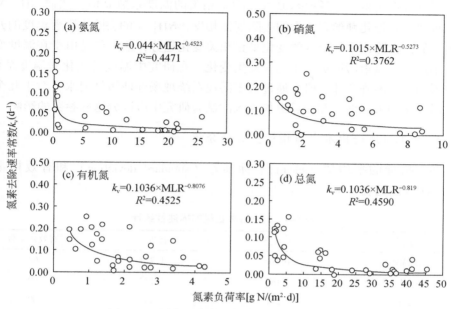

图 8-13　氮素负荷率与氮素去除速率的关系

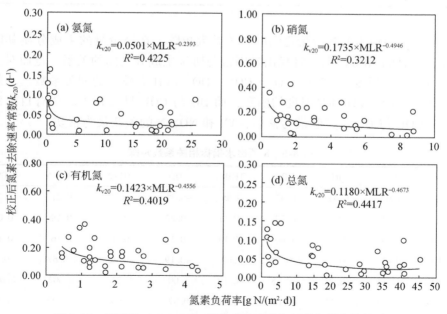

图 8-14　校正后（$\theta = 1.05$）氮素去除速率与氮素负荷率的关系

通过计算获得了与各形态氮素去除率相关的温度系数 θ 值，然而 $NH_4^+\text{-}N$ 的变化规律与其他几种形态氮素的去除规律相反，$NH_4^+\text{-}N$ 的去除率随着温度的升高逐渐降低，去除速率与温度的变化呈正相关变化趋势，这主要是由于在温度变化时，不同形态氮素污染负荷率也在发生变化。在研究中温度的变化对温度系数 θ 值的影响具有不确定性。研究通过人工湿地系统现场处理污染河水，对于几个因素同时变化的可能性，在今后更加深入的试验研究中应区分这些参数的影响。

4. 人工湿地进出水水质指标主成分分析

各个指标的平均值（mean）、标准差（standard deviation）和有效样本数（analysis N）见表 8-4。

表 8-4　5 项出水变量的描述性统计

指标	平均值	标准差	有效样本数
TEMP	10.505	1.724	60
pH	8.09	1.132	60
DO	1.272	0.253	60
COD	6.984	0.476	60
ORP	-156.5	17.981	60

注：TEMP 指温度。

表 8-5 为输出的各变量之间的相关系数矩阵。选择少量的主成分使其能概括原有信息的 90% 以上，且找出各因素与所选主成分之间的关系，进而对主成分进行分析。温度与 ORP、DO 与 COD、DO 与 pH 有较大的相关系数。一般而言，DO、ORP、pH 都是温度的函数，而 DO 与 COD 呈负相关。所有目标污染物中，COD 与 DO 的关联最为密切，TN 和 $NO_3^-\text{-}N$ 的关联最为密切。

表 8-5　8 项出水指标相关系数矩阵

	DO	pH	ORP	TEMP	COD	$NH_4^+\text{-}N$	$NO_3^-\text{-}N$	TN
DO	1.00	0.41	0.47	0.65	-0.31	-0.22	0.21	0.15
pH	0.41	1.00	0.27	-0.11	-0.22	-0.25	0.14	0.09
ORP	0.47	0.27	1.00	-0.14	-0.18	-0.07	0.16	0.11
TEMP	0.65	-0.11	-0.14	1.00	-0.19	-0.21	-0.57	-0.22
COD	-0.31	-0.22	-0.18	-0.19	1.00	0.27	0.002	0.074
$NH_4^+\text{-}N$	-0.22	-0.25	-0.07	-0.21	0.27	1.00	-0.25	0.35
$NO_3^-\text{-}N$	0.21	0.14	0.16	-0.57	0.002	-0.25	1.00	0.57
TN	0.15	0.09	0.11	-0.22	0.074	0.35	0.57	1.00

　　表 8-6 为输出出水指标抽样适当性与球面性检验结果。这两项统计量的作用是检验以相关系数矩阵进行主成分分析的适当性，这两项统计量是根据偏相关系数（partial correlation coefficient）而来，当变量间具有共同主成分时，则任意两个变量间的偏相关系数应该很低（理想值为零）。其中 KMO 取样适当性统计量的值越接近 1，则表示变量间偏相关系数越低，进行主成分分析抽取共同主成分的效果越好。表 8-6 中的 KMO 值为 0.698 和 0.762，认为接近于 1，因此应该可以认为适合进行主成分分析。而 Bartlett 球面性检验是假设变量间的偏相关系数矩阵是单位矩阵，即矩阵非对角线位置数值均为零，若检验结果不能拒绝零假设，表示数据对应的研究结果不适合进行主成分分析。由表 8-6 可知，卡方检验值分别为 273.6 和 126.7，在自由度（df）分别为 13 和 27 时达到显著水平，因此可以拒绝零假设，认为数据适合做主成分分析。

表 8-6　出水指标抽样适当性与球面性检验

5 个变量共同度		8 个变量共同度	
KMO 值	0.698	KMO 值	0.762
Bartlett 球面性检验		Bartlett 球面性检验	
卡方检验值	273.6	卡方检验值	126.7
df	13	df	27
Sig	0.000	Sig	0.000

　　输出的是每一个变量的初始（initial）共同度及以主成分分析法抽取主成分后的共同度，即最后的共同度。共同度越高，表示该变量与其他变量的共同特质越多，反之说明该变量越不适合投入主成分分析中。以主成分分析法抽取了共同因子，所以初步的共同度值都是 1（表 8-7）。而根据最后的共同度估计值，可以发现，各个参数与其他参数间的共同特质都很高。其中，温度为 91.5%，COD 为 86.3%，ORP 为 85.5%，pH 为 72.4%，DO 为 77.9%。

表 8-7　5 项出水指标共同度

指标	初始共同度	提取后共同度
TEMP	1.000	0.915
pH	1.000	0.724
DO	1.000	0.779
COD	1.000	0.863
ORP	1.000	0.855

表 8-8 为输出以主成分分析法初步抽取主成分的结果。初步抽取主成分的结果的第一列是每一主成分的特征值，特征值越大，表示该主成分在解释所有变量的变异量时越重要。第二列为每一因子可以解释变量变异量的百分比。第三列则为所解释变异量的累积百分比。表 8-8 中得到 5 个主成分，其中，第一个主成分的特征值为 1.741，可解释变量结构变异量的 36.366%；第二个主成分的特征值为 1.537，可解释变量结构变异量的 32.034%；第三个主成分的特征值为 0.743，可解释变量结构变异量的 15.485%。表 8-8 的右半部分是最后所抽取的主成分的特征值、所解释的变异量和累积解释变异量的结果。根据图的陡坡检验结果，保留三个主成分，共可解释 83.563% 的变异量。

表 8-8　5 项出水指标初步抽取主成分结果

主成分	初始特征值			抽取主成分的特征值		
	特征值	变异量百分比（%）	变异量累积百分比（%）	特征值	变异量百分比（%）	变异量累积百分比（%）
1	1.741	36.366	36.366			
2	1.537	32.034	68.400	1.741	36.366	36.366
3	0.743	15.485	83.885	1.537	32.034	68.400
4	0.451	9.399	93.206	0.743	15.485	83.885
5	0.326	6.794	100.000			

图 8-15 为输出的陡坡检验结果。陡坡检验是根据主成分解释变异量递减的原理，将每一个主成分的特征值由高到低依次绘制成一条坡线，当坡线突然剧升的那个部分，可以认为是应该保留的主成分数目。从图 8-15 看，选择三个主成分是适当的。

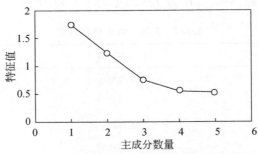

图 8-15　5 项出水指标主成分分析陡坡检验结果

表 8-9 为输出的初始因子载荷矩阵。初始因子载荷矩阵中每个载荷量表示主成分与对应变量的相关系数。其值根据各变量的共同度估计得来。用表中的数据除以主成分相对应的特征值开平方根便得到三个主成分中每个指标所对应的系数。

表 8-9　初始因子载荷矩阵

指标	主成分		
	1	2	3
TEMP	0.692	0.527	0.233
pH	0.318	0.062	0.475
DO	−0.159	0.773	0.092
COD	0.046	0.079	0.289
ORP	0.125	0.096	−0.087

将表 8-10 中所得到的特征向量与标准化后的数据相乘，可以得出主成分表达式，公式如下：

$$F_1 = 0.542 \times Z_{温度} + 0.241 \times Z_{pH} - 0.137 \times Z_{DO} + 0.035 \times Z_{COD} + 0.094 \times Z_{ORP}$$
$$F_2 = 0.425 \times Z_{温度} + 0.05 \times Z_{pH} + 0.623 \times Z_{DO} + 0.063 \times Z_{COD} + 0.077 \times Z_{ORP}$$
$$F_3 = 0.268 \times Z_{温度} + 0.546 \times Z_{pH} + 0.105 \times Z_{DO} + 0.332 \times Z_{COD} - 0.100 \times Z_{ORP}$$

表 8-10　5 项出水指标在主成分上的分数系数

指标	主成分		
	1	2	3
TEMP	0.542	0.425	0.268
pH	0.241	0.050	0.546
DO	−0.137	0.623	0.105
COD	0.035	0.063	0.332
ORP	0.094	0.077	−0.100

以每个主成分所对应的特征值占所提取主成分总的特征值之和的比例作为权重计算主成分综合模型：

$$F = \frac{\lambda_1}{\lambda_1 + \lambda_2 + \lambda_3} F_1 + \frac{\lambda_1}{\lambda_1 + \lambda_2 + \lambda_3} F_2 + \frac{\lambda_1}{\lambda_1 + \lambda_2 + \lambda_3} F_3$$

即可得到主成分总和模型：

$$F=0.448\times Z_{温度}+0.303\times Z_{pH}+0.214\times Z_{DO}+0.156\times Z_{COD}+0.025\times Z_{ORP}$$

主成分 1、2、3 分别解释了 36.366%、32.034%、15.485% 的变异量，第一个主成分的重要性大于第二个，第二个大于第三个。由表 8-10 可以得出，主成分 1 主要与温度呈正相关，与 DO 呈负相关；主成分 2 主要与温度和 COD 呈正相关，且与 DO 呈负相关；主成分 3 与 pH 呈正相关，与 ORP 呈负相关。因此温度、DO 和 pH 是影响湿地除氮的主要影响因素，分析结果显示成分的重要次序为温度>DO>pH>ORP>COD。

5. 人工湿地生境因素对氮素去除的影响

1）pH 和 DO 对湿地氮去除率的影响

湿地 DO 浓度沿程变化如图 8-16 所示，在 4 月和 12 月的春、冬两季 DO 进水浓度较高，浓度范围在 7.5~12mg/L 之间；7 月和 9 月的夏、秋两季 DO 含量普遍较低，浓度范围在 3.0~5.0mg/L 之间，无论在暖季或寒季，湿地系统 DO 沿程浓度变化均呈逐渐降低趋势。从四个季节湿地系统 DO 浓度沿程变化可知，自湿地沿水流方向前半程 DO 的浓度变化速率（0.2~0.41mg/m）均高于后半程（0.028~0.058mg/m）。在 7 月和 9 月湿地系统出水 DO 浓度较低，一方面是由于随着温度的升高，进水饱和 DO 浓度也逐渐降低；另一方面，可能污水进入湿地系统后有机质和氨氮等污染物先为微生物膜所吸附，在好氧微生物的作用下得以降解，污染物的降解和好氧微生物的生长都消耗了湿地前端

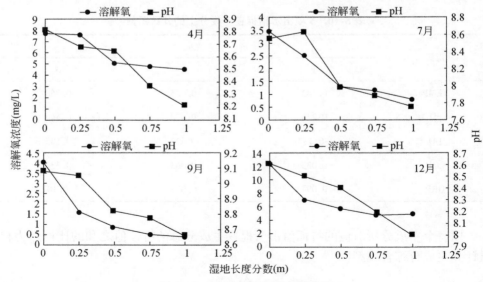

图 8-16 DO 和 pH 沿程变化趋势

的氧。而湿地水中恢复氧的主要途径是大气复氧和藻类光合作用,湿地植物的遮挡可能会影响藻类进行光合作用,并且湿地气–水界面位于地下,也会对氧的传输产生阻碍,因此造成了溶解氧浓度波动逐渐减弱。有研究表明,人工湿地降解有机物的主要场所位于湿地前、中部,此处 DO 含量充足,有利于降解反应的进行。

在 pH 小于 9 的条件下认为 NH_4^+-N 的挥发可以忽略不计。此外由于试验中 HRT 小于 4h,植物对氮素的摄取作用有限,所以 pH 的变化主要由硝化作用所致。要把 1mg/L 的 NH_4^+-N 完全硝化,需要消耗碱度 7.14mg/L(以 $CaCO_3$ 计),而 1mol NH_4^+-N 消耗会释放出 1.98mol 的 H^+。由于湿地硝化过程中会消耗碱度,因此在有硝化反应空间内,pH 也会随反应的进行逐渐降低。文献指出,当人工湿地的 pH 在 7.2~9.0 时,此范围比较有利于硝化细菌的生长,硝化作用也会得到增强。反之,硝化过程将会受到抑制。湿地的反硝化作用需要在中性环境下进行,而湿地尾端恰好是 pH 最接近中性的场所,适合反硝化作用的进行。观察 pH 沿程变化可知,无论是在暖季或是寒季,pH 均呈沿程下降趋势,pH 基本稳定在 7.2 以上,该系统在四季中不需要补充碱度。

如图 8-17 所示,DO 与 pH 之间存在显著的线性正相关关系。在 4 月、7 月及 9 月 DO 对 pH 的影响显著高于 12 月份 (0.2989>0.1505>0.1224>0.0426)。

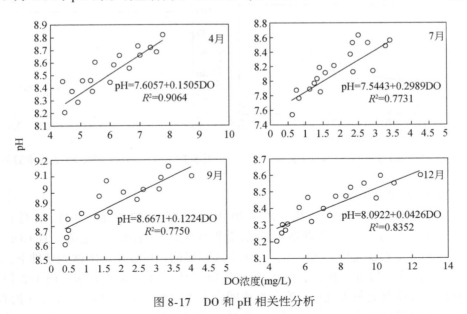

图 8-17 DO 和 pH 相关性分析

人工湿地中 NH_4^+-N 的去除主要包括两种途径。一方面,NH_4^+-N 可以通过挥发作用去除,水体中 pH 越高,NH_4^+-N 挥发作用越明显;另一方面,NH_4^+-N 经硝

化反应转化为 NO_3^--N。由于湿地中水生植物的存在，湿地植物根系附近 DO 较高，在生物膜的作用下加速了 NH_4^+-N 向 NO_3^--N 的转化。因而水体中 DO 越高越有利于 NH_4^+-N 向 NO_3^--N 的转化。但是水体中的 NO_3^--N 的去除途径主要是湿地的反硝化作用。反硝化作用主要在兼氧或厌氧条件下发生，DO 浓度过高则可能抑制反硝化作用。

为了消除温度对 NH_4^+-N 和 TN 去除率的影响，选择了在同一温度环境下 NH_4^+-N 和 TN 的去除率随 DO 的变化作为研究对象，温度选择控制在 17～26℃ 之间。图 8-18 为进水 DO 浓度与 NH_4^+-N 去除率的线性拟合关系；图 8-19 为进水 DO 浓度与 TN 去除率的线性拟合关系。进水 TN 浓度范围为 1.75～5.7mg/L 之间，其间进水 DO 浓度在 0.5～3.0mg/L 之间。由图 8-18 和图 8-19 可知，系统进水 DO 浓度与 NH_4^+-N、TN 的去除率相关系数较低，R^2 分别为 0.1546 和 0.1211，但是二者之间均能表现出一定的规律性，NH_4^+-N 去除率随 DO 的升高略有上升趋势，但不显著。主要原因是 DO 在该系统中不是最主要影响因素，也就是说 DO 的浓度不构成影响硝化作用的限制性因素。而 TN 的去除率随进水 DO 浓度的增大而逐渐降低，变化趋势较显著。主要原因是该系统 TN 去除率的主要贡献者是 NO_3^--N 的还原，而当进水 DO 浓度过高时，对反硝化能力起到了限制性作用。

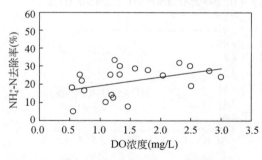

图 8-18　进水 DO 浓度与 NH_4^+-N 去除率的关系

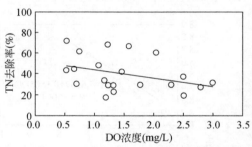

图 8-19　进水 DO 浓度与 TN 去除率的关系

2）C/N 对湿地氮去除率的影响

人工湿地 COD 的时空变化如图 8-20 所示。无论是在暖季（7 月、9 月）或者寒季（4 月、12 月），有机物 COD 的沿程变化均呈逐渐降低趋势，且 COD 去除率的 70% 左右都是由湿地系统的前 1/2 段完成的。可以说明本试验条件下，人工湿地水流状态接近于推流，COD 降解反应服从一级反应动力学，前 1/2 段对 COD 的去除率具有较大优势。有研究表明，在人工湿地中，COD 在长度（沿程）方向上的降解基本符合推流式运行的特征，离进水端越近的地方，对 COD 的降解速率就越快，其原因可能是原水进入湿地后易被介质、植物根系及微生物截留、吸收和降解，随着流程的加长，水的黏度逐渐减小，易降解有机物逐渐减少，所以后半程的 COD 降解速率有所下降。然而温度对 COD 去除效果存在显著差别，在寒季的 4 月和 12 月，COD 的去除率分别为 23.5% 和 17.2%；在暖季的 7 月和 9 月，COD 的去除率分别为 30.8% 和 35.7%。

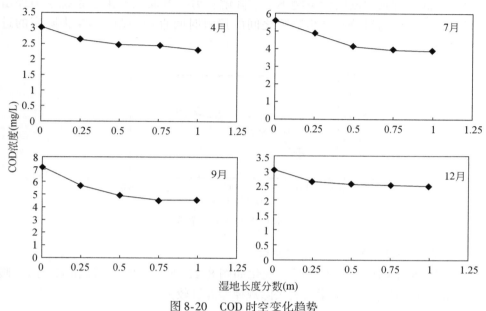

图 8-20　COD 时空变化趋势

该湿地系统对 COD 的去除率有限，主要可能与该系统一年四季水环境平均温度较低有关（年平均 12.11℃），年均有 7 个月的时间温度低于 15℃，对于主要依靠微生物作用处理污水的湿地系统而言，生物作用非常有限；其次是该系统持续运行的水力负荷较大（1.51m/d），缩短了微生物与污染组分的接触时间，限制了微生物作用的发挥，这也是 COD 去除率较低的主要原因。

一般认为，微生物的硝化/反硝化作用是湿地脱氮的主要途径。在氨氮浓度较高的污水中，硝化作用被认为是人工湿地脱氮的限制步骤。当进水 C/N 过高时，降解有机物的异氧菌对 O_2 的竞争大于化能自养的硝化菌，硝化作用不完全；当进水 C/N 较低时碳源相对过少，反硝化过程中缺乏足够的有机物，同样导致氮的去除不理想。

图 8-21 为 TN 去除率与 C/N 之间的趋势关系，在研究阶段控制温度稳定在 17~26℃ 之间，假设可以忽略温度对微生物活性的影响，系统 TN 进水浓度在 1.75~5.7mg/L 之间，有机碳含量（将 COD 与 BOD_5 统一折算成甲醇）在 5.22~14.72mg/L。TN 去除率随 C/N 增大而提高，因为随着进水有机物含量的逐渐增大，在有限的水力停留时间条件下，反硝化作用进行得相对比较彻底。随着

C/N 增加到 4 左右时，TN 去除率增加趋势逐渐变缓而趋于稳定，说明 TN 的去除率不会无休止地随 C/N 的增加而提高。一方面由于当 TN 浓度无限接近背景浓度时，根据一级反应动力学原理，即污染物在湿地中呈现指数衰减至恒值但不为零，低于背景浓度的污染物不能被降解；另一方面主要由于系统水力停留时间有限，污染物组分与微生物膜之间的接触时间直接限制了 TN 去除率的进一步提高。

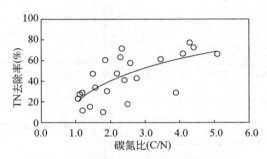

图 8-21　进水 C/N 与 TN 去除率的关系

3）水平沿程各形态氮素分布规律

人工湿地不同形态氮素的时空变化如图 8-22 所示。寒（4 月和 12 月）、暖（7 月和 9 月）两个季节氮素沿程去除规律差异性较大。

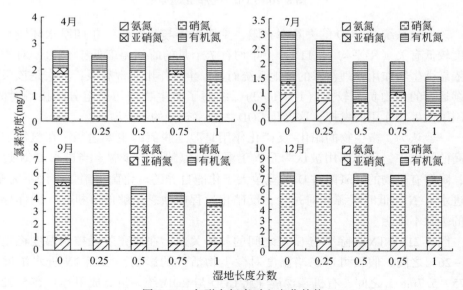

图 8-22　各形态氮素时空变化趋势

　　根据不同季节各形态氮素的浓度沿程变化可知，NO_3^--N 和 Org-N 的变化决定了 TN 的去除效率。在 4 月份 Org-N 浓度最低值出现在系统沿水流方向 3/4 处，Org-N 浓度在 1/2 处和出口端分别有增长现象，浓度沿程变化几乎没有规律性，这可能与湿地基质对 Org-N 的吸附和释放有关；NH_4^+-N 的浓度均低于 0.15mg/L，在沿程 1/2 处有微量增加的现象；NO_3^--N 作为 TN 的主要氮素成分，除在 1/2 处有一定程度的增长外，其他区间内均呈逐渐递减趋势；NO_2^--N 在进水端浓度为 0.219mg/L，在湿地的 1/4 处几乎已经消失。7 月氮素形态主要以 Org-N 为主，NO_3^--N 和 NH_4^+-N 浓度次之，湿地系统 Org-N 浓度在沿程方向基本呈逐渐降低趋势；NH_4^+-N 在湿地沿程方向的规律比较明显，呈逐渐降低的趋势，尤其在 1/4 处 NH_4^+-N 去除率达到了 67% 左右。从氮素的去除率分析，NH_4^+-N 变化是 TN 去除的主要贡献者，占 TN 去除的 61.2%，其次是 Org-N 占 23.2% 和 NO_3^--N 占 15.3%。

　　9 月份 Org-N 的浓度最小值出现在湿地的出口处，沿程浓度呈逐渐递减梯度变化，浓度变化为从进口 1.8mg/L 到出口端的 0.42mg/L，Org-N 的变化占 TN 去除的 52.6%；NH_4^+-N 的浓度变化虽然也表现出一定的递减趋势，但变化幅度较小，其浓度变化仅占 TN 去除的 5.36% 左右；NO_3^--N 作为该季节的主要氮素成分，沿程浓度变化为 1.11mg/L，占 TN 去除的 42.1%。12 月份 NO_2^--N 的浓度几乎检测不到，这个时期 NO_3^--N 是氮素的主要成分，占进水 TN 的 74.8%，沿程 TN 去除率仅为 5.8%。

　　综合分析，在寒季的 4 月和 12 月，系统的 TN 沿程变化较小。4 月份 NO_3^--N 在湿地系统 1/4 处增加了 7.9%，在湿地系统的出口端 NO_3^--N 的浓度降低了 17.6%，说明湿地系统发生了硝化与反硝化作用；Org-N 的沿程浓度忽高忽低，表明在寒季存在明显的有机氮释放现象，这是由于当温度逐渐升高时，湿地水下散落物在微生物作用下腐化分解，颗粒性氮被分解后重新回到水中，已形成了饱和态介质吸附的 Org-N 逐渐随着湿地环境的改变重新释放出来；NH_4^+-N 在 1/2 处微量增加说明在寒季氨化作用依然存在。在 12 月份各形态氮的去除率非常有限，尤其作为氮素主要成分的 NO_3^--N 浓度沿程基本没有变化，说明温度对各形态氮素去除的影响非常重要，水温在 0.6～1.2℃ 之间时，湿地各项生命活动几乎已停止，仅靠介质的静态吸附作用甚微。在暖季的 7 月和 9 月份系统的各形态氮沿程变化非常显著。7 月份 Org-N 浓度作为主要的氮素形态沿程逐渐降低；在湿地 1/4 处和 3/4 处 NO_3^--N 的增长现象说明了水平沿程方向均可进行硝化反应。9 月份湿地进水 Org-N 含量与 7 月份基本相当，各形态氮沿程呈持续降低的趋势。从四种形态氮素浓度变化规律来看，7 月份系统氮素转化活性最强；9 月份氮素去除率沿程最为稳定，各形态氮素的去除基本服从一级降解动力学；4 月和 12 月系统对氮素的去除率有限。

　　综合季节变化对湿地系统水平沿程氮素平衡分布的影响得出结论：人工湿地硝化与反硝化作用可能在沿程方向上均存在，但存在强度大小的差异，温度对湿地硝化与反硝化作用的影响比较显著。对于水平流人工湿地系统中氮素增加的现象，初步分析可能有以下两个原因：湿地占一定比例的有机氮的氨化作用；基质吸附氮素后的解吸作用。

8.2　河流促流净水技术

8.2.1　基础数据构建

　　选取北京凉水河作为研究对象，其起源于石景山区的人民渠，至菜户营首都医科大学东南侧与西护城河交汇口处又依次称为新开渠、莲花河，凉水河主河道即从莲花河与护城河交汇口开始，至通州区榆林庄北运河入河口为止，全长约50.3km。凉水河为北运河一级支流，属于北运河水系，河流水系在菜户营、经济技术开发区分别与护城河水系、通惠河水系相汇。

　　凉水河河网水系如图 8-23 所示，支流从上至下主要有西护城河、马草河、旱河、小龙河、新凤河、通惠河灌渠、萧太后河。其中，西护城河、马草河至凉水河入口处均有节制闸，且大部分时间处于闭合状态，西护城河常年有水，马草河为间歇性河流；旱河处于常年断流状态，入河口处于施工关闭状态；小龙河枯水期处于干涸状态，河道内被垃圾和废弃物堵塞，河道正在进行施工，入河口被拦截；新凤河与通惠河灌渠常年有水，但水流流速较慢，水质较差；萧太后河入河口段处于施工状态，入河口被束窄，水流流速较大。

　　凉水河水源分为自然降水和人工补水两类，河道上游地区全年降水量约为500mm，水面蒸发量约为900mm，自然降水已远远不能满足河道自然生态功能的维持，现主要靠流域内的吴家村污水处理厂、卢沟桥污水处理厂、小红门再生水厂以及在建的槐房再生水厂的中水补给。

　　凉水河地理位置及自然功能决定了其主要功能是城市防洪排水的基础通道，作为城南地区的生态建设基础，也是城市及居民获得自然生态功能服务的保障。北京市政府曾在 2004 年对凉水河干流开展大型综合治理工程，由于截污不彻底，干流修建的橡胶坝导致水体流动性下降，水体更新周期变长，再加上污水处理厂出水不达标，甚至直排排水等原因，最终导致凉水河水环境再次恶化，成为一条担负城市污水排放任务的"臭水河"。随着国内外对河流管理要求水平的提高，不仅要满足水质管理的需求，水生态系统安全的要求随之产生，能够从生态系统水平表征河流状况的指标随之产生。

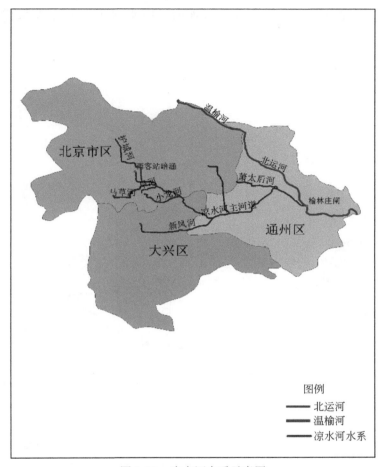

图 8-23　凉水河水系示意图

流速通过影响复氧、氮磷循环、悬浮物、有机物降解等多个方面而影响河流自净能力。北方地区城市内河大多面临流量小、流速低的问题，尤其在枯水期，河水几乎变为死水，自净能力差，甚至产生黑臭问题。以河流动力学和经典河流水质模型为基础，分析凉水河河道形态特点，模拟和研究河道纵横比、深潭浅滩序列与水流关系、河道蜿蜒度，估算生态基流，设计复式河道，评估促流净水效能，提出适用于河道特征的促流净水技术。

1. 采样点布设

凉水河干流从起点西客站暗涵至终点通州榆林庄全长约 50.3km，流域全部处于北京市境内，属于典型的城市河流，河流城区段和郊区段由于受到人为干扰程度不同，采取"城区密集、郊区稀疏"的原则进行布设，并在河道转弯、支流、高程变化较大的地方进行加密，凉水河干流共布设采样点 18 个（图 8-24）。

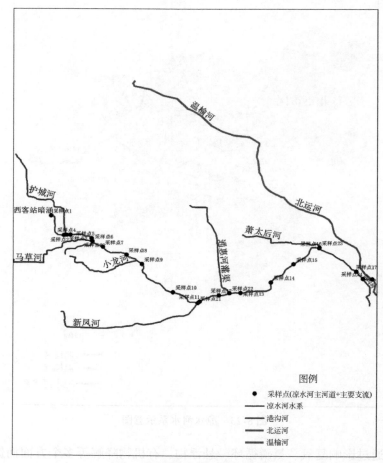

图 8-24　凉水河采样点示意图

2. 典型断面

凉水河主河道断面形态可分为城区段与郊区段两种类型。其中，城区段又可分为菜户营段、洋桥段以及凉水河公园三种典型断面（图 8-25～图 8-27），城区段断面全部被人工改造，断面示意图如图 8-29 和图 8-30 所示。郊区段自然状态下的梯形斜坡如图 8-28 左图所示，由于凉水河二期改造工程实施，河道岸坡全部由自然斜坡式改为二层台式，改造后岸坡如图 8-28 右图所示，断面示意图如图 8-31 所示。凉水河河道断面大部分改造的目的是为满足防汛、泄洪要求,河道岸坡全部硬化处理,同时增加了亲水设施,以开敞空间为主,丰富亲水空间层次,满足人文景观要求。

图 8-25 凉水河城区河道菜户营段

图 8-26 凉水河城区河道洋桥段

图 8-27 凉水河城区河道凉水河公园段

图 8-28　凉水河郊区人工改造河道段

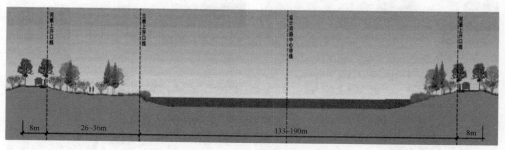

图 8-29　凉水河菜户营段断面示意图

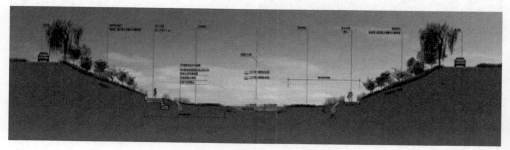

图 8-30　凉水河公园段断面示意图

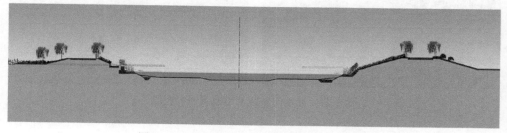

图 8-31　凉水河郊区段人工改造断面示意图

3. 水质特征

选取 2016～2017 年凉水河枯水期（包括秋季、冬季和春季）河水水质作为研究对象，通过对该段水文时间序列中水流在河道不同河段的典型断面条件下的水量水质进行研究分析，以期为河道促流净水提供科学依据。选取水温、pH、总磷、总氮、氨氮、硝氮和 COD 共 5 项连续监测项目。

通过对凉水河 2016～2017 年枯水期的实地考察可知，大部分河段水体常年处于滞留状态，循环流动性较弱，透明度低、浑浊度高，基本呈现黑色且经常伴有明显恶臭。而目前正在凉水河通州段实施的河道治理工程使河道中的底泥受到剧烈扰动，底泥中的污染物长时间暴露在水环境中，造成河水水质暂时性恶化。

凉水河沿河 2016 年秋季、2016 年冬季和 2017 年春季的水体水质实测数据显示（忽略异常数值影响）：凉水河河水水温随着季节变化出现先降后升的规律，相同季节内温度随河流从上游至下游平稳波动；河水 pH 与季节的相关性相较于温度较弱，但冬季 pH 波动幅度明显高于春秋两季；水体中总磷含量冬季相对较高，三个季节河水总磷含量均呈现出下游平均值高于上游的情形（以凉水河与新凤河交汇口为分界点）；河水总氮含量中，秋季变化幅度较大，且集中于小红门再生水厂下游石墩以上河段，冬季总氮含量均值最大，且从上游至下游有逐渐增大的趋势；河流中氨氮含量在红寺桥点以下均出现急剧升高的趋势，且三个季节下游河道氨氮含量均值都显著高于上游河道（以红寺桥为分界点），冬季河水氨氮含量也处于最高位；河水中硝氮含量趋势与氨氮含量趋势相反，秋季和冬季河道上游水体硝氮含量平均水平高于下游（以小红门再生水厂下游石墩为分界点），在春季这种变化趋势减弱，河水硝氮含量整体保持稳定；河水中 COD 含量在三个季节均保持稳定状态，其中秋季平均数值最低，冬季其次，春季最高。

凉水河秋季、冬季和春季水体中总磷、总氮、氨氮、硝氮和 COD 的均值如表 8-11 所示，可以看到各季节水质指标（除硝氮）均值基本都超过地表水 V 类标准，其中总氮、氨氮两项指标均值甚至分别超过标准值的 9 倍和 4 倍多。

表 8-11　凉水河不同季节水质项目均值

季节	总磷（mg/L）	总氮（mg/L）	氨氮（mg/L）	硝氮（mg/L）	COD（mg/L）
秋季	0.38	15.90	8.45	5.38	27.34
冬季	0.55	21.79	11.26	7.25	41.42
春季	0.40	16.85	8.72	1.63	42.64

续表

季节	总磷 （mg/L）	总氮 （mg/L）	氨氮 （mg/L）	硝氮 （mg/L）	COD （mg/L）
三季均值	0.44	18.18	9.48	4.75	37.13
地表水 V 类标准	0.40	2.00	2.00	10.00	

8.2.2　模型选取及建立

1. 模型选取

选取由丹麦水资源及水环境研究所（DHI）开发的一维水生态商业软件 MIKE11，利用 MIKE11 中的一维水动力（HD）、对流扩散（AD）及水质（ECOLAB）模块进行河流水质优化研究，其中水动力模块是 MIKE11 模型的核心，如图 8-32 所示。MIKE11 模型的核心模块即一维水动力学模型（HD module），它采用了六点中心隐式差分格式（Abbott），并且利用传统的"追赶法"（又称"双扫"算法）计算明渠不稳定流扩散的数值解。其核心控制方程是基于一维的 Saint-Venant 方程，包括运动方程和连续性方程。

MIKE 模型的计算流程主要包括数据准备和模型输入两部分。第一部分，通过 Googleearth 和 GIS 将研究对象数字化，生成 shape 文件类型的河网背景图，将

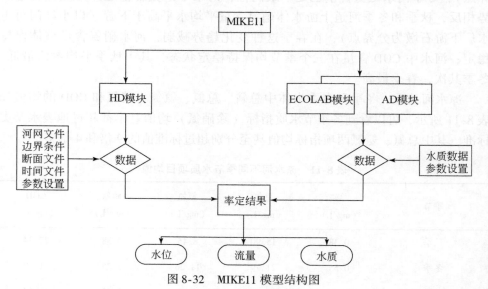

图 8-32　MIKE11 模型结构图

数字底图导入 MIKE11 中。第二部分，对 MIKE11 中的数字底图进行编辑，定义河道实际属性；再将河道的实测断面地形文件输入至河网中，断面文件需结合河道实际情况，在弯道、支流汇入、高程变化较大等处适当加密；确定主河道以及支流的入流、出流位置，水位、水量及水质信息，建立时间文件和边界文件；最后设置计算参数，主要包括两类：数值参数，主要是方程组迭代求解时的有关参数，如迭代次数及迭代计算精度；物理参数，主要是河网的阻力系数。将 MIKE11 模型所需的河网文件、断面文件、时间文件和边界文件依次输入至主程序中，进行时间步长设置后可以运行模型，再经过模型调试和率定，得出最终模拟结果。MIKE11 模型计算输入流程如图 8-33 所示。

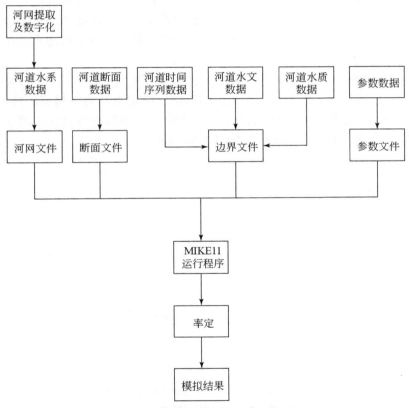

图 8-33　MIKE11 模型计算输入流程图

2. 模型建立

基于 MIKE11 模型构建凉水河干流及四个典型断面的一维水动力、水质模型，选取 2016 年枯水期对应的水文时间序列作为模型计算的基本资料，模型上游以流量为外边界条件，下游以水位为外边界条件，同时综合考虑将持续大量排污的小红门再生水厂直排口污染点源作为内边界条件。

1）初始边界条件

水流模型中边界条件选取原则为在数学上具有适应性，在物理上具有稳定性，结果具有合理性。基于凉水河流域 2016 年枯水期实测水文资料，选取 2017 年 3 月进业桥断面流量资料作为模型计算上边界，凉水河与北运河交汇口断面水位资料作为模型计算下边界，上边界作为水流流入起点，下边界作为水流流出终点，两者均为自由端点。

水质模型中采用 2016 年枯水期实测断面总氮、总磷、氨氮、硝氮和 COD 资料作为水质边界条件。由于从凉水河 44km 处至榆林庄下游段正在进行施工，因此选择凉水河上游菜户营段、洋桥段、中游马驹桥段、通惠排干渠段 4 个典型河段为重点研究对象，剩余汇流口作为内边界处理，输入对应支流的水位流量及水质信息。

2）河网概化

凉水河断面形状、数量是模型运行的基础，决定水动力学模型的模拟精度。选取除上下边界之外的 10 个典型断面，每个断面的地形均经过实地测量，确保数据真实、合理。凉水河河网概化如图 8-34 所示。

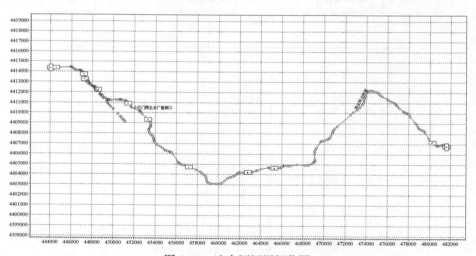

图 8-34　凉水河河网概化图

3）断面概化

凉水河主河道 4 个典型断面概化图从上游至下游依次如图 8-35（a）~（d）所示。

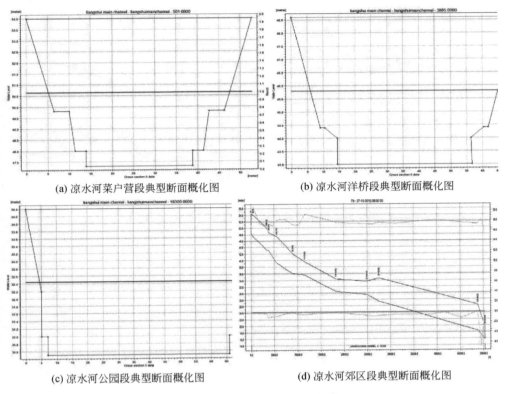

(a) 凉水河菜户营段典型断面概化图

(b) 凉水河洋桥段典型断面概化图

(c) 凉水河公园段典型断面概化图

(d) 凉水河郊区段典型断面概化图

图 8-35 凉水河主河道 4 个典型断面概化图

4) 模型验证

将模型运行时段设置为 2016 年 10 月 27 日至 2017 年 4 月 2 日，时间步长设为 30s。首先将模型设置为自动修正模式，利用水动力学模型计算凉水河枯水期的水位变化情况，对模型不断调试直至模型稳定后进行河道断面水位试算，再通过 12 处断面水位实测数据进行率定，得到如图 8-36 所示率定结果。由图可知，水位的实测值与模拟值拟合度很高，说明水动力学模型试算成功。

5) 模型守恒性及稳定性分析

假设模拟条件为进业桥至凉水河与北运河交汇口两个断面之间，沿河没有进出流的影响；所有污染物初始浓度值均设为固定值；不考虑污染物衰减情况；水文条件取 2017 年 3 月底实测资料，上游进业桥边界的浓度场变化如图 8-37 所示。结果表明，沿程各断面水质分布的数值模拟结果在枯水期具有较好的守恒性和稳定性，证明本研究建立的一维水流水质数学模型的模式是合理、可靠的。

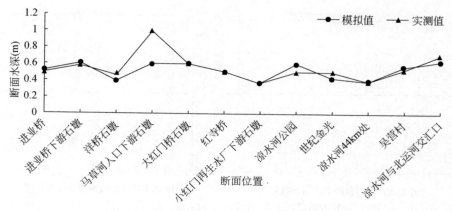

图 8-36　凉水河断面模拟水位与实测水位对比图

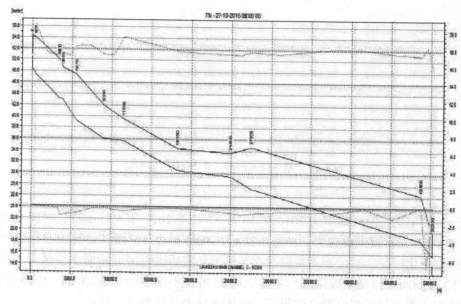

图 8-37　衰减系数为 0 时的浓度场变化图

6) 河床糙率及污染物衰减系数修正

在水动力模拟过程中，水文条件仍采用前文的上下游边界实测水文数值，河床糙率选用初值 0.05，其余各参数值不变，在 MIKE11 计算运行时，将数值导入水动力学参数 HD 模块及水质 ECOLAB 模块中，通过模型参数反复调试，在保证模型稳定、合理的前提下，最终确定河道糙率值为 0.13，扩散系数为 $3m^2/s$，25℃时 COD 一级降解速率为 $0.07d^{-1}$，25℃时 BOD_5 一级反应速率为 $0.17d^{-1}$，有机物沉积/再悬浮的临界流速为 0.6m/s，COD 再悬浮速率为 0.2g/（m²·d） 等。

凉水河主河道沿线污水直排口导致污染物浓度无序变化，因此对主河道进行水质模拟不合理，在主河道尽量选取无排污口或排污口较少，且排污量少的河段，结合典型断面分河段进行水质模拟和污染物衰减系数河段修正，此处不再赘述。

8.2.3 典型河段促流净水效果

根据现场统计排污口结果和排放特点，选取排污口数量少、排污口小的河段进行研究，同时结合河段断面水动力条件，最终选取凉水河菜户营段、洋桥段、马驹桥段及通惠排干渠段 4 个研究河段。选用 2016 年水文、水质监测数据进行率定，2017 年更新监测数据进行模拟研究。通过改变相应河段的河道断面水力几何形态及水流流速，研究凉水河典型河道断面在不同水动力条件下的水质变化状况，结合不同典型断面的对比分析，得出研究结论。

凉水河枯水期流量小、流速慢，河道死水区面积大，污染物浓度高，通过改变研究河段上边界水流流速，得出下边界对应的水质状况，分析流速与水质之间的规律。凉水河枯水期实测水流流速在 0.03～0.15m/s 之间，选取枯水期平均流速（0.10m/s）的 2 倍流速 0.20m/s（低流速）、5 倍流速 0.50m/s（中流速）和 10 倍流速 1.00m/s（高流速）进行研究，其余变量保持不变。

凉水河河道断面基本都被人工改造为梯形，两岸护坡均已做人工处理，河道两侧人工植被密度大，水流流速低，结合河道断面实际情况，断面岸坡改动可能性极小，同时，凉水河平时主要接纳污水处理厂中水及城市排污，枯水期和平水期流量很小，大片滩地裸露，经治理的河道存在渠深、水浅、景观效果差等特点，因此，选定进行行洪河道改造的方案是在河中修建马蹄形子槽，断面示意如图 8-38 所示，平时使少量水体在槽中流动，汛期则允许洪水漫滩，沿河滩地修建为湿地或公园，充分发挥城市河道的功能。

1. 菜户营段

凉水河菜户营段水系由护城河、莲花河与凉水河干流三条河流构成，护城河为南北走向，莲花河在万泉寺改为东西走向后与护城河交汇合为凉水河干流，该河段河道顺直、断面规整、水流通畅，河网水系概化如图 8-39 所示。

莲花河为典型的梯形断面，中间布局为矩形行洪主河道，两侧为植被覆盖度较高的浅滩湿地，浅滩旁为浆砌石岸坡，形状整齐，断面实景及概化图如图 8-40 所示。

护城河也为梯形断面，河床岸坡分为上下两层，下层为浆砌石护坡，上层为

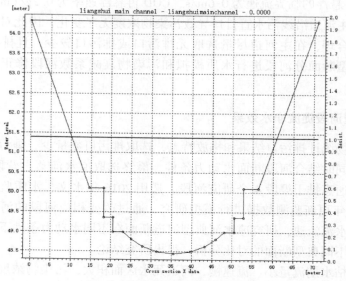

图 8-38　凉水河优化段面示意图

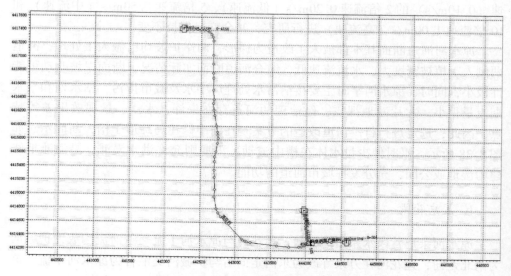

图 8-39　凉水河菜户营段河网概化图

生态透水砖护坡，护坡植被包括草本和乔木作物，形状整齐，断面形态及概化图
如图 8-41 所示。

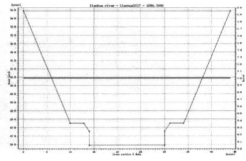

图 8-40　莲花河断面图

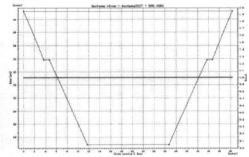

图 8-41　护城河断面图

1）流速与水质

改变模型水动力条件中上边界水流流速，其余参数保持不变，将凉水河菜户营段中莲花河入流流速变为自然水流流速的 2 倍、5 倍和 10 倍，支流护城河的所有情景设置不变，模拟结果显示，河水水质将随流速发生变化，总磷、含氮物质、COD 浓度的变化情况如图 8-42 ~ 图 8-44 所示。

由图 8-42 可知，水中总磷浓度随水流流速增大出现先降低后升高的趋势，在中低速流速下，总磷浓度值均降低，下降率分别为 8.32% 和 0.83%；高速水流时，总磷浓度值反而升高，可能由水流增大到一定程度时卷起河床底泥中沉积的污染物，使其释放所致。

由图 8-43 可知，含氮物质中总氮和硝氮在中低速水流条件下都有一定的去除效果，其中总氮的下降率分别为 4.86% 和 2.44%，硝氮的下降率分别为 6.06% 和 11.19%，两者在高速水流下的浓度值均升高，超过原始流速条件下的浓度值；氨氮浓度在低中高水流流速下均升高，高速水流流态下上升幅度最大。

由图 8-44 可知，COD 浓度随流速增大出现先降后升的趋势，其中在 5 倍水

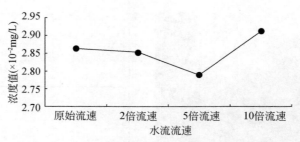

图 8-42　菜户营段总磷与水流流速响应趋势图

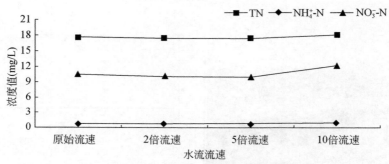

图 8-43　菜户营段含氮物质与水流流速响应趋势图

流流速时下降幅度最大,下降率为 8.82% ,至 10 倍流速时浓度达到最高值,相对原始流速浓度值上升率为 12.36% 。

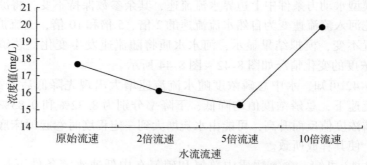

图 8-44　菜户营段 COD 与水流流速响应趋势图

2) 断面形态与水质

凉水河菜户营段河道枯水期平均水深 30cm ,河道枯水期平均宽度 25m ,宽浅比 83.3:1,将河槽断面形态由现在的矩形变为马蹄形,如图 8-45 所示,河道宽浅比不变,水流流速不变,模拟结果最终如表 8-12 所示。

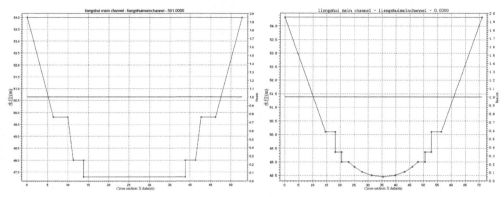

图 8-45　凉水河菜户营段优化断面示意图

表 8-12　凉水河菜户营段水质与断面形态

断面形态	总磷 （mg/L）	总氮 （mg/L）	氨氮 （mg/L）	硝氮 （mg/L）	COD （mg/L）
矩形河槽	0.38	21.22	11.49	5.46	30.09
马蹄形河槽	0.37	21.86	11.45	5.40	30.20

通过表 8-12 可知，河槽断面形状变为马蹄形后，水质略微发生变化，变化幅度均较小，对提升水质的影响微乎其微。

2. 洋桥段

凉水河洋桥段水系由马草河与凉水河干流构成，凉水河为南北走向，马草河为东西走向，其在凉水河 20.3km 处汇入，河网水系概化如图 8-46 所示。

马草河经过人工治理，河道变为典型的矩形断面，河床与岸壁均为浆砌石，断面实景及概化图如图 8-47 所示。凉水河洋桥段存在大面积浅滩，植被覆盖度高，岸坡为生态护坡，形状整齐，水流通畅。

1）流速与水质

凉水河洋桥段相比菜户营段，河宽增幅较大，由 25m 增至 43m，单侧河滩宽度也从 5m 增大至 11m，河滩面积大幅增加，枯水期河槽宽度仅 5m 左右，河水平均流速增大。同样，将水流流速分别提高至常规流速的 2 倍、5 倍和 10 倍进行模拟，水质指标总磷、含氮物质和 COD 结果如图 8-48 所示。

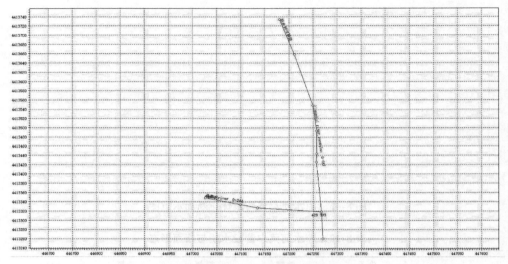

图 8-46　凉水河洋桥段河网概化图

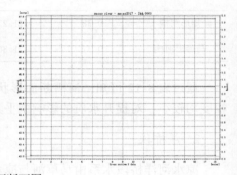

图 8-47　马草河断面图

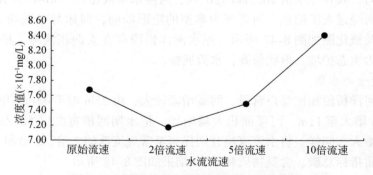

图 8-48　洋桥段总磷与水流流速响应趋势图

　　根据图 8-48 的结果可知，凉水河洋桥段的总磷浓度随水流流速升高先降后升，低速水流时下降率最高，为 6.60%，中速水流下降率其次，为 2.46%，高速水流时总磷浓度上升至最高点。

　　图 8-49 结果显示，水体中的含氮物质浓度随流速增大呈现一定幅度波动，其中总氮浓度随流速增大出现先降后升的趋势，低流速时总氮下降率为 3.76%，中流速下降率为 9.88%，在高流速时升到最高值，增长率为 1.40%；氨氮浓度值随流速变化趋势与总氮保持一样的先降后升趋势，低流速与中流速下降率接近，分别为 6.78% 和 7.80%；硝氮浓度的变化趋势与前两种相同，低流速时浓度值较低，下降率为 2.42%，中流速时浓度值最低，下降率为 8.82%，高流速时浓度值升高至超过初始浓度；水体中含氮物质浓度值随水流响应变化规律相同，均是在低流速和中流速有一定降低，说明促流净水作用明显，而当流速大于一定值之后出现浓度升高的现象。

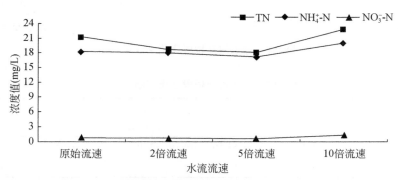

图 8-49　洋桥段含氮物质与水流流速响应趋势图

　　由图 8-50 可知，COD 浓度随流速增大同样出现先降后升的规律，其中在 5 倍水流流速时削减率最大，为 8.82%，至 10 倍流速时浓度达到最高值，为 50.93mg/L。

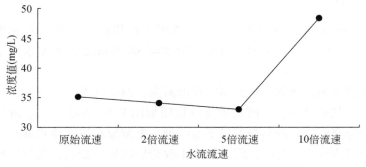

图 8-50　洋桥段 COD 与水流流速响应趋势图

　　2）断面形态与水质

　　凉水河洋桥段河道枯水期平均水深 42cm，河道枯水期平均宽度 43m，宽浅比 102.4 : 1，保持河道宽浅比不变，河槽断面改为马蹄形后如图 8-51 所示，河段水质模拟结果如表 8-13 所示。

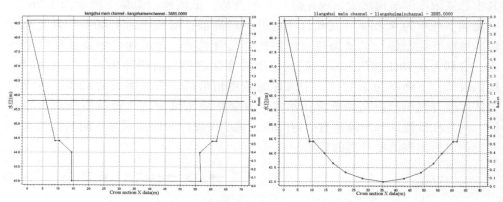

图 8-51　凉水河洋桥段优化断面示意图

表 8-13　凉水河洋桥段水质与断面形态

断面形态	总磷 （mg/L）	总氮 （mg/L）	氨氮 （mg/L）	硝氮 （mg/L）	COD （mg/L）
矩形河槽	0.04	13.50	2.16	7.82	43.86
马蹄形河槽	0.04	13.69	2.23	7.78	44.57

　　通过表 8-13 可知，河槽断面形状变为马蹄形后，水质发生微变，总磷保持不变，总氮、氨氮和 COD 浓度分别上升了 1.42%、3.26%、1.62%；硝氮则出现下降。

3. 马驹桥段

　　凉水河马驹桥段水系由新凤河与凉水河干流构成，凉水河为西北至东南走向，新凤河为西南至东北走向，河水在凉水河 38.5km 处汇入凉水河干流，河网水系概化如图 8-52 所示。

　　新凤河河道为自然状态下典型的梯形断面，两岸均为土质岸壁，长有稀疏杂草及灌木，形状尚整齐，断面实景及概化图如图 8-53 所示。凉水河马驹桥段河道断面可分为交汇口上游与交汇口下游两种，上游凉水河流经北京经济技术开发区，河道两侧为凉水河公园，河道为人工改造后的梯形断面，两侧岸坡为水位消落区，植被覆盖度高；下游自然土质岸坡被改造为浆砌石护坡，断面为典型的梯

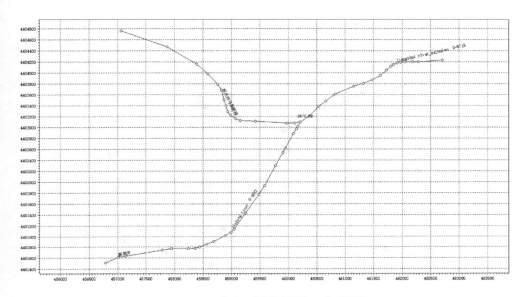

图 8-52　凉水河马驹桥段河网概化图

形断面，上下游河段断面规整、河道顺直、水流较通畅，有局部回流区。

 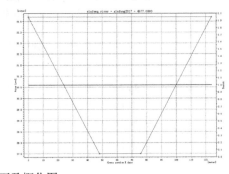

图 8-53　新凤河断面及概化图

1）流速与水质

凉水河马驹桥段属于北京经济技术开发区与通州区交界处，也是与凉水河最大支流新凤河的交汇处，河段整体情况与下游通惠排干渠段接近，河宽的平均水面宽度均在 60m 之上，河水平均流速较为均匀，断面结构单一。将该河段水流流速分别提高至常规流速的 2 倍、5 倍和 10 倍进行模拟后各水质指标结果如图 8-54 ~ 图 8-56 所示。

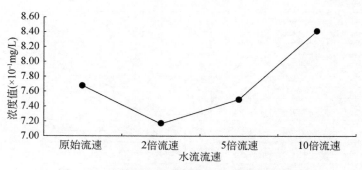

图 8-54 马驹桥段总磷与水流流速响应趋势图

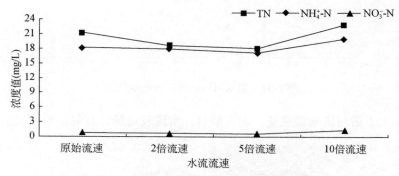

图 8-55 马驹桥段含氮物质与水流流速响应趋势

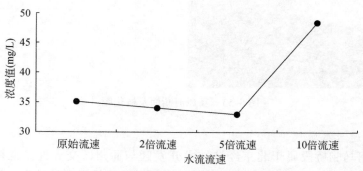

图 8-56 马驹桥段 COD 与水流流速响应趋势图

　　流速改变后，水质整体情况与前两个河段变化规律类似，均出现中低流速时下降、高流速时上升的情况。总磷浓度值在低流速时最高下降了 6.6%，总氮、氨氮、硝氮和 COD 浓度值均在中流速最低，下降率分别为 14.8%、6.09%、23.36% 和 5.76%。

2）断面形态与水质

凉水河马驹桥段河道枯水期平均水深 60cm，河道枯水期平均宽度 43m，宽浅比 71.7∶1，河道宽浅比不变，河槽断面改为马蹄形后如图 8-57 所示，河段水质模拟结果如表 8-14 所示。

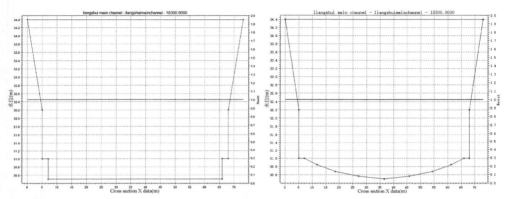

图 8-57 凉水河马驹桥段优化断面示意图

表 8-14 凉水河马驹桥段水质与断面形态

断面形态	总磷 （mg/L）	总氮 （mg/L）	氨氮 （mg/L）	硝氮 （mg/L）	COD （mg/L）
矩形河槽	0.77	21.29	18.31	0.74	35.07
马蹄形河槽	0.75	21.42	18.31	0.70	35.91

由表 8-14 可知，河槽断面形状变为马蹄形后，水质总体基本保持不变，其中总磷和硝氮浓度值出现下降，降幅分别为 2.6% 和 5.4%；总氮和 COD 浓度值出现上升，升幅分别为 0.61% 和 2.38%；氨氮浓度值保持不变。

4. 通惠排干渠段

凉水河通惠排干渠段水系由通惠排干渠与凉水河干流构成，凉水河为西南至东北走向，通惠排干渠为南北走向，是连接通惠河与凉水河的人工灌渠，通惠河河水经过排干渠由北向南在凉水河 42.7km 处汇入凉水河干流，河网水系概化如图 8-58 所示。

通惠排干渠为人工开挖的农业灌溉渠，河道为典型的人工梯形断面，与凉水河干流洋桥段类似，河道两侧为土质岸坡，坡上覆盖少量杂草，形状较整齐，河道中有较大面积的裸露滩地，河段顺直，水流较顺畅，其断面实景及概化图如图 8-59 所示。

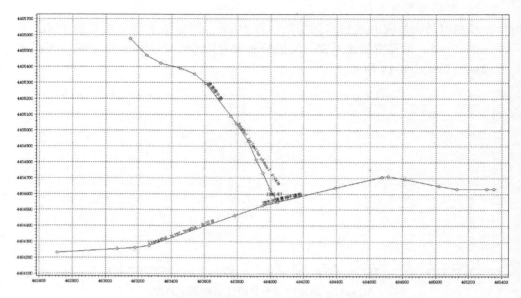

图 8-58　凉水河通惠排干渠段河网概化图

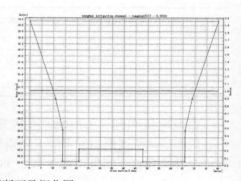

图 8-59　通惠排干渠断面及概化图

凉水河通惠排干渠段原河道断面为自然形态下的梯形断面, 两岸为土质岸坡, 坡面被杂草及石块覆盖, 由于枯水期河道整治工程对岸坡进行改造, 坡面变为浆砌石与生态砌石的两层坡面, 河道顺直、断面规整, 水流畅通。

1）流速与水质

凉水河通惠排干渠段处于通州区, 河道目前正在开展水环境治理工程, 河道岸坡形态发生较大变化, 主河道部分区域修筑围堰, 对水流流速、水质等均产生一定影响, 但研究河段受工程影响较小。凉水河通惠排干渠段干流水面宽度增至 80m 以上, 河水较浅, 水流平均流速较小, 将该河段水流流速分别提高至常规流速的 2 倍、5 倍和 10 倍进行模拟后各项水质指标结果如图 8-60 ~ 图 8-62 所示。

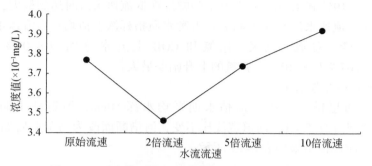

图 8-60　通惠排干渠段总磷与水流流速响应趋势图

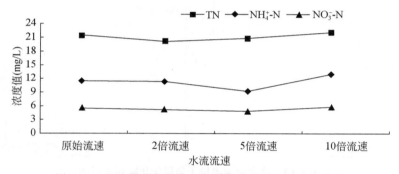

图 8-61　通惠排干渠段含氮物质与水流流速响应趋势图

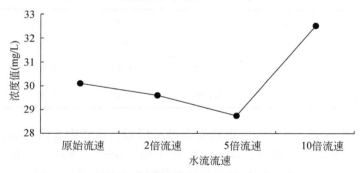

图 8-62　通惠排干渠段 COD 与水流流速响应趋势图

图 8-60 ~ 图 8-62 模拟结果显示，五项水质指标变化规律与前三个河段基本保持一致，均出现先降后升的趋势，总磷浓度值在低水流流速和中水流流速下均出现下降，下降率分别为 8.32% 和 0.83%；氨氮、硝氮和 COD 浓度值均在中流

速水流时最低，分别为 9.14mg/L、4.85mg/L 和 28.74mg/L，下降率分别为 20.46%、11.19% 和 4.50%；总氮下降幅度在低流速水流时达到最大，下降率为 4.86%，在中流速水流时为 2.44%；五种水质指标浓度值均在高流速水流时上升到最高，总磷、总氮、氨氮、硝氮和 COD 上升率分别为 4.01%、3.51%、11.52%、3.67% 和 8.10%，氨氮的上升幅度最大。

2）断面形态与水质

凉水河通惠排干渠段河道枯水期平均水深 80cm，河道枯水期平均宽度 102m，宽浅比 127.5∶1，河道宽浅比不变，河槽断面改为马蹄形后如图 8-63 所示，河段水质模拟结果如表 8-15 所示。

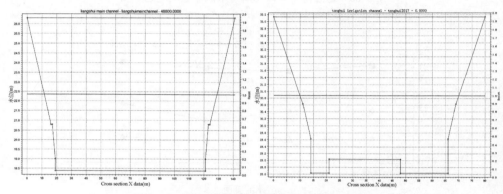

图 8-63　凉水河通惠排干渠段优化断面示意图

表 8-15　凉水河通惠排干渠段水质与断面形态

断面形态	总磷 （mg/L）	总氮 （mg/L）	氨氮 （mg/L）	硝氮 （mg/L）	COD （mg/L）
矩形河槽	0.38	21.22	11.49	5.46	30.09
马蹄形河槽	0.37	21.86	11.45	5.40	30.20

由表 8-15 可知，河槽断面形状变为马蹄形后，水质中总磷、氨氮和硝氮浓度值均变小，下降率分别为 2.63%、0.38% 和 1.06%，下降幅度较小；总氮和 COD 浓度值变大，上升幅度不大，上升率分别为 3.02% 和 0.34%。

第 9 章　河岸带构建与生态修复

9.1　植被过滤带净化

9.1.1　植被过滤带概述

植被过滤带（vegetative filter strip，VFS），又被称为植被缓冲带（vegetation buffer zone）或河岸缓冲带（riparian buffer zone）。它是指位于污染源与水体之间的植被区域（乔木、灌木和草沟），可有效地拦截、滞留泥沙和有效地去除或削减氮、磷等污染物进入受纳水体，从而降低受纳水体污染负荷量，显著降低面源污染带来的影响。植被过滤带不仅能够控制面源污染，同时它还具有削减暴雨降雨径流、稳固河岸、为陆地动植物提供栖息地及迁徙通道、为水生生物提供能量及食物等功能，而且草木丛生的植物带在河岸、滨水地带构建出一片绿色风景，为人们提供休闲娱乐场所。

植被过滤带作为最佳管理措施（best management practice，BMP）之一，已在美国得到广泛的应用，近几年，我国随着海绵城市试点的建设，植草沟、生物滞留设施等简单的植被过滤带逐渐得到发展与应用，但仍处于探索阶段。目前和植被过滤带功能相似的生态工程措施还包括植物篱、草皮缓冲带、河岸植被缓冲带、土壤-植物系统及人工湿地等。

植被过滤带技术在我国的研究还比较缺乏，工程实践更少，而这项技术在欧美等国家和地区已经有很长的历史，形成了较为完善的技术措施体系，但由于国情的不同，我国在进行非点源治理时并不能照搬国外的相关标准或技术规范。在参考借鉴国际先进研究成果的基础上，探索符合中国实际的植被过滤带构建技术，应用于我国的非点源污染控制和治理是一项非常有意义的工作。

通过植被过滤带试验的研究，掌握植被过滤带的作用机理，分析植物配置方式、植被过滤带带宽、土壤理化性质、水文条件及污染物特性等因素对植被过滤带净化效果的影响，探索植被过滤带规划设计模型，为植被过滤带这一非点源污染防治的新型生物工程措施的推广提供科学依据和理论支撑。

9.1.2　净化机理

植被过滤带防治面源污染主要是通过：①过滤作用，滞留径流中的泥沙和其携带的大颗粒污染物；②吸附、吸收作用，因植物生长所需其根茎吸收径流以及土壤中的氮、磷等无机和有机等营养物质；③降解作用，种植土中的土壤微生物对污染物的降解、转化和固定等途径。

1. 对降雨径流中悬浮物去除机理

降雨后携带大量泥沙及其他污染物的径流进入植被过滤带之后，由于糙率的增加和其土壤下渗能力的增强，径流总量和峰值流量会显著削减，径流总量和流速也会随之减小使得径流挟沙能力降低，从而使得泥沙及大颗粒污染物在植被过滤带中沉积。植被过滤带在削减径流中泥沙负荷的同时，与泥沙结合的其他污染物质同时被截留在过滤带中从而得到去除。植被过滤带不仅具有削减径流中泥沙的功能，还能拦截径流中的微生物和胶体颗粒。

2. 对无机、有机物净化机理

植被过滤带种植的植物能够改善土壤的通透性，促使降雨径流向土壤中下渗，入渗到土壤中的水分包含一些可溶性离子或有机物，如氮、磷、氯化物、重金属（包括锌、铅、铜、铁等）以及毒性有机物［主要是汽油烃（PHC）、多环芳烃（PAH）及农药］，可溶性离子会在径流下渗的过程中滞留在土壤中，被植被根茎吸收并进行转化，完成植物对污染物的吸收、转化过程；径流中的部分有机物则在各种因素的影响下，进行降解、转化，达到控制降雨径流的目的。植被过滤带对农药的净化机理较为复杂，主要分为以下两部分。

（1）植被过滤带系统中的农药净化机理。降雨冲刷喷洒农药的农作物后，形成降雨径流，径流中存在两种状态的农药：第一种是溶解于径流中，其中径流中溶解的农药一部分随着径流的下渗进入地表以下的土壤层并滞留在其中；剩余部分随着径流流出植被过滤带以外。第二种是吸附于径流中的泥沙颗粒，较大泥沙颗粒被植被过滤带拦截，淤积或积累在过滤带中，小颗粒随着径流流出植被过滤带。以上两种状态的农药会随着时间的延长，被植物根系及土壤中微生物降解，达到去除农药的目的。

（2）残留农药的降解过程。植被过滤带的植物本身可以吸收农药，并加速农药的降解。许多乔木科草本植物如冰草（*Agropyron desertorum*）、黑麦草（*Lolium perenne*）、高羊茅（*Festuca arundinacea*）等均对农药有降解作用。农药等污染物进入植物体后，先被细胞溶质结合并运载及暂时储存在液胞内，降解后进入共质体运输到植物其他部位或通过根外泄到根际，甚至通过植物叶片外排到大气中。此外，植物根系中农药的降解也是植被过滤带去除农药的一个重要途径。植物根系分泌物中含有多种酶，这些酶对含硝基等有机农药的降解起重要作用，根际微生物可通过生物过程分解和降解污染物质。

9.1.3 影响因素

植被过滤带是一种实用有效的非点源污染控制方法。通过植被过滤带野外试验的研究，掌握植被过滤带的作用机理，分析植物条件、入流流量条件、入流污染物浓度、带宽及土壤初始含水量等因素对植被过滤带净化效果的影响，并验证植被过滤带规划设计模型的适应性。

植被过滤带对地表径流中非点源污染物质的净化效果，不仅表现在对污染物浓度的削减作用上，茂盛的植被还能够改善土壤的渗透性，延缓水流在坡面上的运动速度，从而达到增加径流的入渗，降低进入水体的污染负荷的作用。为了定量分析植被过滤带的净化效果，需要分别计算径流中污染物浓度、污染负荷和水量的削减率。计算公式见式（9-1）~式（9-3）：

$$R_C = \frac{C_{进} - C_{出}}{C_{进}} \times 100\% \tag{9-1}$$

$$R_L = \frac{C_{进} V_{进} - C_{出} V_{出}}{C_{进} V_{进}} \times 100\% \tag{9-2}$$

$$R_W = \frac{V_{进} - V_{出}}{V_{进}} \times 100\% \tag{9-3}$$

式中：R_C 为污染物浓度削减率，%；R_L 为污染负荷削减率，%；R_W 为水量削减率，%；$C_{进}$ 为入流污染物浓度，mg/L；$C_{出}$ 为出流污染物浓度，mg/L；$V_{进}$ 为入流水量，m^3；$V_{出}$ 为出流水量，m^3。

1. 研究方法

1）植被过滤带设计

参考国内外相关研究经验，结合野外试验场现状，初步设定 5 条植被过滤带，坡度为 2%。①尺寸为 3m×10m，自然草本和 3~6m 有少量沙棘的混合过滤带；②尺寸为 3m×10m，3~9m 间种沙棘的混合过滤带；③3m×10m 和 3m×15m 两个断面的自然草本过滤带；④2.2m×15m 的 6~13m 间种沙棘的混合过滤带；⑤3m×15m 裸土坡面的空白对照带。进行不同植被配置方式过滤带的试验比较。

2）试验设施

试验设施主要包括蓄水池、消力池、植被过滤带、出口集水池。蓄水池的水流通过消力池平稳地流入过滤带，在过滤带出口集水池收集径流。蓄水池的规格为 4m×3.5m×0.5m（长×宽×深），最大蓄水量 7m³，其中闸门处用钢闸门和不同管径的 PVC 管联合控制流量，闸门宽 0.6m；集水池和蓄水池中均标有刻度线，可以通过水位测量进、出口的水量。具体的实施布置详见图 9-1~图 9-3。

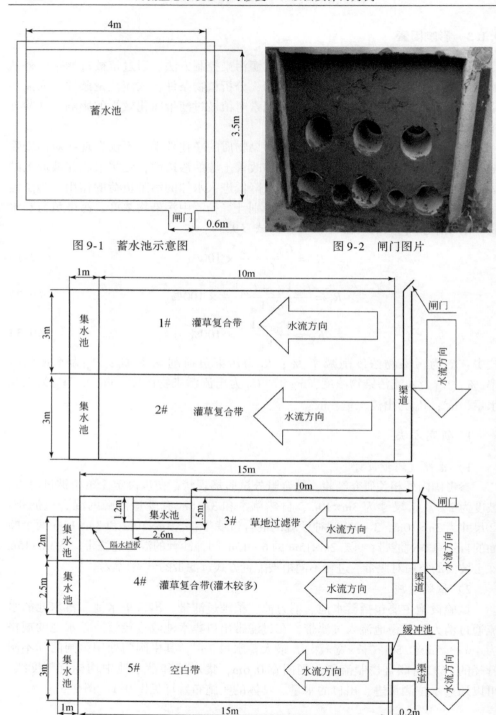

图 9-1　蓄水池示意图　　　　　　　　图 9-2　闸门图片

图 9-3　植被过滤带布置示意图

3）径流模拟试验

按照西安及周边地区农业非点源污染的基本特征，设计不同的入流污染物含量及入流水量，按需要在不同的植被过滤带进行径流模拟试验，测定试验采集的水样中非点源污染物质的含量，得到各条植被过滤带在不同情况下的净化效果。

4）比较方案

比较①～⑤植被过滤带在相似入流条件下的出流污染物浓度，可得植被配置方式对净化效果的影响；比较同一植被过滤带径流中污染物质沿程变化情况，可知带宽对净化效果的影响；比较同一植被过滤带在不同入流流量过程或不同入流污染物浓度情况下，出流污染物的浓度，可得入流条件对净化效果的影响。

2. 植被配置方式

由于1#～3#植被过滤带的植被配置方式各不相同，分析三条过滤带在相似试验条件下对 SS、氮素的削减率，如表9-1所示。

表 9-1　不同植被配置条件的过滤带对污染物的净化效果

试验序号		2	5	7	4	8
VFS		3#（10m）	1#	2#	3#（10m）	2#
入流流量（m^3/s）		0.0023	0.0023	0.0023	0.0038	0.0038
$V_{进}$（m^3）		2.660	2.660	3.080	2.660	3.080
$V_{出}$（m^3）		0.630	1.218	1.580	0.663	1.717
R_W（%）		76.316	54.211	48.701	75.075	44.253
SS	$C_{进}$（mg/L）	1645	1735	1670	1675	1580
	$C_{出}$（mg/L）	97	120	93	140	296
	R_C（%）	94.103	93.084	94.431	91.642	81.266
	R_L（%）	98.603	96.833	97.143	97.917	89.556
TN	$C_{进}$（mg/L）	5.554	5.586	5.531	5.459	5.405
	$C_{出}$（mg/L）	2.398	2.513	2.393	2.500	2.916
	R_C（%）	56.824	55.013	56.735	54.204	46.050
	R_L（%）	89.774	79.400	77.905	88.585	69.925
DN（溶解态氮）	$C_{进}$（mg/L）	1.989	1.868	1.870	2.033	1.979
	$C_{出}$（mg/L）	2.034	2.076	1.950	2.032	2.300
	R_C（%）	-2.262	-11.135	-4.278	0.049	-16.220
	R_L（%）	75.780	49.112	46.507	75.087	3.080

续表

试验序号		2	5	7	4	8
PN（颗粒态氮）	$C_{进}$（mg/L）	3.565	3.718	3.661	3.426	3.426
	$C_{出}$（mg/L）	0.364	0.437	0.443	0.468	0.616
	R_C（%）	89.790	88.246	87.899	86.340	82.020
	R_L（%）	97.582	94.618	93.793	96.595	89.977

从表 9-1 可以看出，在入流流量为 0.0023m³/s 的情况下，各植被过滤带（VFS）对 SS、TN 和 PN 的浓度及负荷的削减率差异均不大；在入流流量增大到 0.0038m³/s 后，过滤带的过滤效果有所下降，其中 2#过滤带的削减效果有较大幅度的降低，植被条件的不同是造成上述现象的主要原因。从植被调查结果可知，1#、2#复合过滤带内的沙棘生长繁茂，郁闭度很高，过高的郁闭度导致了沙棘丛内草本群落的生物量大大低于 3#草本过滤带内草本群落的生物量，主要表现在沙棘下生长的草本植物高度低，一般均为 1~3cm，超过 5cm 的植株很少，且覆盖度也较 3#过滤带中草本植物的覆盖度小。入流流量较小时，水流没有漫过植被且水流冲刷力较小，所有近地面植被均能起到阻滞和拦截的作用，各过滤带的削减效果均较好；而较大流量时水流挟沙力加大，且径流深度加大，水流能漫过部分低矮的草本植物形成淹没流，使过滤带对水流的阻滞作用下降，削减率减小。其次是草本植被的刚度差异。沙棘下草本的密度、高度和刚度是造成 2#过滤带在较大入流流量时削减效果有较大幅度降低的主要原因。

污染负荷的削减效果不仅与污染物浓度的削减效果有关，还与径流量的削减效果密切相关。测定 1#过滤带 K_s（饱和导水率）= 5.05×10⁻⁴cm/s、2#过滤带 K_s = 5.16×10⁻⁴cm/s、3#过滤带 K_s = 4.51×10⁻⁴cm/s，1#和 2#植被过滤带的土壤渗透性稍强于 3#草本过滤带，沙棘起到改善土壤渗透性的作用。但 3#草本过滤带的阻水效果较好，水流通过过滤带的时间延长使下渗水量大。以上两方面综合的结果是，3#草本过滤带对径流量的削减率较高，从而使 3#草本过滤带对污染负荷的削减效果更好。

从表 9-1 可知，地表径流流经植被过滤带时，表层土壤中的氮可以通过淋溶和解吸进入径流中，导致出流 DN 含量大多不降反升。入流与出流中 DN 的含量变化相对于 PN 的含量变化较小，可见植被过滤带对地表径流中 DN 的浓度变化影响较小。植被过滤带对 DN 负荷量的削减主要是随径流下渗实现的，所以过滤带对 DN 负荷削减的影响主要表现在由植被的差异造成的水量削减率的不同；3#过滤带对 DN 负荷的削减效果较好。

从以上分析可知，地表径流流经植被过滤带时，植被具有拦截过滤污染物的作用；密集生长的草本植物能够较好地拦截污染物，阻滞水流，增加下渗水量，对颗粒态污染物有较强的净化效果；但植被过滤带对地表径流中 DN 的浓度变化影响较小；沙棘能够改善土壤的渗透性，但过高的郁闭度会影响到过滤带内草本植物的生长，降低过滤带对污染物的净化效果。

3. 水文条件

入流水文条件是直接影响植被过滤带对非点源污染物净化效果的重要因素。主要对流量和流态等入流水文条件作探索分析。

1）入流流量对植被过滤带净化效果的影响

植被过滤带通常设计为拦截净化其坡面以上区域的非点源污染物，因此入流流量是影响植被过滤带净化效果的重要因素。

（1）入流流量对 SS 净化效果的影响

流量对 SS 净化效果的影响可通过对第 2 次、第 4 次和第 7 次、第 8 次放水试验的结果进行分析得到。

从表9-2可以看出，在入流 SS 浓度在 1580～1675mg/L 时，3#和2#植被过滤带在入流流量为 0.0023m³/s 时对 SS 浓度和污染负荷的削减率均比入流流量为 0.0038m³/s 时大。对出流 SS 浓度进行比较，发现 3#过滤带在入流流量为 0.0023m³/s 时的出流 SS 浓度仅为入流流量为 0.0038m³/s 时的出流 SS 浓度的 69.3%；2#过滤带在入流流量为 0.0023m³/s 时的出流 SS 浓度仅为入流流量为 0.0038m³/s 时的出流 SS 浓度的 31.4%，同一植被过滤带在流量不同时出流 SS 浓度差异显著。

表9-2　2#和3#植被过滤带在不同流量情况下对 SS 的净化效果

试验序号	VFS	入流流量（m³/s）	入流 SS 浓度（mg/L）	出流 SS 浓度（mg/L）	浓度削减率（%）	入流水量（m³）	出流水量（m³）	水量削减率（%）	污染负荷削减率（%）
2	3（10m）	0.0023	1645	97	94.103	2.660	0.630	76.316	98.603
4	3（10m）	0.0038	1675	140	91.642	2.660	0.663	75.075	97.917
7	2	0.0023	1670	93	94.431	3.080	1.580	48.701	97.143
8	2	0.0038	1580	296	81.266	3.080	1.717	44.253	89.556

对比3#草本过滤带和2#复合过滤带的数据，可以发现，在流量从 0.0023m³/s 增大到 0.0038m³/s 后，虽然 3#和2#过滤带对 SS 浓度和负荷的削减率都有所下降，但2#过滤带的下降幅度要比3#过滤带大。这是由它们的植被条件不同造成的，原因如前所述：2#过滤带沙棘郁闭度高而草本植物长势差，在流量较小水流

未形成淹没流时对 SS 的过滤效果尚好，一旦流量增大形成淹没流，过滤效果便急剧下降。

　　植被过滤带的入流流量与其对 SS 的净化效果具有一定的对应关系：流量越大，过滤带对 SS 的净化效果越差，且流量的变化对草本群落欠发达的沙棘–草本植物复合过滤带的 SS 净化效果影响更为显著。因此，在进行植被过滤带设计时，应充分考虑当地的降雨量和降雨强度，结合过滤带上方污染源区的土壤和植被条件，分析计算不同重现期的降雨产生的进入植被过滤带的径流量。

　　（2）入流流量对氮素净化效果的影响

　　通过对第 2 次、第 4 次和第 7 次、第 8 次放水试验结果进行比较，分析流量的变化对地表径流中氮素净化效果的影响（图 9-4 和图 9-5）。

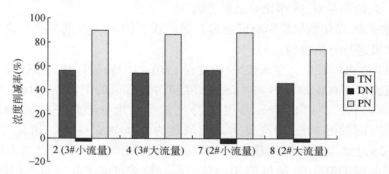

图 9-4　3#、2#植被过滤带在不同流量情况下对地表径流中氮素浓度的削减率

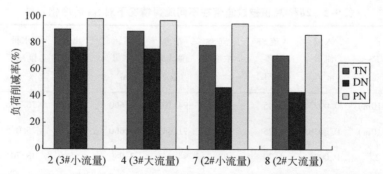

图 9-5　3#、2#植被过滤带在不同流量情况下对地表径流中氮素负荷的削减率

　　2#和 3#植被过滤带在入流流量为 0.0023m³/s 时，对 TN 浓度和负荷的削减率均较入流流量为 0.0038m³/s 时大，且由于两过滤带植被条件的不同，在流量增大的情况下，草本群落欠发达的 2#复合过滤带对 TN 的去除效果下降很大，流量变化表现出的对 TN 净化效果的影响与对 SS 净化效果的影响相似。

对植被过滤带在不同流量情况下对 DN 浓度的削减率进行比较，发现 2#和 3#过滤带均表现出在大流量的情况下 DN 浓度削减率高，但经研究认为这种差异并不是由入流浓度的变化引起的，而是由两个过滤带都是大流量放水在小流量放水后进行，经过前面一次放水后，地表土壤和腐殖质中 DN 浓度下降造成的。

过滤带带宽对 PN 削减效果的影响与其对 SS 削减效果的影响基本一致。植被过滤带的入流流量与其对地表径流中氮素的净化效果具有一定的对应关系：流量越大，过滤带对氮素的净化效果越差，且流量的变化对草本群落欠发达的灌草复合过滤带的氮素净化效果的影响更为显著。

2）模拟暴雨径流过程中植被过滤带的净化效果

一次降雨产流过程中其流量也是随时间变化的，因此考虑降雨径流中不同时段对植被过滤带净化效果的影响具有一定的现实意义。

（1）试验概况

①试验方法

试验在 2010 年 10 月进行，对 5 条过滤带（1#～5#）分别进行了放水试验，考虑大水量下不易搅拌均匀，设计水量约为 $4m^3$，每一次放水过程在 20min 左右，大致每次放水过程约采集 4 个水样。水样按采样时间顺序命名为时段 1、时段 2、时段 3 和时段 4。考虑到前期径流不稳定和前期径流冲刷效应的影响，时段 1 是植被过滤带出流 20s 后采集的水样，时段 2~4 是在大致稳定出流下每 2~5min 采集的水样。

②各次放水试验中时段平均入流流量

实测的流量过程线如图 9-6 所示。参考实测径流深，由曼宁公式估算水流流经植被过滤带的时间。再根据出口断面采样时间推算 4 个时间段，其中时段 1 取样时间短，则用对应的流量值作为时段 1 的平均入流流量。

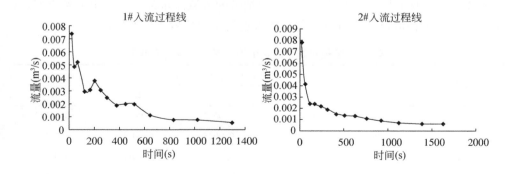

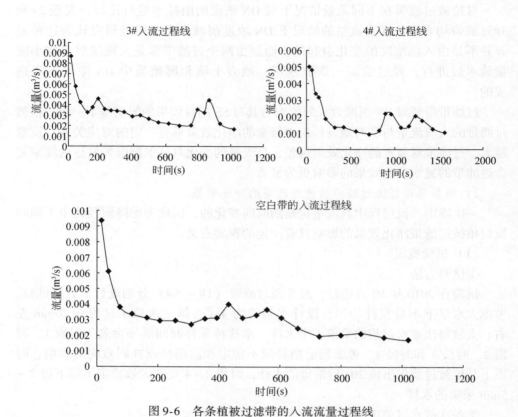

图 9-6 各条植被过滤带的入流流量过程线

由于是野外试验，受到人为记录和试验设施等条件的影响，图 9-6 中入流流量和水力学中孔流公式计算值相比存在一定的误差，因此实际操作时对流量过程线进行平滑处理后取平均值。统计 4 个时段的平均流量结果，如表 9-3 所示。从表 9-3 可知，从时段 1 到时段 4，各条植被带的入流流量都呈现出由大到小变化，由此分析暴雨径流过程中流量变化对植被过滤带净化效果的影响。

表 9-3 植被过滤带的 4 个不同时段平均入流流量

时段序号	时段平均入流流量/（m³/s）				
	1#	2#	3#	4#	5#
时段 1	0.0074	0.0078	0.0075	0.0075	0.0071
时段 2	0.0035	0.0023	0.0045	0.0032	0.0032
时段 3	0.0025	0.0019	0.0035	0.0012	0.0028
时段 4	0.0019	0.0014	0.0029	0.0010	0.0021

（2）植被过滤带对悬浮固体的净化效果

如表9-4所示为5条过滤带在不同时段流量下出口SS质量浓度的变化。各条植被过滤带在各个时段的出口质量浓度变化趋势是一致的，即$C_{出1}>C_{出2}>C_{出3}>C_{出4}$；在时段1中，各条植被过滤带对SS质量浓度的削减率最低，主要是前期的入流流量较大，水流的挟沙能力大，植被只使得少部分颗粒发生沉淀作用；后面的3个时段中，入流流量逐渐减小，SS质量浓度的削减效果也越来越好，在时段4中1#~4#过滤带的SS质量浓度削减率范围达到67.72%~74.33%。在5#空白对照带出流中SS质量浓度并没有增加，含沙水流经过低坡度裸土带时，因地面凹凸不平一部分泥沙可能被拦截。

表9-4　各条植被过滤带在4个不同时段中悬浮固体质量浓度变化

VFS	$C_{进}$ (mg/L)	$C_{出i}$ (mg/L)				$R_{出i}$ (%)			
		$C_{出1}$	$C_{出2}$	$C_{出3}$	$C_{出4}$	$R_{出1}$	$R_{出2}$	$R_{出3}$	$R_{出4}$
1#	3748	1674	1406	1250	1032	55.34	62.49	66.65	72.47
2#	2944	1486	1224	1062	922	49.52	58.42	63.93	68.68
3#	3374	1904	1248	1052	866	43.57	63.01	68.82	74.33
4#	2466	1568	1402	798	796	36.42	43.15	67.64	67.72
5#	3260	3082	2544	2160	1718	5.46	21.96	33.74	47.30

对照5#空白带，植被过滤带对悬浮固体的净化效果较明显。总体看来，4条植被过滤带对悬浮固体的净化效果按从大到小排序为：3#草本过滤带>1#过滤带>2#过滤带>4#过滤带。比较植被可知4#过滤带的沙棘草本混合段最长，其次是2#过滤带，说明草本阻滞水流物理拦截污染物的效果较好，与前面研究一致。

由表9-3知10m长的1#~3#植被过滤带在时段1的平均入流流量相近，但从表9-4可见3#草本过滤带在时段1的出流质量浓度削减率低于1#、2#过滤带。植被过滤带净化过程中伴随有非点源污染物的产生现象，在初期3#草本过滤带内残留物较多，从而净化效果欠佳。

（3）植被过滤带对氮素的净化效果

表9-5为植被过滤带在不同时段流量下对总氮、溶解态氮和颗粒态氮的质量浓度削减情况。4条植被过滤带在4个时段出流中总氮和颗粒态氮的质量浓度呈递减趋势；不同植被过滤带对总氮和颗粒态氮的质量浓度削减规律与对悬浮固体的规律一致。另外，植被过滤带对颗粒态氮的质量浓度削减率高于对总氮的质量浓度削减率。4条植被过滤带对总氮和颗粒态氮均有净化效果，而5#空白带在4个时段中总氮和颗粒态氮的质量浓度均高于进口时的质量浓度，裸土地表没有植

被机械阻挡，地表糙率较小，水流会携带地表一些细小颗粒，使出口氮质量浓度增高。

表 9-5　各条植被过滤带在 4 个不同时段中氮素质量浓度变化

指标	VFS	$C_{进}$ (mg/L)	$C_{出i}$ (mg/L)				$R_{出i}$ (%)			
			$C_{出1}$	$C_{出2}$	$C_{出3}$	$C_{出4}$	$R_{出1}$	$R_{出2}$	$R_{出3}$	$R_{出4}$
总氮	1#	21.05	19.85	19.41	19.23	19.06	5.70	7.79	8.65	9.45
	2#	16.75	16.5	15.75	15.55	15.45	1.49	5.97	7.16	7.76
	3#	15.7	14.86	14.45	14.25	14	5.35	7.96	9.24	10.83
	4#	11.95	11.7	11.35	11.05	10.9	2.09	5.02	7.53	8.79
	5#	13.55	17.40	17.50	17.45	17.40	—	—	—	—
溶解态氮	1#	12.05	12.09	12.06	11.95	12.27	−0.33	−0.08	0.83	−1.83
	2#	10.69	10.9	10.56	10.59	10.9	−1.96	1.22	0.94	−1.96
	3#	11.41	12.08	12.05	12.73	12.87	−5.87	−5.61	−11.57	−12.80
	4#	7.05	7.05	7.01	6.64	6.81	0.00	0.57	5.82	3.40
	5#	11.40	8.78	11.88	12.33	12.05	—	—	—	—
颗粒态氮	1#	9	7.76	7.35	7.28	6.79	13.78	18.33	19.11	24.56
	2#	6.06	5.6	5.19	4.96	4.55	7.59	14.36	18.15	24.92
	3#	4.29	2.78	2.4	1.52	1.13	35.20	44.06	64.57	73.66
	4#	4.9	4.65	4.34	4.41	4.09	5.10	11.43	10.00	16.53
	5#	2.14	8.62	5.62	5.12	5.35				

　　分析过滤带的出流溶解态氮质量浓度变化可知，4 个时段流量下溶解态氮的质量浓度有增有减，变化幅度不大，植被过滤带对溶解态污染物影响较小。其中 3#草本过滤带出流中溶解态氮的质量浓度增加幅度较大，削减率为−5.61% ～−12.80%，原因可能是草本过滤带对降低浅层土壤中溶解态氮的效果比林木过滤带差，3#草本过滤带内表层土壤中溶解态氮的质量分数较高，易释放到径流中使氮质量浓度增加；此外，可见 3#过滤带在时段 3、时段 4 的出流溶解态氮质量浓度增加幅度比时段 1 和时段 2 大，结合表 9-4 中 3#过滤带在时段 1 对悬浮固体的净化效果较差的情况可知，初期径流以冲刷植被过滤带内坡面污染物为主，后期以溶解表层土壤中污染物的作用为主。

　　由以上可知：模拟暴雨径流过程中，4 个时段入流流量下植被过滤带出流中悬浮固体、总氮和颗粒态氮的质量浓度变化趋势是一致的，随着入流流量的减小，植被过滤带的净化效果更为显著，其中草本过滤带的净化效果最好。而在不同时段入流流量下各条植被过滤带对溶解态氮的浓度影响不大，其质量浓度有增有减但变化幅度不大。

4. 不同入流污染物的浓度

1）入流泥沙浓度对 SS 净化效果的影响

如表 9-6 所示为植被过滤带在不同入流泥沙浓度下出口 SS 质量浓度的变化。第 2 次、第 3 次放水试验在 3#植被过滤带进行，入流 SS 浓度分别为 1645mg/L 和 2845mg/L；第 5 次、第 6 次放水试验在 1#植被过滤带进行，入流 SS 浓度分别为 1735mg/L 和 2700mg/L。在入流流量为 0.0023m³/s 时，3#和 1#植被过滤带在入流 SS 浓度大幅度升高的情况下，对 SS 浓度和负荷的削减率并没有明显的影响。计算 2、3、5、6 次放水试验时过滤带对 SS 负荷的削减量，分别为 4314.59g、8272.19g、4468.94g 和 7693.40g，说明在入流 SS 浓度较大时，植被过滤带对 SS 负荷的绝对削减量大。对于同一个植被过滤带而言，在水流条件和泥沙综合条件（密度、沉速）相同的情况下，水流挟沙力是一定的。在相同过滤带进行两次水流和泥沙条件相似的放水试验，较高浓度的含沙水流会有较多的泥沙在过滤带中沉积。

表 9-6　3#和 1#植被过滤带在不同入流泥沙浓度时 SS 的净化效果

试验序号	VFS	入流流量（m³/s）	入流 SS 浓度（mg/L）	出流 SS 浓度（mg/L）	浓度削减率（%）	入流水量（m³）	出流水量（m³）	水量削减率（%）	污染负荷削减率（%）
2	3（10m）	0.0023	1645	97	94.103	2.660	0.630	76.316	98.603
3	3（10m）	0.0023	2845	151	94.692	2.940	0.610	79.252	98.899
5	1	0.0023	1735	120	93.084	2.660	1.218	54.211	96.833
6	1	0.0023	2700	200	92.593	2.940	1.223	58.401	96.919

入流 SS 浓度范围内，SS 浓度的变化并不会显著影响植被过滤带对 SS 浓度和负荷的削减率，但 SS 负荷的绝对削减量会随入流 SS 浓度的增大而增大。

2）入流 TN 浓度对氮素净化效果的影响

第 2 次、第 3 次放水试验在 3#植被过滤带进行，入流 TN 浓度分别为 5.554mg/L 和 7.820mg/L；第 5 次、第 6 次放水试验在 1#植被过滤带进行，入流 TN 浓度分别为 5.586mg/L 和 7.730mg/L。在此条件下，以上两条植被过滤带对氮素的净化效果如表 9-7、图 9-7 和图 9-8 所示。可以看出，在入流 TN 浓度较大的情况下，3#（10m）与 1#植被过滤带对地表径流中 TN 浓度和负荷的削减率均较入流浓度小时高，说明植被过滤带对 TN 的净化效果与过滤带的入流 TN 浓度有关，入流 TN 浓度越高，过滤带对 TN 的净化效果越好。而前文的数据显示入流泥沙浓度的变化对 SS 去除效果并没有显著影响，这说明虽然地表径流中的 TN 浓度和 SS 浓度存在很好的相关性，但入流污染物浓度的变化对植被过滤带污染物净化效果的影响却并不相同。

表 9-7　3#、1#植被过滤带在不同入流 TN 浓度时对地表径流氮素的去除效果

试验序号		2	3	5	6
VFS		3#（10m）	3#（10m）	1#	1#
入流 SS 浓度（mg/L）		1645	2845	1735	2700
入流水量（m³）		2.660	2.940	2.660	2.940
出流水量（m³）		0.630	0.610	1.218	1.223
水量削减率（%）		76.316	79.252	54.211	58.401
TN	入流浓度（mg/L）	5.554	7.820	5.586	7.730
	出流浓度（mg/L）	2.398	2.500	2.513	2.650
	浓度削减率（%）	56.824	68.031	55.013	65.718
	负荷削减率（%）	89.774	93.367	79.400	85.739
DN	入流浓度（mg/L）	1.989	2.096	1.868	2.302
	出流浓度（mg/L）	2.034	2.032	2.076	2.075
	浓度削减率（%）	-2.262	3.053	-11.135	9.861
	负荷削减率（%）	75.780	79.885	49.112	62.503
PN	入流浓度（mg/L）	3.565	5.724	3.718	5.428
	出流浓度（mg/L）	0.364	0.468	0.437	0.575
	浓度削减率（%）	89.790	91.824	88.246	89.407
	负荷削减率（%）	97.582	98.304	94.618	95.593

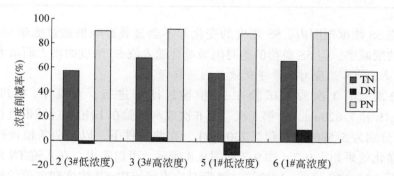

图 9-7　3#、1#植被过滤带在不同入流 TN 浓度对地表径流氮素浓度的削减效果

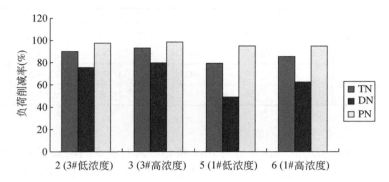

图 9-8　3#、1#植被过滤带在不同入流 TN 浓度对地表径流氮素负荷的削减效果

对不同入流 TN 浓度时过滤带对 DN 的净化效果进行比较，发现 3#（10m）和 1#过滤带在 TN 含量低时对 DN 浓度的削减率均为负，而在 TN 含量高时都能够小幅度削减 DN 浓度，其原因除了前面分析的放水致使土壤和腐殖质中 DN 含量下降，可释放进入地表径流中的 DN 减少外，TN 含量高的径流中 DN 浓度也较高，土壤和腐殖质中的 DN 不易向其中扩散也是一个因素。

对 PN 的削减效果进行比较，发现入流 TN 含量增大后，3#（10m）和 1#过滤带对 PN 浓度和负荷的削减率均略有增大。植被过滤带对 TN、DN 和 PN 的削减效果均表现为入流 TN 浓度越高，污染物的净化效果越好。

5. 带宽

1）带宽对 SS 净化效果的影响

3#植被过滤带在带宽分别为 10m 和 15m 时对 SS 的净化效果如表 9-8 所示。

表 9-8　3#植被过滤带在不同带宽条件下对 SS 的净化效果

试验序号	带宽（m）	入流流量（m³/s）	入流 SS 浓度（mg/L）	出流 SS 浓度（mg/L）	浓度削减率（%）	入流水量（m³）	出流水量（m³）	水量削减率（%）	污染负荷削减率（%）
1	10	0.0023	1630	110	93.252	2.660	0.493	81.466	98.749
	15			109	93.313		0.099	96.278	99.751
2	10	0.0023	1645	97	94.103	2.660	0.630	76.316	98.603
	15			96	94.164		0.182	93.158	99.601
3	10	0.0023	2845	151	94.692	2.940	0.610	79.252	98.899
	15			105	96.309		0.167	94.31973	99.790

试验序号	带宽（m）	入流流量（m³/s）	入流SS浓度（mg/L）	出流SS浓度（mg/L）	浓度削减率（%）	入流水量（m³）	出流水量（m³）	水量削减率（%）	污染负荷削减率（%）
4	10	0.0038	1675	140	91.642	2.660	0.663	75.07519	97.917
	15			120	92.836		0.202	92.40602	99.456

2）带宽对氮素净化效果的影响

通过比较3#植被过滤带在带宽为10m和15m时对氮素的削减率（表9-9），分析过滤带带宽对氮素净化效果的影响。4次放水试验中3#植被过滤带前10m对TN浓度的削减率基本和15m的削减率一致，带宽的增加并没有明显降低地表径流中TN的浓度。由于10m断面与15m断面的出流TN浓度基本相同，所以两个断面的出流水量成为植被过滤带对TN负荷削减率的唯一影响因素。显然对同一过滤带而言，随着径流在其中流动距离的增长，水流会不断下渗，地表径流量将不断减小，植被过滤带在15m处对TN负荷的削减率较10m处有较大幅度的增加。

表9-9　3#过滤带不同带宽情况下对氮素净化效果比较

试验序号		1		2		3		4	
带宽（m）		10	15	10	15	10	15	10	15
入流流量（m³/s）		0.0023		0.0023		0.0023		0.0038	
入流水量（m³）		2.660		2.660		2.940		2.660	
出流水量（m³）		0.493	0.099	0.630	0.182	0.610	0.167	0.663	0.202
水量削减率（%）		81.466	96.278	76.316	93.158	79.252	94.319	75.075	92.406
TN	入流浓度（mg/L）	5.389		5.554		7.820		5.459	
	出流浓度（mg/L）	2.531	2.500	2.398	2.412	2.500	2.410	2.500	2.431
	浓度削减率（%）	53.034	53.609	56.824	56.572	68.031	69.182	54.204	55.468
	负荷削减率（%）	91.295	98.273	89.774	97.029	93.367	98.249	88.585	96.618
DN	入流浓度（mg/L）	2.042		1.989		2.006		2.033	
	出流浓度（mg/L）	2.143	2.114	2.034	2.049	2.032	2.034	2.032	2.010
	浓度削减率（%）	−4.946	−3.526	−2.262	−3.017	−1.296	−1.396	0.049	1.131
	负荷削减率（%）	80.549	96.147	75.780	92.951	78.983	94.240	75.087	92.492
PN	入流浓度（mg/L）	3.348		3.565		5.814		3.426	
	出流浓度（mg/L）	0.388	0.386	0.364	0.363	0.468	0.376	0.468	0.421
	浓度削减率（%）	88.411	88.471	89.790	89.818	91.950	93.533	86.340	87.712
	负荷削减率（%）	97.852	99.571	97.582	99.303	98.330	99.633	96.595	99.067

　　由于表层土壤和腐殖质中 DN 的释放，前三次放水试验地表径流在流经植被过滤带后 DN 浓度都有所上升，仅在第四次放水试验时过滤带对 DN 浓度表现出有削减效果，但削减率极低。植被过滤带对 DN 负荷的削减，主要是通过水流下渗实现的，所以带宽对植被过滤带对 DN 负荷的削减效果影响显著。另外对四次放水试验 DN 浓度的变化情况进行分析，发现随着放水次数的增加，径流中 DN 浓度的增加幅度逐渐减小，这说明在第一次放水前土壤和腐殖质中的 DN 含量是较高的，随着水流在过滤带中的流动，土壤和腐殖质中的 DN 不断释放进入径流中，当土壤和腐殖质中的 DN 含量降低到一定水平后，就不会再向水体释放了。

　　植被过滤带带宽对 PN 净化效果的影响与其对 SS 净化效果的影响基本一致。

6. 土壤初始含水量

1) 土壤初始含水量对 SS 净化效果的影响

　　第 1 次和第 2 次放水试验，均在 3#植被过滤带进行。第 1 次和第 2 次放水试验前，测得过滤带土壤的体积含水量 θ_v 分别为 20.6% 和 41.8%，两次放水试验的其他条件基本相似。两次试验 3#过滤带对 SS 的净化效果如表 9-10 所示。可以看出，两次放水试验 3#过滤带带宽为 10m 和 15m 时对 SS 负荷的削减率均非常接近，但两次试验过滤带的出流水量表现出了较大的差异：在入流水量相同的情况下，θ_v=20.6% 时植被过滤带 10m 断面和 15m 断面的出流水量分别只有 θ_v=41.8% 时上述两断面的出流水量的 78.3% 和 54.4%，说明植被过滤带在土壤较干燥时能够截留更多的地表径流。另外试验结果显示，在过滤带土壤较干燥时其对 SS 浓度的削减率比土壤较湿润时略低。分析其原因，应是由于较干燥的土壤黏结力小，土壤抗冲能力低，加之第 1 次放水前过滤带中的枯枝落叶和地表浮尘较多，水流进入过滤带后冲刷松散的枯枝落叶层和表层土壤，造成了水流中的 SS 浓度增大。

表 9-10　不同土壤初始含水量时 3#植被过滤带对 SS 的净化效果

试验序号	带宽（m）	θ_v（%）	入流 SS 浓度（mg/L）	出流 SS 浓度（mg/L）	浓度削减率（%）	入流水量（m³）	出流水量（m³）	水量削减率（%）	污染负荷削减率（%）
1	10	20.6	1630	110	93.252	2.660	0.493	81.466	98.749
2	10	41.8	1645	97	94.103	2.660	0.630	76.316	98.603
1	15	20.6	1630	109	93.313	2.660	0.099	96.278	99.751
2	15	41.8	1645	96	94.164	2.660	0.182	93.158	99.601

　　土壤初始含水量影响过滤带拦截 SS 的效果表现出双重性：一方面干燥的土壤有利于水流的下渗，这对降低水流挟沙能力，减少污染物进入受纳水体的污染负荷有益；另一方面过于干燥的表层土壤黏结力低，很容易被水流侵蚀，从而加大径流中 SS 的浓度。

　　2）土壤初始含水量对氮素净化效果的影响

　　通过比较 3#植被过滤带在不同土壤初始含水量情况下对氮素的削减率（图9-9、图9-10），分析土壤含水量对地表径流氮素净化效果的影响。在过滤带土壤较干燥时其对 TN 浓度的削减率比土壤较湿润时低，这是由于较干燥的土壤黏结力小，土壤抗冲能力低，水流将一部分表层土和过滤带中集聚的浮尘冲刷了起来，而表土和浮尘中都含有一定量的氮，这一点可以从过滤带在土壤初始含水量低时对 PN 浓度的削减率低得到印证。但是由于初始含水量低的过滤带对地表径流量的削减率高，所以 3#植被过滤带在 $\theta_v = 20.6\%$ 时对 TN 负荷的削减率还是比 $\theta_v = 41.8\%$ 时略高。

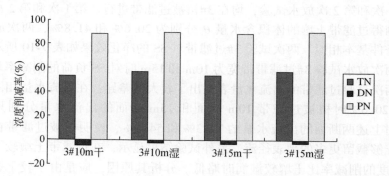

图 9-9　不同土壤初始含水量时 3#植被过滤带对地表径流中氮素浓度的削减率

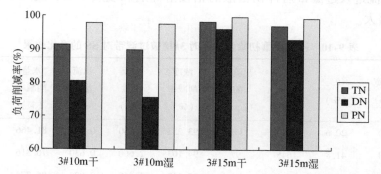

图 9-10　不同土壤初始含水量时 3#植被过滤带对地表径流中氮素负荷的削减率

　　两次放水试验径流流经 3#过滤带后 DN 浓度都有所上升，说明腐殖质和表层土壤中的 DN 进入了地表径流中。第 1 次放水试验比第 2 次放水试验 DN 浓度的增加幅度小，是由于第 1 次放水试验时径流带走了部分表层土壤和腐殖质中的 DN，使得第 2 次放水试验时土壤和腐殖质释放进入地表径流中的 DN 的量有所减少造成的。$\theta_v = 20.6\%$ 时进入水体的 DN 比 $\theta_v = 41.8\%$ 时多，也是造成在过滤带土壤较干燥时其对 TN 浓度削减率比土壤较湿润时低的原因之一。但由于 DN 负荷的削减主要是通过径流下渗来实现的，初始含水量低的植被过滤带对削减地表径流量的作用强，所以初始含水量低的过滤带对 DN 负荷的削减效果要强于初始含水量高的过滤带。土壤初始含水量对 PN 净化效果的影响与其对 SS 净化效果的影响基本相同。

9.1.4　净化效果

1. 非点源污染净化效果

植被过滤带是一种重要的非点源污染控制措施。大量的研究报道，当地表径流流经植被过滤带时，径流中携带的非点源污染物质能够得到削减。也有研究认为植被过滤带对地表径流中污染物的削减效果欠佳，溶解性的氮、磷进入植被过滤带后甚至出现浓度增大现象。植被过滤带系统实际是一个动态系统，其净化效率并不是一直不变的，当系统内污染物不断增加而又没有适当管理时，就可能产生污染。

1）试验概况

在植被过滤带上设置了 0m、3m、6m、10m、15m 共 5 个断面。采集了初始水样和混合水样，初始水样为上述各个设置断面的初期径流水样；混合水样为在各个设置断面每 2min 采集大约 20mL 的水样装入同一个水样瓶中均匀混合。

1~4 组试验分别对 1#、2# 和 3# 过滤带进行了 3 次干（即保持原有的土壤初始含水量）放水试验和 1# 过滤带的一次重复放水试验，采集了沿程各个断面（包括进口断面）的初始水样和混合水样，5~10 组试验是对 3# 过滤带连续进行了 6 次放水试验，采集了进出口的混合水样。为了分析植被过滤带净化效果的不利影响因素，根据经验设计入流流量较大，入流 SS 浓度较低或者采用背景值，1~4 组试验设为植被过滤带植被生物量较少的 10 月底进行。

2）植被过滤带地表径流中初期出流浓度和平均浓度的分析比较

在通常情况下，初期降雨径流的污染物含量在整个径流过程中是最高的，这种现象被称为降雨初始冲刷效应。3 条植被过滤带的前 4 次放水试验方案见表 9-11，采集了植被过滤带中各个设置断面的初始水样（初始浓度）和混合水样（平均浓度），并分析了其总氮浓度沿流程的变化，如图 9-11 所示。

表 9-11　放水试验方案

试验序号	植被带	设计水量 (m³)	泥沙用量 (kg)	设计入流流量 (L/s)	设计泥沙浓度 (kg/m³)
1	1#（干）	7	14	10	2
2	2#（干）	7	14	10	2
3	1#	7	20	10	2.86
4	3#（干）	7	20	10	2.86
5	3#（干）	4.2	0	15	背景值
6	3#	4.2	0	15	背景值
7	3#	4.2	0	10	背景值
8	3#	4.2	8.4	10	2
9	3#	4.2	8.4	17	2
10	3#	4.2	12	17	2.86

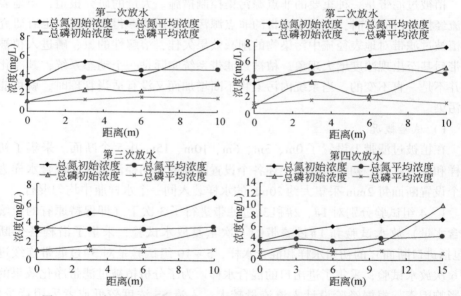

图 9-11　3 条植被过滤带总氮、总磷的初始浓度和平均浓度的沿程变化

　　1~4 组放水试验中总氮的初始浓度上下波动起伏，总体趋势是增大的；在各个断面中，总体上总氮的初始浓度均大于平均浓度；总氮的平均浓度沿程变化不大，植被过滤带的净化效果不明显，植被过滤带总氮进口浓度和出口浓度大体平衡。初期径流流经植被过滤带时，由于植被过滤带中表土疏松且累积有较多的污染物，容易携带一部分溶解态的污染物和一些地表的细小颗粒，植被过滤带产

生了非点源污染。当植被过滤带内坡面及表层土壤中初始污染物含量高于地表径流中的污染物浓度时，可以使出流总氮初始浓度升高。径流冲刷是个复杂的动态过程，植被过滤带内地表污染物分布不均匀，地表坡度不均匀，地表植被分布的差异性导致了初始浓度上下波动。另外，对于同一次放水试验，水流挟沙力、侵蚀力和坡面初始污染物的量是一定的，随着冲刷时间的延长，其后平均浓度沿程变化不大。

比较 1# 过滤带土壤干湿（即试验序号为 1 号和 3 号）时放水试验结果发现：两次放水中沿程总氮的初始浓度和平均浓度变化趋势基本是一致的；1 号、3 号放水试验中的总氮进口初始浓度分别为 2.9mg/L 和 3mg/L 相近，但 1 号试验中 10m 出口总氮初始出流浓度达到 7.4mg/L，3 号试验中初始出流浓度为 6.6mg/L，显然是在土壤湿润时初始出流浓度增幅较小；由总氮的进出口平均浓度比较知，3 号试验总氮的平均出流浓度的增幅较小，约增加 6%，而 1 号试验总氮平均出流浓度比进口增加 42%。

总体看来，3 号试验中的初始浓度和平均浓度沿程变化曲线比 1 号试验中的浓度曲线平缓，因进行 1 号放水试验时，植被过滤带内土壤初始含水量较低，较干燥的土壤黏结力小，且累积有较多的污染物，径流流经植被过滤带时产生非点源污染物的量较大，从而出流浓度相对于进口浓度的变化幅度大。

由以上分析可知，植被过滤带产生非点源污染和净化非点源污染是同时进行的，是一个复杂的动态系统；当植被过滤带内坡面及表层土壤中初始氮含量较高时，氮产生的量将大于植被过滤带净化的量，即植被过滤带非点源污染的产生过程起主要作用。

3）植被过滤带径流中固体悬浮物浓度变化分析

降雨产生径流后，坡面非点源污染物由两种形式进入径流：一种是吸附运移，径流在坡地上的运移会导致表土的流失，表土的颗粒较细且吸附着较多污染物，这种形式下产生的是颗粒态的污染物；另一种是产生溶解作用，地表径流在坡面上运移时，表层土壤容易发生溶解作用，一般这种形式下产生的是溶解态的污染物。土壤中磷素大部分以颗粒态形式随地表径流迁移，另外径流中颗粒态氮和颗粒态磷性质较稳定，与径流中固体悬浮物的量有较大的相关性，因此在此通过 10 次放水试验，主要分析植被过滤带径流中固体悬浮物和溶解态氮浓度的变化。

10 场放水试验中进出口固体悬浮物浓度的变化结果如表 9-12 所示。在入流平均流量为 8~15 L/s，土壤初始体积含水量为 20.6% 时，即 1、2、4、5 号试验中植被过滤带的出流 SS 浓度均增加，较干燥的土壤黏结力小，抗冲能力低，各过滤带坡面非点源污染占主导作用，径流再次被污染。其中 5 号试验出口浓度相对于进口浓度增加幅度最大，其浓度削减率出现 −1026% 的情况，究其主要原因是最大入流流量达到了 0.119m^3/s，初期水流不稳定，从 8s 到 146s 后才趋于稳定，植被过滤带在这种不稳定大流量冲刷下，坡面侵蚀加重，大量的悬浮固体将被带出过滤带，出流浓度大幅度增加。此外，2#植被过滤带悬浮物浓度增加幅度稍大，通过植被调查得知：1#有 3 排沙棘，2#有 8 排沙棘，3#为野生草本植物；其中 1#和 2#植被过滤带中平均每排有 3 ~ 4 棵沙棘，其基径平均在 2.4 ~ 3.2cm，高度均在 1.6m 以上，冠幅均在 1.2m 以上，植被过滤带沙棘段的郁闭度很高，达到了 0.8 以上，使得矮小植被仅有很少部分生存下来，径流通过植被过滤带沙棘段时植被拦截能力差，对悬浮固体的净化作用较差，以产生非点源污染为主。2#过滤带内高大沙棘较多使整个植被过滤带郁闭度高，加上 2 号试验时最大入流流量稍大且持续时间较长，使 2#植被过滤带 SS 出流浓度的增加幅度较大。

表 9-12　各次放水 SS 的进出口浓度

试验序号	植被过滤带	土壤初始体积含水量（%）	最大入流流量出现时刻（s）	最大入流流量（L/s）	较稳定入流流量出现时刻（s）	较稳定入流流量平均值（L/s）	$C_进$（mg/L）	$C_出$（mg/L）	R_C（%）
1	1#（干）	20.6	25	11	50	10	89	109	−22.47
2	2#（干）	20.6	28	16	144	12	81	132	−62.96
3	1#	41.0	24	12	75	9	230	232	−0.87
4	3#（干）	20.6	23	12	51	8	220	280	−27.27
5	3#（干）	20.3	8	119	146	7	50	563	−1026
6	3#	37.2	32	26	281	15	29	102	−251.72
7	3#	41.8	13	46	51	7	37	34	8.11
8	3#	43.0	25	43	66	14	115	89	22.61
9	3#	43.0	16	37	73	17	166	150	9.64
10	3#	43.0	20	30	109	16	202	147	27.23

　　注：表中 4 号试验 3#植被过滤带的出口浓度为 10m 断面的出流浓度，以下各表同。

　　由植被过滤带土壤湿润时放水试验的结果可知，3 号试验 SS 的浓度削减率为−0.87%，浓度并未明显增大；3#植被过滤带在第 6 号试验比 5 号试验的浓度增幅小，但 6 号试验最大入流流量为 26L/s，持续 249s，其流量峰值与平均流量值相差不大，即一直保持较大流量的冲刷，造成了 251.72%的增幅。3#植被过滤带在 7 ~ 10 号试验中对 SS 的浓度削减率均为正，在入流平均流量为 7 ~ 17L/s 下有较低的削减效率，浓度降低了 8.11% ~ 27.23%。经过较长时间冲刷后，径流带走了大部分的植被过滤带表层松动的细颗粒和浮尘，在后面试验时坡面污染物变少，非点源污染物的产生量减少，植被过滤带净化污染物的量大于污染物产生的量，则表现了其净化的功能；径流所能携带坡面的悬浮固体是有限的，随着连续试验冲刷次数的增加，相似水流条件下，净化效率逐渐增强，10 号试验的净化效率最高, 达到 27.23%。9 号试验的入流平均流量最大, 浓度削减率稍低。入流流量条件对植被过滤带的影响较大。

从以上分析可知, 植被过滤带产生悬浮固体以及颗粒态污染物污染的主要原因是径流对植被过滤带土壤的侵蚀冲刷作用, 植被过滤带内土壤的初始含水量和入流流量条件对植被过滤带净化效果的影响较大。查阅相关研究认为植被过滤带的单宽流量一般为 0.0004~0.004m³/(s·m), 宽度为 3m 的流量范围为 0.0012~0.012m³/s。从表 9-12 也可知, 在土壤初始体积含水量比 41.0% 大时, 入流流量控制在 12L/s 内, 坡度为 2% 的植被过滤带对悬浮固体以净化作用为主; 若土壤初始含水量较低, 自然草地过滤带的入流流量在 7 L/s 以上时, 径流水可能再次被污染。野外试验的干扰因素较多, 数据误差较大, 所得仅是大致情况。

4) 植被过滤带径流中氮素的浓度变化分析

颗粒态氮的性质较稳定, 植被过滤带对颗粒态氮净化效果的影响因素与 SS 一致。然而有研究表明, 8%~80% 的氮以溶解态的形式随地表径流流失。因此有必要分析植被过滤带对溶解态氮的影响, 其中溶解态氮主要包括氨氮、硝氮等。试验结果如表 9-13 所示。植被过滤带对溶解态氮的影响规律与 SS 不同, SS 的浓度变化主要是与水流冲刷和颗粒沉淀的物理作用相关, 而氨氮、硝氮在植被过滤带中会发生一系列生物化学变化, 包括植物吸收、吸附以及氮的转化等, 因此出流浓度波动较大。对比 1# 和 3# 过滤带的干湿放水试验, 土壤较干燥时各种氮素浓度的增加幅度大于后面放水试验的结果, 原因如前所述, 首次放水对地表的冲刷作用大。

表 9-13 各次放水溶解态氮素进出口浓度

序号	VFS	总氮			氨氮			硝氮		
		$C_进$	$C_出$	R_C	$C_进$	$C_出$	R_C	$C_进$	$C_出$	R_C
1	1# (干)	2.8	3.8	−35.71%	0.298	0.39	−30.87%	0.051	0.072	−41.18%
2	2# (干)	3.1	4.1	−32.26%	0.27	0.303	−12.22%	0.057	0.059	−3.51%
3	1#	2.7	3.5	−29.63%	0.295	0.326	−10.51%	0.061	0.07	−14.75%
4	3# (干)	3.3	4.3	−23.26%	0.345	0.413	−19.71%	0.05	0.053	−6%
5	3# (干)	2.6	3.6	−38.46%	1.093	0.685	37.33%	0.23	0.255	−10.87%
6	3#	2.2	2.3	−4.55%	0.328	0.323	1.52%	0.37	0.25	32.43%
7	3#	2.2	3.8	−72.73%	0.061	0.211	−245.90%	0.415	0.33	20.48%
8	3#	3.7	2.1	43.24%	0.624	0.444	28.85%	0.14	0.175	−25%
9	3#	1.9	1.8	5.26%	1.234	0.598	51.54%	0.23	0.18	21.74%
10	3#	1.3	1.3	0	0.46	0.408	11.30%	0.2	0.205	−2.50%

注: 浓度单位为 mg/L。

当入流浓度较大时，植被过滤带对溶解态氮有一定的净化作用，其原因可能是入流浓度比植被过滤带中土壤本底浓度大时，土壤中的氮不易向径流扩散迁移，而表层土壤的吸附使得溶解态氮浓度有一定程度的减小；当入流浓度较小时，表层土壤中的氮会释放到径流中，对其浓度有较大影响，如表 9-13 出现浓度增加幅度为 245.9% 的情况。表 9-13 中总氮的浓度变化是颗粒态氮和溶解态氮共同作用的结果，因此，植被过滤带内土壤的初始特性、入流流量条件以及入流污染物浓度对出流总氮浓度影响较大。各个植被过滤带首次放水试验结果表明：三条植被过滤带的总氮的增加幅度接近，2#和3#植被过滤带的氨氮、硝氮浓度增加的幅度也较为接近，说明草本植被和灌木对地表径流中溶解态氮的影响差异不大。

2. 水中的泥沙粒径分析

植被过滤带对非点源污染有较好的净化效果，特别是对悬浮固体或者泥沙。对进出口水样中的泥沙的颗粒级配进行分析，比较各个植被过滤带中进出口水样中泥沙粒径分布变化。

1）植被过滤带中进出口水样中泥沙粒径分布以及变化情况

在 2010 年试验中采集了 5 条植被过滤带进出口的混合水样，用马尔文激光粒度分析仪分析了进出口水样中泥沙各种粒径所占的体积分布。各次放水试验的入流流量和泥沙浓度见表 9-14。进出口水样中泥沙各个粒径分布变化见表 9-15。

表 9-14　各植被过滤带的入流流量和泥沙浓度

植被过滤带	1#	2#	3#	4#	空白
流量（m³/s）	0.0039	0.0043	0.0039	0.0039	0.0039
泥沙浓度（mg/L）	3748	2944	3374	2466	3260

表 9-15　各个植被过滤带进出口水样中泥沙粒径统计

	VFS	各个粒径范围的百分比（%）							
		0.01 ~ 0.5μm	>0.5 ~ 1μm	>1 ~ 10 μm	>10 ~ 30μm	>30 ~ 50μm	>50 ~ 80μm	>80 ~ 100μm	>100 ~ 250μm
进口	1#	0.8	4.06	30.39	35.5	18.98	9.1	1.17	0
	2#	0.65	3.49	26.45	34.65	20.83	10.96	2.1	0.87
	3#	0.71	3.99	34.28	38.04	16.35	6.52	0.1	0
	4#	0.72	4.3	37.61	40.48	13.05	3.51	0.28	0.04
	5#	0.69	3.62	28.26	35.55	19.62	9.81	1.78	0.66

VFS		各个粒径范围的百分比（%）							
		0.01 ~ 0.5μm	>0.5 ~ 1μm	>1 ~ 10 μm	>10 ~ 30μm	>30 ~ 50μm	>50 ~ 80μm	>80 ~ 100μm	>100 ~ 250μm
出口	1#	0.71	4.88	55.88	33.13	4.58	0.82	0	0
	2#	0.73	4.8	53.13	35.94	5.24	0.16	0	0
	3#	0.81	5.39	61.6	29.85	2.35	0	0	0
	4#	1.01	6.21	65.15	25.32	1.99	0.32	0.01	0
	5#	0.58	3.81	41.92	40.51	10.99	2.19	0	0

　　从表9-15可知，对于粒径为0.01~1μm之间的泥沙，在进出口水样中所占比例较小，在各植被过滤带出流水样中该粒径下的泥沙体积百分比相对于进口有小幅度增加；粒径为1~30μm之间的泥沙在进出口水样中所占的比例最多，占总体粒径分布的60%~90%，其中粒径为1~10μm之间的颗粒在5条过滤带出流水样中所占的百分比相对于进口均有所增大，其增幅分别为25.49个百分点、26.68个百分点、27.32个百分点、27.54个百分点和13.66个百分点，说明水流经过植被过滤带时也会携带表层土壤中的一些细小颗粒，使出流水样中的细颗粒增多。

　　对于粒径为10~30μm之间的泥沙，1#和2#植被过滤带出流水样中泥沙粒径的体积百分比与进口的该粒径泥沙体积百分比相差不大，差值在±2.5%以内，可认为不变；3#和4#植被过滤带在出口相对于进口分别减小了8.19个百分点和15.16个百分点，3#草本过滤带和15m的4#灌草混合过滤带比10m的1#、2#灌草混合过滤带净化效果好；而5#空白带的出流相对于进口的泥沙体积百分比增加了4.96个百分点。当泥沙的粒径大于30μm时，5条过滤带出口处的泥沙体积百分比均有所减小，粒径越大其体积百分比削减幅度也越大；当进口泥沙粒径大于80μm时，出流几乎没有粒径大于80μm颗粒。说明在当前的流量范围内，粒径大于30μm的泥沙颗粒就会发生沉积作用，植被过滤带对粗颗粒的净化效果较好。

　　2）植被过滤带进出口泥沙颗粒的特征粒径分析

　　水中泥沙的粒径分布可以比较完整、详尽地描述一个粉体样品的粒径大小，数据量较大。在大多数实际应用中确定了样品的平均粒径和粒径分布范围等有一定的实际意义，同时也能从另一个侧面反映样品中颗粒的性质。就 D_{10}、D_{50}、D_{90}、比表面积、D[3，2]和D[4，3]这6个参数对5条植被过滤带进出口水中的颗粒进行了分析，具体见表9-16。

表 9-16　各个植被过滤带的特征粒径

项目	D_{10}（μm）	D_{50}（μm）	D_{90}（μm）	比表面积（m²/g）	$D[3,2]$（μm）	$D[4,3]$（μm）
1#进	1.991	17.443	50.466	1.17	5.115	22.278
1#出	1.562	7.476	23.639	1.6	3.752	10.553
2#进	2.376	20.675	56.758	1.03	5.84	25.76
2#出	1.603	8.02	24.238	1.55	3.866	10.838
3#进	1.893	14.617	43.838	1.21	4.962	19.224
3#出	1.432	6.564	19.116	1.74	3.443	8.749
4#进	1.818	12.709	37.283	1.3	4.6	16.719
4#出	1.261	5.706	17.689	1.94	3.091	8.088
空白进	2.26	19.003	54.007	1.07	5.586	24.24
空白出	1.998	11.124	33.481	1.27	4.721	14.888

注：D_{50} 又称中值粒径，表示粒径分布中占 50% 所对应的粒径，大于和小于这一粒径的泥沙质量刚好相等；D_{10}、D_{90} 分别表示粒径分布中占 10% 和 90% 所对应的粒径；$D[3,2]$、$D[4,3]$ 分别是表面积平均粒径和体积平均粒径。

$$D[3,2] = \sum_{i}^{m} n_i \overline{X_i^3} \bigg/ \sum_{i}^{m} n_i \overline{X_i^2} \tag{9-4}$$

$$D[4,3] = \sum_{i}^{m} n_i \overline{X_i^4} \bigg/ \sum_{i}^{m} n_i \overline{X_i^3} \tag{9-5}$$

式中：n 为粒径的颗粒个数分布；$\overline{X_i} = \sqrt{X_i X_{i-1}}$ 为第 i 区间上颗粒的平均粒径。

各条植被过滤带进口中 D_{10}、D_{50} 和 D_{90} 值均大于出口对应的值。但是出口中的 D_{10} 值和进口的 D_{10} 值差别不是很大，因此植被过滤带对细小颗粒的净化作用不明显；比较进出口的 D_{50} 和 D_{90} 值发现，出口值明显低于进口值，再次证明了植被过滤带对粗颗粒的净化效果较好。

比较 4 条植被过滤带进出口水样中颗粒的比表面积、表面积平均粒径和体积平均粒径发现，出口水样中的颗粒的比表面积比进口中的比表面积大；进口中的表面积平均粒径和体积平均粒径均比出口大。再次证明水流经过植被过滤带后粗颗粒变小了，同时也携带了地表的一些中细小颗粒，因此出口的水样中颗粒的比表面积增大了。

同时比较 1#~4# 植被过滤带和裸土空白带后发现，在小流量的情况下，空白带出口水中颗粒的变化规律和有植被情况下是一样的，只是变化幅度略小一些。这也进一步说明，空白带对粗颗粒有一定的过滤效果，对细小颗粒的过滤效果欠佳。

植被过滤带对粗颗粒污染物的净化效果较好，而对细小颗粒的净化作用不明显，植被过滤带的净化作用主要是靠植被自身的阻力，降低径流流速，造成粗颗粒的沉积来实现的。同时，水流流经植被过滤带时也会携带表层土壤中的一些细小颗粒，使水流中细小颗粒增多。可见，植被过滤带对地表径流中悬浮固体或者泥沙的作用过程包括两个方面，一方面是植被过滤带对地表径流中悬浮固体的净化过程，另一方面是植被过滤带坡面自身侵蚀的过程，一般情况下，这两个过程是同时存在的。

9.1.5　规划设计模型模拟

VFSMOD 是由美国 Florida 大学农业和生物工程系的 Carpena 等提出的一个基于降雨的田间尺度机理模型，输入从相邻田块进入植被过滤带（VFS）的流量过程和泥沙过程，VFSMOD 能够计算植被过滤带的出流水量、下渗水量和泥沙截留效果。

该模型能够处理时变雨量、空间分布式过滤参数（植被糙率或密度、坡度、土壤入渗特性）以及不同粒径的入流泥沙，并且它还能够处理任何降雨组合和入流流量过程类型。VFSMOD 由一系列模拟水流和泥沙在 VFS 内运移的模块组成，目前的可用模块如图 9-12 所示。

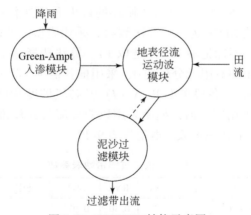

图 9-12　VFSMOD 结构示意图

Green-Ampt 入渗模块：一个用于计算表层土壤水量平衡的模块；地表径流运动波模块：一个计算渗透性土壤表面径流深和流量的一维模块；泥沙过滤模块：一个模拟泥沙在 VFS 内输移和沉积的模块。

VFSMOD 从本质上说是一个描述 VFS 中水流运动和泥沙沉积过程的一维模型。如果径流主要是以片流的形式流动且 VFS 沿水流方向的平均条件（田地有效值）可用一维路径表现出来，那么该模型也能够用来描述农田尺度的水沙运移。

VFSMOD 使用变时间步长，以减少求解地表径流运动方程时产生的大量平衡误差。模拟采用的时间步长的选择是基于模型输入由运动波模型决定的，以满足收敛性和有限元法的计算标准。模型输入以降雨为基础，每个事件后状态变量会被综合起来以产生降雨输出。

VFSMOD 模型的开发者指出，该模型还处在研究和改进阶段，虽然模型中描述 VFS 中水流运动和泥沙输移的参数能够在较广的范围内变动，但土地的可变性仍然是一个产生误差的内在因素。而且到目前为止，国内还未见应用此模型对植被过滤带的净化效果进行定量计算和模型验证方面的报道，所以有必要采取小区试验的实测数据对模型在陕西关中地区的适用性进行验证。

1. 模型参数确定

1）地表径流模拟参数的确定

过滤带宽度 FWIDTH（m）和过滤带长度 VL（m）采用实测值，长度分别为 10m 和 15m，过滤带宽度均为 3m。节点数 N 为满足二次有限元解法的需要，必须是奇数（选取 $N=57$）。Crank-Nicholson 解法的时间加权系数 THETAW，使用模型开发者给出的推荐值 0.5。库朗数 CR 计算时间步长是基于库朗数计算出来的，CR 取值范围为 0.5～0.8。Picard 循环的最大允许迭代次数 MAXITER 选取 350。各要素的节点数 NPOL 为多项式次数+1，采用模型推荐值 3。输出要素标记 IELOUT 标记输入 1，不标记输入 0（选取 1）。算法选择标记 KPG，采用 Petrov-Galerkin 解法选 1，采用有限元分析选 0，采用推荐值 1。对于过滤带各段末端至进口距离 SX（I）（m）、各段糙率 RNA（I）及各段坡度 SOA（I），过滤带均以 1m 作为段长，坡度采用实测值，糙率采用以明渠流公式反推结合经验值的方法确定，各植被过滤带上述三参数的取值见表 9-17。

表 9-17　植被过滤带地表参数

过滤带	SX	RNA	SOA	过滤带	SX	RNA	SOA	过滤带	SX	RNA	SOA
1#	1	0.30	0.0001	2#	1	0.30	0.055	3#	1	0.366	0.0001
	2	0.15	0.0001		2	0.30	0.046		2	0.366	0.018
	3	0.15	0.028		3	0.15	0.021		3	0.366	0.0225
	4	0.15	0.013		4	0.15	0.039		4	0.366	0.0205
	5	0.15	0.0001		5	0.15	0.0001		5	0.366	0.013
	6	0.30	0.019		6	0.15	0.04		6	0.366	0.013
	7	0.30	0.003		7	0.15	0.018		7	0.366	0.0001
	8	0.30	0.02		8	0.15	0.021		8	0.366	0.0001
	9	0.30	0.036		9	0.15	0.045		9	0.366	0.0014
	10	0.30	0.05		10	0.30	0.02		10	0.366	0.002

续表

过滤带	SX	RNA	SOA	过滤带	SX	RNA	SOA	过滤带	SX	RNA	SOA
3#	11	0.366	0.025	3#	13	0.366	0.0035	3#	15	0.366	0.025
	12	0.366	0.045		14	0.366	0.025				

注：由于模型输入要求坡度只能为正值，故坡度为0时以0.0001作为坡度的输入值。

2）雨量参数的确定

VFSMOD模型的雨量参数包括分时段雨强 RAIN（I，J）和最大雨强 RPEAK（雨强单位：m/s）。采用蓄水池放水的方式模拟地表径流，试验过程中并没有降雨发生，故雨量参数均设定为0。

3）入流参数的确定

（1）源区宽度 SWIDTH（m）及源区径流流程 SLENGTH（m）

源区指植被过滤带上方的产流产沙区，由于采用蓄水池方式模拟地表径流，所以 SWIDTH 和 SLENGTH 均设定为0。

（2）入流流量过程线 BCROFF（I，J）及流量峰值 BCROPEAK（m³/s）

入流流量过程线采用蓄水池的泄流曲线，流量峰值即为泄流曲线峰值，8次放水蓄水池的泄流曲线如图9-13所示。

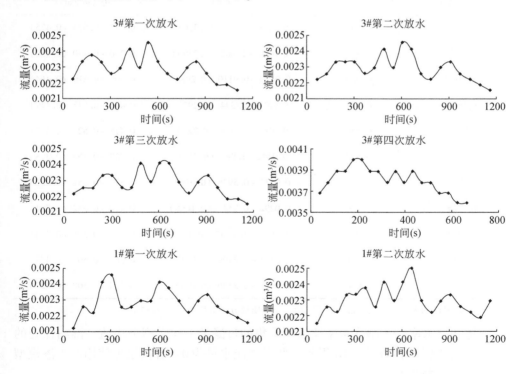

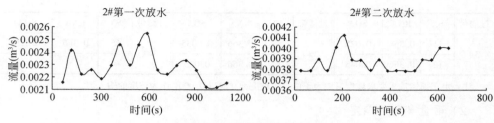

图 9-13　蓄水池泄流曲线

4）入渗模型土壤参数的确定

入渗模型土壤参数包括饱和导水率 K_s、湿润锋处的平均吸力 S_{av}、土壤初始含水率 θ_i、土壤饱和含水率 θ_s 和最大表面贮水量，它们在模型中的参数名分别为 VKS、SAV、OI、OS 和 SM。模型研究者建议通过测试现场采集的土样来获得所需的土壤参数，在没有条件进行土样分析的情况下，可以使用 Rawls 和 Brakensiek 给出的 Green-Ampt 模型参考参数，如表 9-18 所示。

表 9-18　Green-Ampt 模型参数

土壤质地	K_s（$\times 10^{-6}$ m/s）	S_{av}（m）	θ_s（m³/m³）
黏土	0.167	0.0639 ~ 1.565（0.3163）	0.427 ~ 0.523（0.475）
砂质黏土	0.333	0.0408 ~ 1.402（0.2390）	0.370 ~ 0.490（0.430）
黏壤土	0.556	0.0479 ~ 0.9110（0.2088）	0.490 ~ 0.519（0.464）
粉质黏土	0.278	0.0613 ~ 1.394（0.2922）	0.425 ~ 0.533（0.479）
粉质黏壤土	0.556	0.0567 ~ 1.315（0.2730）	0.418 ~ 0.524（0.471）
砂质黏壤土	0.833	0.0442 ~ 1.080（0.2185）	0.332 ~ 0.464（0.398）
壤土	3.67	0.0133 ~ 0.5938（0.0899）	0.375 ~ 0.551（0.463）
粉砂壤土	1.89	0.0292 ~ 0.9539（0.1668）	0.420 ~ 0.582（0.501）
砂质壤土	6.06	0.0267 ~ 0.4547（0.101）	0.351 ~ 0.555（0.453）
壤质砂土	16.6	0.0135 ~ 0.2794（0.0613）	0.363 ~ 0.506（0.437）
砂土	65.4	0.0097 ~ 0.2536（0.0495）	0.374 ~ 0.500（0.437）

注：括号内的为该土壤类型常用的平均值，土壤质地分类采用美国农业部标准。

饱和导水率和土壤含水率均使用采集的过滤带土样实测平均值，湿润锋处的平均吸力依据 K_s 值查表 9-18 得到，假设填洼水量为 0，各次模拟使用的入渗模型土壤参数如表 9-19 所示。

表 9-19　入渗模型土壤参数值

序号	过滤带	VKS	SAV	OI	OS	SM
1	3#	0.0000045	0.0955	0.206	0.499	0
2	3#	0.0000045	0.0955	0.418	0.499	0
3	3#	0.0000045	0.0955	0.430	0.499	0
4	3#	0.0000045	0.0955	0.430	0.499	0
5	1#	0.0000050	0.1008	0.420	0.490	0
6	1#	0.0000050	0.1008	0.430	0.490	0
7	2#	0.0000050	0.1008	0.430	0.490	0
8	2#	0.0000050	0.1008	0.430	0.490	0

5）泥沙过滤模型缓冲性能参数的确定

这部分参数包括：SS，过滤介质（草）茎秆间距（cm）；VN，过滤介质修正糙率 n_m；H，过滤介质高度（cm）；VN2，泥沙淤满过滤带后裸露表面的糙率；ICO，沉积楔坡度及表面粗糙程度变化反馈标记，需要进行反馈 ICO=1，不需要反馈 ICO=0。美国典型过滤带植被的有关参数如表 9-20 所示。

表 9-20　过滤带植被有关参数

植被	密度（株/m²）	草间距 SS（cm）	最大高度 H（cm）	修正糙率 n_m
推荐作为过滤带植被的典型植物				
白羊草	2700	1.9	—	—
高羊茅	3900	1.63	38	0.012
鹰嘴豆	3750	1.65	25	0.012
黑麦草	3900	1.63	18	0.012
知风草	3750	1.65	30	—
百慕大草	5400	1.35	25	0.016
百喜草	—	—	20	0.012
假俭草	5400	1.35	15	0.016
早熟禾	3750	1.65	20	0.012
混合草本[a]	2150	2.15	18	0.012
野牛草	4300	1.5	13	0.012
不适合作为过滤带植被的植物[b]				
紫花苜蓿	1075	3.02	35	0.0084
鸡眼草	325	5.52	13	0.0084
苏丹草	110	9.52	—	0.0084

a. 取值因混合情况的不同而变化，如果有一种特定的物种占支配地位，则使用该物种的参数；

b. 草间距大于 2.5cm 会产生冲刷，故不适宜用作过滤带植被。

模拟输入的草间距和植株高度采用样方调查获得的数据，1#、2#植被过滤带 SS = 2cm、H = 5cm，3#植被过滤带 SS = 1.6cm、H = 15cm；VN 值均取 0.012；VN2 值均取裸露黏壤土的糙率 0.02；ICO = 0。

6）泥沙过滤模型泥沙特性参数的确定

（1）NPART

NPART 是按美国农业部（USDA）泥沙粒径分级标准对入流泥沙粒径进行分级的一个参数，如表 9-21 所示。

表 9-21 NPART 取值表

NPART	粒径分类	粒径范围（cm）	d_p（cm）	V_f（cm/s）	泥沙密度 γ_s（cm³/s）
1	黏土	<0.0002	0.0002	0.0004	2.60
2	沙土（1）	0.0002 ~ 0.005	0.0010	0.0094	2.65
3	细颗粒聚合体	—	0.0030	0.0408	1.80
4	粗颗粒聚合体	—	0.0300	3.0625	1.60
5	沙	0.005 ~ 0.2	0.0200	3.7431	2.65
6	沙土（2）	0.0002 ~ 0.005	0.0029	0.0076	2.65
7	用户选择	—	DP	model	SG

注：由于在模拟中采用的泥沙特性为实测值，所以 NPART = 7。

（2）COARSE

COARSE 为入流泥沙中粒径大于 0.0037cm 的泥沙所占的比例（如果是 100% 则为 1），依据粒度仪对试验入流水样的分析结果，各次模拟的 COARSE 值均为 0。

（3）CI

CI 为入流泥沙浓度（g/cm³），各次模拟的 CI 值采用过滤带进口断面水样的 SS（悬浮固体）浓度，如表 9-22 所示。

表 9-22 各次模拟的 CI 值

序号	1	2	3	4	5	6	7	8
CI	0.001630	0.001645	0.002845	0.001675	0.001735	0.002700	0.001670	0.001580

（4）POR

POR 为沉积泥沙的孔隙率，模型作者认为这并不是一个非常敏感的参数，在模拟时一般均将其值设定为 0.437。按照模型作者的建议，POR 值也取为 0.437。

（5）DP

DP 为入流泥沙的中值粒径 d_{50}（cm），只有在 NPART = 7 时程序才读入 DP

值。各次模拟的 DP 值采用粒度仪实测的过滤带进口水样泥沙中值粒径，见表 9-23。

表 9-23　各次模拟的 DP 值

序号	1	2	3	4	5	6	7	8
DP	0.00139	0.00140	0.00153	0.00155	0.00146	0.00138	0.00150	0.00142

（6）SG

SG 为泥沙密度 γ_s（g/cm³），只有在 NPART=7 时程序才读入 SG 值。粒度仪对过滤带进水口水样的颗粒级配分析结果显示，各水样的泥沙粒径均在 0.0002 ~ 0.005cm 的范围内，故依据计算结果，将各次模拟的 SG 值均设为 2.65。

2. 模拟结果与分析

1）出流水量模拟结果分析

由表 9-24 和图 9-14 可见，出流水量模拟值与实测值的偏差多在 ±15% 以内。最大偏差出现在 3#过滤带第四次放水试验时，10m 断面和 15m 断面出流水量的模拟值偏差分别达到 -15.99% 和 -20.79%，过滤带对地表径流量的实际削减效果比模型模拟出的削减效果差。造成该结果的原因是 3#过滤带在连续过水后，过滤带内部分刚性较小的植被发生了倒伏，过滤带滞留水流的能力有所下降，但由于在模型模拟时这种变化没有表现出来，造成了模拟值的偏差。另外在每次放水后，过滤带的地形都会有所变化，虽然每次放水后均对过滤带的坡度进行了测量，但由于表土过水后非常松软，在地形测量时塔尺易发生沉降，造成地形测量存在较大误差，所以在模拟时采用的过滤带地形均是该过滤带第一次放水前的地形，在进行第四次放水前过滤带地形与第一次放水前的过滤带地形的差异要较第二、第三次放水前的差异大，这也是造成 3#过滤带第四次放水模拟结果偏差最大的原因。虽然部分模拟结果与实测值存在一定的偏差，但出流水量的模拟值和实测值的数据均较好地分布在 1:1 连线上，模拟值与实测值的判定系数 R^2 达到 0.9950，模型较好地模拟了植被过滤带对地表径流水量的削减情况。

表 9-24　植被过滤带出流水量模拟值与实测值对照

模拟序号	样本	水量（m³）		模拟偏差（%）
		模拟值	实测值	
1	3#第一次放水 10m 出流	0.519	0.493	5.27
	3#第一次放水 15m 出流	0.111	0.099	12.12

续表

模拟序号	样本	水量（m³）		模拟偏差（%）
		模拟值	实测值	
2	3#第二次放水 10m 出流	0.583	0.630	−7.46
	3#第二次放水 15m 出流	0.159	0.182	−12.64
3	3#第三次放水 10m 出流	0.593	0.610	−2.79
	3#第三次放水 15m 出流	0.165	0.167	−1.20
4	3#第四次放水 10m 出流	0.557	0.663	−15.99
	3#第四次放水 15m 出流	0.160	0.202	−20.79
5	1#第一次放水出流	1.224	1.218	0.49
6	1#第二次放水出流	1.230	1.223	0.57
7	2#第一次放水出流	1.620	1.580	2.53
8	2#第二次放水出流	1.663	1.717	−3.15

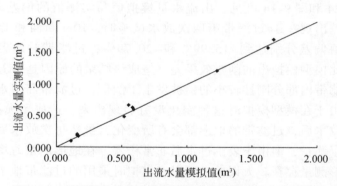

图 9-14　植被过滤带出流水量模拟值与实测值 1∶1 连线图

　　2）出流泥沙浓度模拟结果分析

　　由表 9-25 和图 9-15 可见，出流 SS 浓度模拟值与实测值的偏差多在±20%以内。最大偏差出现在 2#过滤带第二次放水试验时，为−26.35%。对造成误差的原因进行分析，由于 2#过滤带沙棘下的草本植被群落欠发达，植被对过滤带表层土壤的保护作用较差，而 2#过滤带第二次放水试验时采用的流量为 3.8L/s，属较大流量，有一部分表层松散土壤被冲刷进入水体中，造成模拟值偏小。另外，SS 浓度的模拟值除个别数据外，均小于实测值，其原因与 2#过滤带第二次放水模拟值偏小的原因类似，均是由于 VFSMOD 模型在进行泥沙输移模拟时，只考虑了入流泥沙的运动，而没有考虑到植被过滤带内的枯枝落叶和表层土壤也有可能进入过滤带地表径流中这一因素。总体而言，SS 浓度的模拟偏差要大于水量的模拟偏差，这是由模型对泥沙输移的模拟是与水流运动模拟结合的，水流运动模拟的偏差会导致泥沙输移模拟的偏差造成的。虽然模拟结果与实测值存在一定的偏差，但大多数出流 SS 浓度的模拟值和实测值的数据还是较好地分布在1∶1连线上，模拟值与实测值的判定系数 R^2 为 0.889，认为模型能够较好地模拟植被过滤带对地表径流中泥沙的削减情况。

表 9-25　植被过滤带出流 SS 浓度模拟值与实测值对照

模拟序号	样本	SS 浓度 （mg/L）		模拟偏差（%）
		模拟值	实测值	
1	3#第一次放水 10m 出流	92	110	−16.36
	3#第一次放水 15m 出流	98	109	−10.09
2	3#第二次放水 10m 出流	93	97	−4.12
	3#第二次放水 15m 出流	78	96	−18.75
3	3#第三次放水 10m 出流	138	151	−8.61
	3#第三次放水 15m 出流	100	105	−4.76
4	3#第四次放水 10m 出流	159	140	13.57
	3#第四次放水 15m 出流	106	120	−11.67
5	1#第一次放水出流	107	120	−10.83
6	1#第二次放水出流	185	200	−7.50
7	2#第一次放水出流	105	118	−11.02
8	2#第二次放水出流	218	296	−26.35

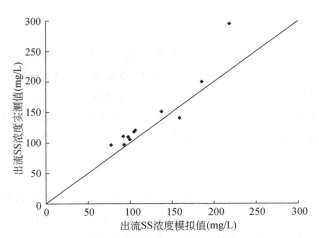

图 9-15　植被过滤带出流水量模拟值与实测值 1∶1 连线图

9.1.6　净化效益分析

植被过滤带具有良好的生态效益，但是前期投资金额巨大且需要一定的占地面积。国外对于植被过滤带效益分析已有一些研究，据计算，在政府资助50%支出的条件下，建立植被过滤带每年每英亩［1acre（英亩）＝ 0.4046856hm²］支出金额为64.2美元，而每年收入为73.3美元，投资或建设者有不小的利益可得。

近几年，随着我国海绵城市的建设，生物滞留带、植草沟等逐渐得到广泛应用。以上海市云锦路跑道公园海绵改造工程为例，将海绵道路预留植草沟、生物滞留带等一些过滤带，疏港路海绵改造工程投资约为18000万元，其过滤带投资约为190万元。经SWMM模型模拟以及其他经济计算，进行效益评价，云锦路7块设施年径流总量控制在99.1%～99.6%之间，年径流污染控制率（以SS计）可达到73.2%以上，具有良好的技术经济效益。

9.2　河岸带构建

9.2.1　河岸带构建原则

1. 充分利用流域空间性的原则

考虑河道的流动性、洪水的水位变化，以及河面的不同宽度等特点。

2. 水土保持和改善水质的原则

作为河岸带主要构成要素的种植土或土壤层，如果在河岸带构建过程中严重影响水土保护，而且给已有的河岸带产生严重破坏，这样的河岸带反而适得其反。同时应尽量选择耐污能力强的植物，以保证植物的正常生长，而且也有利于提高河道的污染物净化效果。河岸带除满足驳岸的基本功能外，还要有利于水生动植物的生物链的修复和保护，改善水质。

3. 景观性原则

根据景观生态原理，应保护自然河道和生物多样性，增加景观异质性，强调景观个性，促进自然循环，构建城市生态走廊，实现景观可持续发展。植物多样性，可以促进生物多样性，改善河岸的生态环境，使生物间交替演变，极大地丰富景观异质性。因此，增加软地面和植被，以利于自然植物群落的生长。

4. 以人为本，注重河岸带亲水性的原则

在充分考虑河岸带安全的前提下，除注重景观的生态性外，还应体现场所的公开性、水体的可接近性等功能内容多样性。

5. 与城市防洪、历史文化、城市建设相结合的原则

应充分地与城市建设相结合，包括与城市道路、城市给排水系统、城市建筑相结合。明确城市防洪及洪水水位高程、洪水流量、流速、河流断面尺寸等内容，严格控制。

9.2.2　河岸带指标评价体系

1. 评价构建原则

根据河岸带的基本概念、内涵，建立河岸带的评价指标体系。在建立指标体系之前，应确定河岸带的评价指标，指标的确定应遵循以下几点原则，并以此原则为依托建立指标体系。

①科学性。从事物的本质和客观规律出发，指标体系需明确对象并具有一定的科学原则，能够反映整个流域、河岸带的基本特征。

②目的性。评价指标应与评价目标保持一致，评价结果能够完全反映河岸带的健康以及运行状况。

③重点性。河岸带系统是一个开放的、复杂的、独立的自然生态系统，其运行状况深受外界因素的影响。

④综合性。河岸带评价指标体系应从不同角度加以分析、综合，使指标既有唯一性，又能反映河岸带综合状况。

2. 指标体系

1）植被指标

河岸带植被本身的生长状况和特点是最为客观和最易获得的指标，也最能直接反映河岸带生态系统状况从而考察其生态功能的强弱。根据植被调查通常引入的生态学指标，主要包括群落结构完善和植物种类丰富度两大原则。

河岸带植物种类数的多寡，与河岸带整体功能的发挥有着密切的关系，适宜的种类数既能使得各植物及生物之间的共生关系得以维系，还能够较好地发挥其耦合的生态效果，满足河岸带的多种类生态需求。在植被体系中可设置成打分原则，根据植被丰富度进行打分制，一方面考虑实地探测时的目视直接观察结果，另一方面结合丰富度指数，综合评价植物种类丰富度。

2）景观指标

根据指标构建原则，通过专家咨询、结合前人研究成果中的优良指标，然后根据具体区域的实际情况进行分析、比较和综合后，选择针对性强的指标，最终得到河岸缓冲带景观评价的指标体系应包括以下原则：景观协调性原则、景观连续性原则、景观多样性原则和景观美观性原则。

3）其他指标

除了构建植被指标和景观指标外，还应从河岸带的构建、恢复方面考虑以下几方面，从而最大程度发挥河岸带的优势，降低劣势。

①环境保护功能：河岸带的诸多功能中，生态和环境保护功能尤为重要，一般来说应具有环境保护功能，包括涵养水能、水土保持、净化径流水质、吸收有害气体等，根据功能大小进行划分、分级。

②河岸带宽度：根据前文所述，河岸带的宽度与水力停留时间相关，进而影响到河岸带对污染物的去除效果。因此评分标准与范围可按表9-26进行确定。

表9-26　缓冲带宽度评价等级表

指标	评价标准	分数	等级
缓冲带宽度	宽度设置与当地状况吻合度好	8~10	一级
	较符合当地状况	6~8	二级
	宽度较小	4~6	三级
	宽度很小	2~4	四级
	宽度不足	0~2	五级

③运维成本：河岸带的后期运维费用是评价其效果的重要因素。河岸带运行效果好而且其运维成本越低，评分也就越高。

3. 评价分析

对沣河上、中、下游17个断面进行了6次实地考察研究，建立了沣河河流健康评价指标体系，根据沣河河流健康评价体系中的河岸带评价标准进行了评价，结果如表9-27所示。

表9-27　沣河栖息地指标得分表

断面	河岸稳定性	植被带宽度	断面	河岸稳定性	植被带宽度
沣河源头	4	1	三里桥	3	3
观坪寺	3	1.5	李家岩	3	2
沣峪口	3	1	北大村	0	2

断面	河岸稳定性	植被带宽度	断面	河岸稳定性	植被带宽度
东大	3	3	太平村	3	1
五楼村	3	2.5	郭北村	0	2
秦渡镇	3	3	潏河	3	2.5
马王镇	3	3	渭河上	0	2
梁家桥	2	3	渭河下	0	2
严家渠	3	2			

从河岸稳定性上看，17 个断面中：①有 4 个断面（北大村、郭北村、渭河上和渭河下）得分为 0，处于病态，河岸带稳定性极差；②1 个断面（梁家桥）河岸带处于亚健康状态；③1 个断面（沣河源头）为很健康的状态；④其余 11 个断面处于健康状态。该结果表明，需要对沣河河岸进行治理，以提高其稳定性。

从植被带宽度上分析，17 个断面中：①上游 4 个断面（沣河源头、观坪寺、沣峪口和太平村）河岸植被处于不健康状态；②6 个断面（严家渠、李家岩、北大村、郭北村、渭河上和渭河下）处于亚健康状态；③其余 7 个断面处于健康状态。根据此评价结果可以初步断定，在河岸植被带宽度方面，沣河河流廊道大部分处在不健康或亚健康的状态，有进行河岸带治理的必要性。

沣河部分河岸带状况处于不健康或亚健康状况，需要对护岸结构进行改进，结合沣河处于部分自然、部分受人工改造的实际情况，沣河在已进行改造地区采用半自然防护技术，在还未受改造地区采用多自然型护岸技术。

9.2.3　河岸带构建技术

通常河岸防护工程中多采用浆砌或干砌块石、混凝土块体等结构形式，城市河道护岸多采用直立式混凝土挡土墙，在保持岸坡的稳定性、防止水土流失以及保证防洪安全等方面起到了一定的作用，但也在不同程度上对景观环境和生态造成不良的影响，使水体与陆地环境恶化。因此，国内外开始发展具有渗透性的自然河床与河岸基底，以及丰富的河流地貌，充分保证河岸与河流水体之间的水分交换功能，同时发展具有一定的抗洪强度的生态护岸，这也成为河岸护理发展的趋势。采用这种形式的优点在于生态河岸带是以自然为主导的，在保证河岸带稳定和满足行洪要求的基础上，能够维持物种多样性、减少对资源的剥夺、维护生态系统的动态平衡。

生态型护岸又称人工自然型护岸，是对天然自然护岸生态功能的一种模拟与强化，可以是恢复后的自然河岸或是只有生态传质作用的人工护岸。

1. 生态型护岸的特点

从设计理念上讲,生态型护岸,除重点考虑堤岸安全性之外,还须重视人与自然和谐相处和生态环境建设,即还要考虑亲水、休闲、娱乐、景观和生态等其他功能。从河道形态讲,生态型护岸,岸线蜿蜒自如,岸坡近天然态,断面形态具有多样性、自然性和生态性。从所用材料看,生态型护岸,所用材料一般为天然石、木材、植物、多孔渗透性混凝土及土工材料等。从设计施工看,生态型护岸,其设计施工方法因河因地各异,现阶段尚无成熟的设计施工技术规范,但相对传统护岸来说,其长期管理维护的工作相对较少。从工程效果看,生态型护岸,生态环境得以改善,与常规的抛石、混凝土等硬质护岸结构相比,外观更接近自然态,因而更能满足生态和环境要求。

2. 生态河岸带的特征

结构稳定。与传统自然河岸相比,经过人工生态护岸技术处理的生态河岸可以在雨水侵蚀、洪水浸泡和河水冲刷时,通过减缓河水的流速、减少对土壤的冲刷来保证河岸不崩塌,从而保证河岸带的结构稳定。

景观适宜的生态河岸带能为人们提供休闲娱乐的高效、安全、健康、舒适、优美的生态景观环境,具有较强的经济价值、社会价值、生态价值和美学价值。

生态健康与生态安全的生态河岸带。生态健康性主要是从系统内部机能来讲的。生态河岸带系统内部的物质、能量、信息流动始终处于稳定的动态平衡状态。活力、组织结构和恢复力反映了生态河岸带的生态健康性。生态河岸带具有很强的生物多样性,各种生物种群间互为食物,形成了复杂的食物链,使生态河岸带处于动态平衡状态,在时间上能够维持其可持续性。生态安全性是从系统外部环境来讲的。生态河岸带不仅自身是安全的,对外也是安全的。生态河岸带不是孤立的,而是不断地与周围生态系统进行着物质、能量和信息交换。河岸带在与其他生态系统作用时具有抵御外界干扰和胁迫(如水质环境恶化、陆地污染以及外来物种入侵等)的抵抗力,自身系统安全,对其他生态系统也不会构成干扰、胁迫和破坏。

3. 生态型护岸的类型

1)全自然护岸

(1)固土植物护岸

发达根系固土植物在水土保持方面有很好的效果,利用植物地上部分形成堤防迎水坡面软覆盖,减少坡面的裸露面积和外营力与坡面土壤的直接接触面积,起消能护坡作用;利用植物根系与坡面土壤的结合,改善土壤结构,增加坡面表层土壤团粒体，提高坡面表层的抗剪强度，有效地提高了迎水坡面的抗蚀性，减少坡面土壤流失，从而保护岸坡。既可以固土保沙，防止水土流失，又可以满足生态环境的需要，还可以进行景观造景。可全天候施工，速度快，工期短，成坪快，减少养护费用（不受土壤条件差、气象环境恶劣等影响）。城市河道植物护岸也存在一些问题，护岸当年易被雨冲刷形成深沟，护坡效果差，影响景观。长期浸泡在水下、行洪流速超过的土堤迎水坡面和防洪重点地段如河流弯道不适宜植草护岸。

（2）护林护岸技术

在河岸带种植树木，形成河岸防护林，洪水经过河岸防护林区时，在防护林的阻滞作用下，流速大为减慢，减小了水流对土表的冲刷，减少了土壤流失。其作用主要体现在三个方面：一是茎、叶的覆盖和栅栏作用，既避免雨滴、风力对土壤表面的直接侵蚀，又减缓了河水的流速，减少了对土壤的冲刷，增加了淤泥的沉积量；二是树木根系发达，穿扎力强，增加了土壤抗侵蚀的机械强度，减少了河岸的崩塌量和冲刷量；三是根、茎、叶的生长对土壤具有改良作用，增加了土壤有机质的含量，改善了土壤结构，增强了土壤持水性及土壤抗侵蚀能力。河岸防护林既保持水土起到固土护岸作用，又增强了河岸土壤肥力，改善了生态环境。

2）半自然护岸

半自然护岸是利用一定的工程措施，采用植被与石材、木材等自然材料相结合，使坡面既有一定的防洪能力，又为植被生长提供适宜的基质。自然材料的使用起到了一定的框架和加固作用，岸坡的稳定性和抗冲刷能力得到了大幅度的提高，石材、木材等自然材料的使用，使护岸的防护作用立竿见影，随后通过植被根系的加筋作用，以及植被茎叶的缓冲吸能作用，使坡岸能有效抑制暴雨、径流对坡岸的冲刷作用。较典型的有石笼网结构生态护岸，可以构造铁丝网与碎石复合种植基，即由镀锌或喷塑铁丝网笼装碎石、肥料及种植土组成。在河道护岸中，一般应选用耐锈蚀的喷塑铁丝网笼。

3）多自然型护岸

多自然型护岸是利用工程措施，较大规模地使用混凝土、高分子材料及药剂等人工材料与植物结合形成一个具有较大抗侵蚀能力的护岸结构。这类护岸对生态干扰较大，施工较为复杂，造价也相对较高，但护岸的作用明显而牢固，也有相应的生态功能。多用于对护岸抗冲击能力要求较高，或坡岸陡峭不适合修建以上两种类型护岸的河道岸坡。随着科学技术，特别是材料科学的发展，多自然型护岸出现了很多不同的结构类型。

（1）土工材料复合种植技术

土工网复合植被技术。此技术又称草皮加筋技术，通过采用三维植被网结合喷播建坪防护边坡这一新技术的试验，对其施工技术、抗侵蚀作用以及该方式的经济成本进行研究。试验表明，该项新技术对细砂质量土、高液限土边坡、夹砂及碎岩土边坡进行防护，坡面土壤流失量是纯草皮防护区的20%以下，并且在台风带来的特大暴雨情况下，挂网试验区没有发生明显的浅表层滑移。与其他圬工护坡措施相比，加筋草皮护坡造价减少50%~70%。

土工网垫固土种植基。土工网垫护坡是指利用活性植物并结合土工合成材料等工程材料，在坡面构建一个具有自身生长能力的防护系统，通过植物的生长对边坡进行加固的一门新技术。土工网垫固土种植基主要由网垫和种植土、草籽等组成。网垫质地疏松、柔韧，有合适的空间，可充填土壤和沙粒。植物的根系可以穿过网孔生长，长成后的草皮可使网垫、草皮、泥土表层牢固地结合在一起，可有效地解决岩质边坡、高陡边坡防护问题。根据边坡地形地貌、土质和区域气候的特点，在边坡表面覆盖一层土工合成材料并按一定的组合与间距种植多种植物。通过植物的生长活动达到根系加筋、茎叶防冲蚀的目的，经过生态护坡技术处理，可在坡面形成茂密的植被覆盖，在表土层形成盘根错节的根系，有效抑制暴雨径流对边坡的侵蚀，增加土体的抗剪强度，减小孔隙水压力和土体自重力，从而大幅度提高边坡的稳定性和抗冲刷能力。

土工格栅固土种植基。利用土工格栅进行土体加固，并在边坡上植草固土。土工格栅护岸能有效制止江河洪水对岸边冲刷浸泡造成的溃岸、退岸及防止河道改道、变迁。根据设计要求从土工格栅网卷上裁下合适尺寸的网片组成石笼网格，装入块石，形成石笼，再把石笼与石笼连接成排，并用高密度聚乙烯合股绳连接，覆盖在易冲刷岸坡上，起到护岸固脚的作用，是目前防洪工程中的最佳方法。

土工单元固土种植基等技术。利用聚丙烯等片状材料经热熔粘接成蜂窝状的网片整体，在蜂窝状单元中填土植草，起固土护坡作用。

（2）植被型生态混凝土护岸

植被型生态混凝土也称绿化混凝土，是由日本首先提出的，近几年我国也开始进行研究，由多孔混凝土、保水材料、缓释肥料和表层土组成。多孔混凝土由粗骨料、水泥、适量的细掺和料组成，是植被型生态混凝土的骨架。保水材料以有机质保水剂为主，并掺入无机保水剂混合使用，为植物提供必需的水分。表层土铺设于多孔混凝土表面，形成植被发芽空间，减少土中水分蒸发，提供植被发芽初期的养分和防止草生长初期混凝土表面过热。在城市河道护坡或护岸结构中可以利用生态混凝土预制块体进行铺设，或将其直接作为护坡结构，既实现了混凝土护坡，又能在坡上种植花草，美化环境，使硬化和绿化完美结合。

第 10 章 河流监测、评估与管理

10.1 河流生态监测

10.1.1 生态监测方法

充分利用自然资源调查监测数据和生态环境监测数据，以及科研机构及院校的长期监测数据和研究成果。建立生态监测点位，采用遥感、自动监测、实地调查、公众访谈等方式，开展河流修复工程全过程动态监测和生态风险评估。在有条件的情况下，应进行长期跟踪监测评估，建立生态加测动态更新数据库，开展生态修复工程实施前后的河流生态系统服务功能及价值评价。

10.1.2 生态监测指标

1. 水质监测

水质监测数据是河流环境的重要信息，是评估河流健康的重要依据。河流水质理化参数可反映河流水流和水质变化、岸带结构、土地利用情况等，影响河流生态系统功能。目前常用的理化参数包括：①物理参数：温度、电导率、悬移质、浊度、颜色等；②化学参数：pH、碱度、硬度、盐度、生化需氧量、溶解氧、氮、磷等。目前反映河流水质污染状况的指数包括有机污染指数（A）、布朗水质指数（WQI）、内梅罗水污染指数（PI）等多种水质综合评价指数。综合评价可基本反映水体污染性质与程度，便于在时间上、空间上的污染状况和变化及逆行比较。

2. 水文监测

水文特征的描述一般采用生态需水量、地表水资源量变化率、年径流变差系数变化率、径流年内分配偏差、修正的年平均流量偏差、流域下垫面渗透能力变化引起的日流量改变、水电站建设引起的日流量改变、水量和流速等指标。河流水文特征对河流洪泛区、河流形态、生物群落组成、河岸植被以及河流水质等具有重要意义。引起水文条件变化的因素主要包括由气候变迁引起的径流变化、上游取水变化、水库调度和水电站泄流改变自然水文周期、土地利用方式改变和城

市化引起的径流变化等。水文监测的根本目的在于分析水文条件对河流系统结构和功能的影响。水文保证参数包括水文参数和水流情势参数，水文参数包括流速、流量、洪峰流量、洪水频率、洪水持续时间等，水流情势参数包括水文周期、基流、脉冲频率、平均年径流指数、水位涨落速度等。水文评估可通过构建水文条件与生物群落之间的关系，计算河流环境流量等方法来实现。4 类河流环境流量计算方法见表 10-1。

表 10-1　4 类河流环境流量计算方法（吴阿娜，2008）

类别	主要特征	优缺点	代表方法	具体内容	时间
水文学法（历史流量法）	以长系列历史监测数据为基础，采用固定流量（年平均或日平均）百分数形式给出环境流量推荐值，确定最小环境流量	室内进行，简单易操作，对数据要求不高，缺点是未考虑生物需求及生物间的相互影响，准确性较差	蒙大拿法（Tennant 法）	建立水生生物、河流景观、娱乐和河流流量之间的关系，将多年平均流量的百分比作为基流	1976 年，美国
			7Q10 法	将近 10 年最枯月平均流量或 90% 保证率最枯月平均流量作为河流基本流量设计值	20 世纪 70 年代，美国
			流量历时曲线法	利用历史流量资料构建各月流量历时曲线，使用某个频率确定生态流量	20 世纪 70 年代，美国
水力学法（水力定额法）	利用水力学参数（如湿周、河流宽度等）建立流量和生境之间的关系，确定河流所需流量	需简单现场监测，数据易得；缺点是只考虑单个断面，忽视了流速变化及物种各生命阶段对流量的需求	湿周法	通过在临界栖息地区域现场搜集河道的几何尺寸和流量数据，并以湿周为栖息地指标估算期望河道流量值	20 世纪 70 年代，美国
			R2CROSS 法	以曼宁公式为基础，假设浅滩是临界的河流栖息地，以此确定临界参数，估算期望的河道流量值	1979 年，美国
栖息地模拟法	由一套分析工具和计算机模拟组成，根据河流特征、流量与物种栖息地之间关系，建立定量化模拟模型，并据此确定河流基本流量值	由于生态原理的定量计算，结果更可靠合理；缺点是强调河流生物物种的保护，未考虑河流规划以及包括河流两岸在内的整个河流生态系统	河道内流量增加法（IFIM）	结合大量水文水化学现场数据及选定的水生生物在不同生长阶段的生物学信息，评价河道内流量变化对渠道结构、水质、温度和所选物种适宜栖息地的影响	20 世纪 80 年代，美国
			自然生境模拟模型（PHABSIM）	IFIM 法的计算程序包，是关于河道内物理变量（深度、流速、底质和盖度）变化、特殊物种栖息地及研究生物的生活阶段的一套计算机模型	20 世纪 80 年代，美国

续表

类别	主要特征	优缺点	代表方法	具体内容	时间
整体分析法	从生态系统整体出发，使推荐的河流流态能同时满足生物保护、污染控制、栖息地维持及景观等功能	强调生态系统功能的整体性和完整性，能与流域规划等结合；缺点是耗时耗力，不适合快速使用	建块法（BBM）	分析河流的水流过程，分析河流每一种物种或群落如何依靠水流过程生存，然后将水流和生物数据叠加，从而确定保护生态的具体流水方案	20 世纪 90 年代，南非
			DRIFT 法	在于从生态保护管理的角度，以水流情势为基础，量化流态变化的生态效应，对河流生态健康进行登记划分	20 世纪 90 年代，南非

3. 生物监测

生物是水生态系统的重要部分。化学、物理或生物因子都会影响到水生态系统的生物学特征。例如，化学因子可导致生态系统功能受损或者敏感性物种减少，进而使群落结构发生变化。生态系统内所有影响因子的数量和强度，最终将通过生物群落的状态和功能来体现。

生物指标常用浮游植物、底栖无脊椎动物和鱼类。浮游植物是水生态系统食物链中最基础的一环，作为水生态系统的生产者，其种类和数量的变化影响着水生态系统中其他水生生物的分布和丰度。浮游植物与水质有密切关系，不同类群的浮游植物对水环境变化的敏感性和适应能力各异。因此，可以利用浮游植物群落结构的多样性来评价水生态环境。

底栖无脊椎动物是水生态系统的分解者，这类动物的特点是种类多，生活周期长；活动场所比较固定，易于采集；不同种类对水质的敏感性差异大，受外界干扰后群落结构的变化趋势经常可以预测，而且它们在水生态系统的物质循环和能量流动中起着重要作用。底栖无脊椎动物也常用生物多样性指数来反映其状况。

一般情况下，鱼类是水生态系统中的顶级群落，受环境因子的影响较大，可以产生各种变化以适应不利环境；同时，作为顶级群落，鱼类对其他物种的存在和丰度有着重要作用，这即是所谓的鱼类在水生态系统中的下行（top-down）效应。鱼类常用指标有生物完整性指标、种类多样性指标和珍稀鱼类生存率等。

采用生物指标的优点是：①生物群落能够反映整体的生态完整性；②生物群

落整合了不同胁迫因子的效应；③生物群落整合了一段时间内的胁迫因子的影响，可以对波动的环境进行生态测量；④生物群落的状态作为无污染环境的度量标准，对公众具有直接利益。

物种多样性是通过物种数量和分布特征衡量一定区域范围内生物资源丰富度的一个客观指标，主要包括物种的多样性、丰富度或多度、均匀度三个方面。一般选取 Shannon-Wiener 多样性指数、Margalef 丰富度指数及 Pielou 均匀度指数三个 α 多样性指数对生物多样性进行评估。底栖生物完整性指数（IBI）在全球范围内被广泛应用，其是通过生物参数反映水体生物学状况，进而评价河流的健康状况。构建 IBI 评价指标体系包括建立候选生物参数，基于参数值分布范围、判别能力和相关分析建立评价指标体系，确定每个生物参数值及 IBI 计算方法，建立生物完整性评分标准 5 个步骤。

4. 生境监测

生境（栖息地）是水生动植物栖息的物理化学条件的组合，是生物和生物群落生存、繁衍的空间，与生物食物链和其能量循环流动有着密切关系，良好的栖息地能够孕育良好的生态系统，如河流的浅滩、深潭等。栖息地是保持河流生态完整性的一个必要条件。栖息地评估能为河流修复和保护实践提供基本的信息基础和依据。

河流空间尺度根据不同依据划分为不同的类型。生境与空间尺度大小息息相关，Thomson 等（2001）按照河流栖息地将空间尺度单元进行分类，分为宏观栖息地、中观栖息地和微栖息地三类；其中，宏观栖息地包括流域、河流廊道和整体河段三个层次，中观栖息地包括局部河段和地貌单元两个层次，微栖息地指河床底质与生物附着等状况。Bisson 等（2007）建立了河道生境分类体系，即流域（watershed）、河区（valley segment）尺度、河段（channel reaches）尺度、河道生境单元（channel habitat units）尺度等 15 类河道生境类型，该河道生境分类更加侧重河道，对河岸带及洪泛区考虑较少。

关于栖息地评估的研究，国外比国内较早，19 世纪逐步开展河流生境调查与评估，已有较成熟的方法，已有许多国家在实际中应用栖息地评价，国内可借鉴国外的方法进行研究。河流栖息地评估方法大致可分为水文评价法、河流地貌法和综合评估法。

（1）水文评价法

物理生境模拟模型（PHABSIM）法、生态水力学模型是利用水力、水文或生态系统的动力学机制进行栖息地模拟的方法。IFIM 结合了水力学模型与生物信息，建立了流量与鱼类适宜栖息地之间的定量关系，最后用水文模型确定栖息地时间序列。

（2）河流地貌法

河流地貌法有河流地貌指数方法（ISG）、河流地貌指数方法（HGM）、河流生境调查（RHS）方法、岸边与河道环境细则（RCE）、栖息地评分法（HABSCORE）、栖息地评估程序（HEP）等。河流地貌法多数依据野外测量和调查，ISG 法把河流分为流域、景观单元、河段、地貌单元 4 类，再进行河流断面的宽深比、河流形态和栖息地指数的调查；HGM 法把河流功能分为水文、生物地理化学、植物栖息地和动物栖息地等 4 类，再具体选取指标进行测量；RHS法着重调查测量河流形态、地貌特征、横断面形态等指标；RCE 法包含 16 项特征指标，主要有岸边带的结构、河流地貌特征两方面；HABSCORE 法需要记录平均宽度、水深、流动类型和流量等；HEP 法基于栖息地适宜性指数（HSI）和可利用的栖息地总面积，提供了野生生物栖息地的量化方法。

河道地貌法比水文评估法在更广范围内评估了河流的栖息地状况，加入了河流水质状况及栖息地模拟。

（3）综合评估法

综合评估法有快速生物评估草案（RBP）、定性栖息地评价指数（QHEI）、澳大利亚河岸快速评估法（RARC）、河流状况指数（ISC）等。综合方法能全面地评估一个栖息地的状况，既包含了河流水文、水质、河流地貌形态，也包含了生物方面的指标。

国内外进行河流健康评价（表 10-2）时基本上均涉及水文、水质、生物和栖息地等方面，但往往指标多数侧重于某一、两个方面，为了更全面地评价一条河流的健康，在河流污染、破坏加剧的当今环境下，迫切需要提出更好的评价方法，为河流健康评价提供完整而确切的信息。

表 10-2　国外代表性河流生境评价方法（吴阿娜，2008）

评价方法	机构（学者）及时间	方法简介
HABSCORE（USEPA Rapid Bioassessment Protocol，RBP）	美国环境保护署（Barhour，1998）	包含底质类型、沉积物组成、河道内流态、河流形态与人为影响、水深流速、浅滩/流速、河岸稳定性、河岸带等 10 项生境变量
河流地貌指数方法（HGM）	美国陆军工程兵水道实验站（Brinson，1995）	水文（包括 5 种功能）；生物地理化学（包括 4 种功能）；植物栖息地（包括 2 种功能）；动物栖息地（包括 4 种功能）
物理生境模拟模型（PHAB-SIM）	美国国家生态研究中心（Bovee，1978）	基于河道内物理变量（深度、流速、底质）、特殊物理栖息地及生物生活史，建立物理生境模拟系统

评价方法	机构（学者）及时间	方法简介
生境适宜度指数模型（habitat suitability index model，HSI）	美国鱼类及野生动物管理局（US Fish and Wildlife Service，1981）	用定量指标值来评价生境状况；比较现存生境和开发后生境状况；通过栖息地指数的变化表示开发引起的生境改善或恶化
生境预测模型（habitat predictive modelling，HPM）	澳大利亚（Davies，2000）	采用大尺度生境变量（地质状况、各种地质类型的百分比、主要土壤类型、年均降雨和流域面积等）作为预测因子变量；局部生境变量（河岸带宽度、植被组成、河道宽度以及物理生境占河段比例等）用于预测生境特征
河流生境审核程序（river habitat audit procedure，RHAP）	澳大利亚（Anderson，1993）	根据地质、土壤、河流等级、海拔、植被类型等将流域划分为若干区域；每类区域内选取代表性河段进行调查；调查结果与参照状态进行比较，结果用 0% ~ 100% 表示；综合河段调查结果得到区域或者流域总体状况
英国河流生境调查（river habitat survey，RHS）法	英国（Raven，1997）	集中于由 10 个断面组成的 500m 河段的调查，调查河道数据、沉积物特征、植被类型、河岸侵蚀、河岸带特征及土地利用等生境指标来评价河流的自然特征和生境质量
英国城市河流调查（URS）法	英国（Davenport，2004）	明确城市河流的 5 级空间等级框架，关注城市河流形态结构、河岸带等生境因子，进行河流生境评价和分类

10.2　河流健康评价

河流生态环境的恶化以及过去河流管理方法的落后，促使了河流健康理论的产生和发展，并迅速成为河流管理的目标与方向。河流健康的概念和含义目前还存在争议。1972 年，美国的"清洁水法"设定了一个河流健康标准，即物理、化学和生物的完整性，其中完整性指的是维持生态系统自然结构和功能的状态。Simpson 等（1999）视河流受人类干扰前的状态为健康状态，认为河流健康是支持、维持河流生态系统的主要生态过程，使生物群落种类、多样性和功能尽可能接近受人类干扰前的能力。Schofield 等（1996）提出河流健康应包括生物多样性和生态功能方面。Karr（1999）认为即使生态系统的完整性有所破坏，只要其当前与未来的使用价值不退化且不影响其他与之相关系统的功能，也可认为此生态系统健康。Meyer 等（1988）认为健康的河流除了要维持生态系统的结构与功能，还要包括生态系统的社会价值，在健康的概念中涵盖了生态完整性与对人类的服务价值。澳大利亚新南威尔士州的健康河流委员会（Healthy River Commission）定义：健康的河流是与社会和经济特征相适应，能支撑社会需求的河流生态系统、经济活动和社会功能的河流。

在国内，河流健康还是一个新概念，刘昌明（2009）提出健康河流是指在相应时期其社会功能与自然功能能够均衡发挥的河流，表现在河流的自然功能能够维持在可接受的良好水平，并能够为相关区域经济社会提供可持续的支持。并且提出河流健康的标志是，在河流自然功能和社会功能均衡发挥情况下，河流具有良好的水沙通道、良好的水质和良好的河流生态系统。赵彦伟等（2005）认为，河流健康可以由生物监测和综合评价的方法进行评价。生物监测通过监测一些生物或其类群的数量、生物量、生产力、结构指标、功能指标及其一些生理生态状况的动态变化来描述河流生态系统的健康状况。

国外学者一般不将社会服务属性列入河流健康的范畴，而国内学者多数认为社会服务属性是反映河流健康的重要指标。分析其原因：①国外对河流的生态属性较为注重，以河流恢复到所能恢复的自然状况为河流修复的目标，而国内对河流健康的关注较晚，因不节制地开发导致的河流水质、水量、生态等方面的问题较多；②国内对于河流的依赖性远比国外大。

河流健康把河流自然属性功能与河流社会属性功能分开。河流的健康应是指河流的物理、化学和生物的完整性。河流的社会属性与人类活动密切相关，其社会属性影响河流的自然属性，本书认为社会服务功能属性不应列入河流健康的范畴。

10.2.1 河流健康评价方法

河流健康评价方法按指标属性可以分为基于功能指标的评价方法（功能指标评价法）和基于结构指标的评价方法（结构指标评价法）。

1. 功能指标评价法

功能指标评价法尚处于研究起步阶段，在国内尚未发现这方面研究，国外也处于探索式研究阶段。目前人们常用的传统河流健康评价方法只考虑了结构指标，如水质指标、河岸带状况、鱼类种类等。结构指标集中于非生物资源模式或生物群落构成模式。功能指标如河流生态系统代谢速率和有机物分解速率作为生态系统功能的直接度量，能为生态系统健康评价提供替代性的、互补性的观点，功能指标测量生态系统的服务或功能，所以比结构指标更能全面地评价河流的健康。因此，功能指标被越来越多的研究人员重视，更因其评价河流生态系统健康时完整、准确，而逐渐成为河流健康评价一个新的研究方向。Young 等（2004）关于新西兰河流的数据研究表明，落叶分解率和河流代谢率能够很好地区分受损河流和未受损河流，有潜力成为生态系统健康评价的优良指标。

2. 结构指标评价法

相对于功能指标评价法，结构指标评价法在国内外研究中常见。其评价方法大致可分为两类：一类是指示物种评价法，另一类是综合评价法（多指标评价法）。

1）指示物种评价法

该法依据河流中生物的数量、生物量、结构及其生理生态指标等来描述。一般利用选取的指示物种（类群）的结构和数量等要素变化与河流的退化程度之间的联系，表征河流系统的健康程度。

英国莱茵河拯救项目将大马哈鱼视为指示物种，法国水利部门把鱼类列为可在全国范围内使用的指标，生物完整性指数（IBI）通过测定鱼类种群的特征来评价鱼类的生境状况，进而评价河流健康状况。鱼类健康指数（HAI）能通过鱼类种群数量评价河流的健康状况。另外，水生态健康指数（AEHI）和多元计量评分（MCS）都可作为河流健康评估工具。

河流无脊椎动物也是常用的指示物种指标，河流无脊椎动物预测和分类系统（RIVPACS）、澳大利亚河流评价计划（AusRivAS）、南非计分系统（SASS）和营养完全指数（ITC）等采用了无脊椎动物指标来评价河流。

2）综合评价法

综合评价法（多指标评价法）综合物理、化学、生物，甚至社会经济指标来评价河流。国外常用的有瑞典的岸边与河道环境细则（RCE）、澳大利亚的河流状况系数（ISC）、欧盟水框架计划和南非的河流健康计划（RHP）等。RCE中包含了土地利用、河道以及生物等三类指标，ISC则包含了水文、物理构造、河岸带、水质及水生生物等5个方面的指标。

赵彦伟等（2005）建立了包括水质、水量、水生生物、物理结构与河岸带等5个要素的黄河健康表征指标体系。耿雷华等（2006）构建了服务功能、环境功能、防洪功能、利用功能、生态功能等5个方面25个指标的评价体系，用于评价澜沧江。郑江丽等（2007）针对长江建立了河流健康评价体系，从河流自然形态、防洪能力、水资源开发利用、生态环境状况等四个方面评价得出长江干流总体处于亚健康状态的基本结论。张楠等（2009）构建了涵盖水体物理化学、水生生物和河流物理栖息地质量要素的健康指标体系，对辽河流域进行了评价。惠秀娟等（2011）也在水文、水质、着生藻类、栖息地状况实地调查的基础上，构建了河流健康评价指标体系，评价了辽河生态系统健康。

10.2.2　河流健康评价指标体系

1. 评价指标体系构建

1）指标体系概述

在结合国内外研究成果和沣河流域调查基础上，采用递阶层次结构，即目标层、准则层和指标层构建了沣河河流健康评价体系，如表 10-3 所示。

表 10-3　基于多指标的沣河河流健康指标体系

目标层	准则层		指标层
沣河河流健康评价指数（RHI）	水文		水量
			流速
	水质		BOD$_5$
			COD
			氨氮
			总磷
	生物		生物群落多样性（H'）
			生物完整性指数（IBI）
			特定污染敏感指数（IPS）
			生物硅藻指数（IBD）
	栖息地	河岸	河岸稳定性
			植被带宽度
		河道	河床底质
			渠化程度
		河床	连续性
			蜿蜒度

目标层是对整个指标体系的概况，用以反映河流健康总体水平，用 RHI（河流健康评价指数）表示，RHI 是根据准则层和指标层逐层计算的结果。准则层从河流健康的不同层面进行评价，包括水文、水质、生物和栖息地四方面。指标层是准则层下的具体指标，采用定量定性结合方法，不能量化的指标采用定性描述反映。指标层包括水量、流速、BOD$_5$、COD、氨氮、总磷、生物群落多样性、生物完整性、特定污染敏感指数、生物硅藻指数、河岸稳定性、植被带宽度、河床底质、渠化程度、蜿蜒度和连续性等 17 个指标。

该评价标准适用于与河流流域客观环境相仿的河流，对于不同河流，根据具体情况，可挑选部分指标或添加指标。该指标体系适用于自然河流或人工改造不大的自然河流。

2）指标内涵解析

（1）水文

水文类常用指标有最小生态流量、月径流变化因子等。为了解河流流域水文状态，以水文站的水文数据求最小生态流量和月径流变化因子。最小生态流量采用 Tennant 方法求。以沣河为例，丰水期为 6 ~ 10 月、枯水期为 11 月 ~ 次年 2 月、平水期为 3 ~ 5 月。利用秦渡镇水文站 1973 ~ 2005 年水文资料，求得其多年平均月流量，见表 10-4。由表 10-4 可知，丰水期水量是枯水期水量的 5.79 倍，平水期水量与多年平均月径流量相近。

表 10-4　水文站多年平均月径流量　　　　　（单位：m^3/s）

站点	丰水期	枯水期	平水期	多年平均月径流量
秦渡镇	11.70	2.02	7.36	7.39

以表 10-4 为基础，根据 Tennant 法计算得秦渡镇的生态流量，枯水期最小生态流量为 0.20m^3/s，2010 年枯水期最小生态流量为 1.88 m^3/s（2 月 15 日），大于 0.2，满足最小生态需求（表 10-5）。

表 10-5　最小生态流量　　　　　（单位：m^3/s）

采样时间	丰水期	枯水期	平水期
最小生态流量	1.17	0.20	0.736

以 1973 ~ 2005 年水文数据求得月径流变化因子为 0.47，为亚健康。沣河流域仅在秦渡镇（沣河中下游）有一个水文站，故用常用的月均流量变化率、最小环境需水量满足率等指标无法正确表达沣河各断面的水量状况，故采用流速和流量指标来反映沣河的水文状况。

（2）水质

水质理化指标是评价河流健康时必要的指标，它能客观地反映一条河流当前的水质良好与否，以前常用水质理化指标直接判断一条河流的健康状况。分析 2001 ~ 2009 年沣河的水质数据发现，COD、BOD_5、氨氮、总磷、挥发酚、六价铬这几个指标超标现象比较研究，挥发酚、六价铬指标 2009 年基本达标，故采用 COD、BOD_5、氨氮、总磷来客观反映沣河水质。

（3）生物

河流生物是河流生态系统的主体，水文形态和栖息地状况反映人类活动影响导致的水生态环境的变化，同样化学和物理指标表征影响生态系统健康的外在压力，而生物指标则表征生态系统对外在压力的反应，它是根据河流的自然属性来评价生态系统健康状况。

生物多样性是指所有来源的活的生物体中的变异性，这些来源包括陆地、海洋和其他水生态系统及其所构成的生态综合体；生物多样性包括物种内、物种之间和生态系统的多样性。生物完整性是支持和维护一个与地区性自然生境相对等的生物集合群的物种组成、多样性和功能等的稳定能力，是生物适应外界环境的长期进化结果，即可定量描述人类干扰与生物特性之间的关系，且对干扰反应敏感的一组生物指数。

法国的硅藻生物监测技术属于世界领先水平，因此采用法国的硅藻监测技术及评价标准。法国硅藻分析主要使用 2 个指数：特定污染敏感指数（IPS）和生物硅藻指数（IBD），均是法国淡水水质监测的标准方法，用来评价水域的生物质量及其随时空的变化和污染事件对水环境的影响。

IPS 指数使用了样本中发现的所有分类物种信息，每个物种有对应的敏感级别（I）以及指示值（V）排序评分，公式见式（10-1），这与 Zelinka & Marvan 方程类似。

$$\text{IPS} = \frac{\sum_{j=1}^{n} A_j I_j V_j}{\sum_{j=1}^{n} A_j V_j} \qquad (10\text{-}1)$$

式中：A_j 为物种 j 的相对丰富度；I_j 为敏感度系数（1~5）；V_j 为指示值（1~3）。

IBD 指数以预先定义的生态状态，描述了 500 种硅藻在 7 种不同水质类别情况下出现的概率。这里的水质类别是在 1331 个样本和 17 个常使用的化学参数的基础上定义的。IBD 指数是每个调查中最具代表性物种的分布重心。

（4）栖息地

栖息地健康是河流中的鱼类、微生物以及藻类等生物健康生存的条件，为维持河流生态系统结构的稳定与平衡有着重大的意义。维持河流生物完整性也以良好的栖息地条件为基础。目前采用的栖息地指标很多，为了能更直观简便地表达，指标的选择借用了河流四维模型的概念。借鉴河流横向、垂向、纵向研究，提出栖息地主要从河岸、河床和河道等三方面进行评价。河岸状况反映河流栖息地的横向情况，河床反映垂向情况，河道反映纵向情况。引入河流四维模型概念后栖息地指标从横向、纵向、垂向能全面地反映河流栖息地的状况，弥补了其他指标体系中仅有河岸或河床方面的指标的缺点。

①河岸状况

河岸带处于水陆交界带，其异质性最强，是最复杂的生态系统之一。河岸带在维持生物多样性、促进物质能量交换、抵抗水流渗透侵蚀、营养物过滤和吸收等方面起重要作用。沣河研究以河岸稳定性、植被带宽度两个具体指标评价河岸状况。

河岸稳定性能表征河岸侵蚀和退化的程度，是河岸生态系统自然功能发挥的关键因子。河岸稳定性的最直观表征是河岸侵蚀现状，侵蚀后河岸会出现缺乏植被覆盖、树根暴露和土壤暴露等现象。人们肆意地渠化河道，导致河岸不易侵蚀，虽然使河岸稳定性增强，但同时也使河流丧失了它的自然属性。

植被带是因自然河流的两岸受河水的影响而形成的，具有一定宽度和群落结构。自然情况下形成的河岸植被群落一般由乔木层、灌木层和草本植物等不同层次组成，物种结构比较稳定，具有较好的生态环境效应。人类活动对河流要素的改变，影响了河流的水文条件，从而间接影响了河岸的植被带状况，因此可用植被带宽度来描述河岸状况。

②河床状况

河床状况从河床底质和渠化程度两个指标考虑。一是河床底质。鱼类的产卵习性可分为产卵于水层、水草、水底、贝内和石块上。例如，有些鱼类选择粗糙砂砾、岩石基底产卵，有些选择砂质基底产卵，有些选择基底植物上产卵。因此当河床底质发生变化时，一些鱼类将无法产卵或卵无法成活。二是渠化程度。人工渠化工程使河流断面形态规则化，改变了河流深潭浅滩交错的天然格局，使地貌形态多样化变单一化，引起了河流水文条件的改变，造成生物数量和物种结构的改变。渠化程度越大，意味着河流形态结构相对于自然状态的改变程度越大，河流受到的影响越大。

③河道状况

河道状况从蜿蜒度和连续性两方面考虑。蜿蜒度指的是河流中线两点间实际长度与其直线距离的比值。河流的蜿蜒度是河流的自然属性，它使河流形成主流、支流、河湾、沼泽、急流和浅滩等多样形态。河流蜿蜒度越小，表明对河流形态结构的自然性和多样性的破坏越大，河流生态受到的影响越大。因为复杂多变的地形造就复杂的流态，生物的气息环境越复杂其多样性越好。

连续性对河流干支流组成了完整的水系结构，保持河流的连续性对于维持河流的演变和水生生物的迁移、营养物质的输送、维持物种的遗传特性等都有重要的意义。水利工程建设会影响河流的纵向连通性，而且不同高度的大坝、水利工程不同的运行方式对河流连通性有不同的影响作用。连续性的改变会导致鱼类洄游通道的切断受阻。河流的阻断会使鱼类无法洄游到上游产卵，导致鱼类数量明显下降。长江中洄游性鱼类在万安水电站修建后，因无法洄游到其赣江上游的产卵场而影响了种群繁殖。

2. 评价标准研究

着眼于河流实际情况、指标内涵和评估目标，综合采用资料调研、类比分析、专家咨询、时空参照等方法，逐一研究各指标的评估标准和评估级别划分，确定河流健康评价指标标准。研究将目标层的河流健康等级分为健康、亚健康、中等、差和病态等 5 个等级。指标层的 17 个指标分为"4""3""2""1""0"等 5 个分类，分数越高表明其状态越好，具体分级描述依不同指标而异。

1）水文

以水文站的水文数据得出的生态需水量或月径流变化率，无法全面描述沣河各断面的水文情况，故而采用流速和流量的定性描述法，具体评价标准见表 10-6。

表 10-6　河流水文指标标准

评价指标	分值	分值分级描述
流速	4	具有一定流速，各断面流速不均
	3	流速均一，各断面流速无变化
	2	水体流动缓慢，或几乎不流动
	1	水体与主河道分离，形成牛轭形河流
	0	季节性河流，旱季时河道干涸
流量	4	水位达到两岸，仅有少量底质裸露
	3	水覆盖 75%，<25% 底质裸露 75%
	2	水覆盖 50%，<50% 底质裸露 50%
	1	水覆盖<25%，浅滩大部分裸露 25%
	0	水量很少，几乎全部裸露

2）水质

经分析河流水质，采用 COD、BOD_5、氨氮、总磷等 4 个指标反映河流的水质情况。水质标准按照国家地表水环境质量标准评价，评价标准见表 10-7。

表 10-7　水质指标标准　　　　　　（单位：mg/L）

分值	4	4	3	2	1	0
水质指标标准	I	II	III	IV	V	劣 V
COD_{Mn}	2	4	6	10	15	>15
COD_{Cr}	15	15	20	30	40	>40
BOD	3	3	4	6	10	>10
氨氮	0.15	0.5	1.0	1.5	2.0	>2.0
总磷	0.02	0.1	0.2	0.3	0.4	>0.4

3）生物

生物指标采用国内外常用的生物群落多样性指标（H'）、生物完整性指数（IBI）、特定污染敏感指数（IPS）、生物硅藻指数（IBD）等4个指标，其标准见表10-8。

表10-8　生物指标标准

项目	分值				
	4	3	2	1	0
H'	>3	2~3	1~2	0~1	0
IBI	>5.46	4.1~5.46	2.73~4.1	1.36~2.73	<1.36
IPS	≥17	13≤IPS<17	9≤IPS<13	5≤IPS<9	<5
IBD	≥17	13≤IBD<17	9≤IBD<13	5≤IBD<9	<5
污染程度	清洁	轻度污染	中度污染	重度污染	严重污染
健康程度	健康	亚健康	中等	差	病态

4）栖息地

栖息地分河岸、河床、河道三类，其指标依靠野外调查和测量。其中植被带宽度和蜿蜒度采用定量标准，河岸稳定性、河床底质、渠化程度、连续性指标采用定性标准，具体标准见表10-9~表10-11。

表10-9　河岸状况评价标准

评价指标	分值	分值分级描述	
河岸稳定性	4	河岸稳定，无明显侵蚀	
	3	河岸稳定，少量区域存在侵蚀（<25%）	
	2	河岸较不稳定，中度侵蚀（25%~50%）	
	1	河岸不稳定，侵蚀严重（50%~75%），洪水时存在风险	
	0	河岸极不稳定，绝大部分区域侵蚀（>75%）	
		河宽<15m	河宽>15m
植被带宽度*	4	>40m	>3倍河宽
	3	>30~40m	1.5~3倍河宽
	2	>10~30m	0.5~1.5倍河宽
	1	5~10m	0.25~0.5倍河宽
	0	<5m	<0.2倍河宽

*植被带宽度分别评价左右岸，最后得平均分。

表 10-10 河床状况评价标准

评价指标	分值	分值分级描述
河床底质	4	漂石（>256mm）为主
	3	鹅卵石（2~256mm）为主
	2	砂/沙（0.016~2mm）为主
	1	黏土、有机碎屑为主
	0	人造材料（如建筑材料、金属、塑料、玻璃等）为主
渠化程度	4	河流保持自然状态
	3	渠道化少量出现，或存在少量拓宽、挖深等现象
	2	渠道化现象出现，对水生生物影响较小
	1	渠道化广泛出现，对水生生物有一定影响或存在大规模挖沙、挖泥等现象
	0	由铁丝和水泥固定，对水生生物影响较大

表 10-11 河道状况评价标准

评价指标	分值	分值分级描述
蜿蜒度	4	3~4
	3	2~3
	2	1.4~2
	1	1.2~1.4
	0	1~1.2
连续性	4	鱼类迁移无阻碍；对流量没有调节作用
	3	有鱼道，且正常运行；闸坝对径流有调节，下泄流量满足生态流量
	2	无鱼道，闸坝对径流有调节，下泄流量不满足生态流量
	1	迁移通道完全阻隔，部分时间导致断流
	0	断流

10.2.3 综合评价方法

河流健康评价指数（RHI）根据式（10-2）得出。

$$RHI = \sum w_i B_i \qquad (10\text{-}2)$$

式中：w_i 为准则层第 i 个指标的权重；B_i 为第 i 个指标的准则层得分，$i=1,2,3,4$。

w_i 根据层次分析法分析得出，B_i 根据式（10-3）得出。

$$B_i = \sum \overline{\omega_j}\, c_j \qquad (10\text{-}3)$$

式中：ω_j 为 B_i 准则层下第 j 个指标的权重；c_j 为第 j 个指标的得分，$j = 1, 2, \cdots, n$。ω_j 根据层次分析法分析得出，c_j 根据标准评价得出。

　　河流健康评价具有一定的不确定性，评价过程中，指标的权重是否合理与综合评价的正确性和科学性有关。目前常用的权重确定方法有专家咨询法、统计平均值法、相邻指标比较法、灵活偏好矩阵法、层次分析法等。本书在总结参考文献中的权重关系的情况下，采用了层次分析法。层次分析法是把一个复杂问题中的多个影响因素通过划分相互之间的关系使其分解为若干个有序层次。每个层次中的因素具有大致相等的地位，并且每一层与上一层次和下一层次有着一定的联系，层次之间按隶属关系建立起一个有序的递阶层次结构模型。递阶层次结构模型一般包括目标层、准则层、指标层等几个基本层次。其基本原理是：将各要素以上一层次为准则，对该层次因素进行两两比较，依照规定的标度量化后写成矩阵形式，即构成判断矩阵。然后，由两两比较算出各因素的权重和各因素的评价标准。最后，通过在递阶层次结构内各层次的相对重要性权重数的组合，得到全部指标相对于目标的重要程度权重（表 10-12）。

表 10-12　权重计算结果

目标层	准则层	对目标层的权重	指标层	对准则层的权重	对目标层的权重
沣河河流健康（RHI）	水文	0.1291	水量	0.5000	0.0646
			流速	0.5000	0.0646
	水质	0.2600	BOD$_5$	0.2500	0.0650
			COD	0.2500	0.0650
			氨氮	0.2500	0.0650
			总磷	0.2500	0.0650
	生物	0.3509	生物群落多样性（H'）	0.2500	0.0877
			生物完整性（IBI）	0.2500	0.0877
			特定污染物敏感度指数（IPS）	0.2500	0.0877
			硅藻生物指数（IBD）	0.2500	0.0877
	栖息地 河岸	0.2600	河岸稳定性	0.5987	0.0519
			植被带宽度	0.4013	0.0348
	河道		河床底质	0.5987	0.0519
			渠化程度	0.4013	0.0348
	河床		连续性	0.5000	0.0433
			蜿蜒度	0.5000	0.0433

在确定权重的基础下，根据式（10-2）和式（10-3）计算得最后的河流健康评价指数 RHI，按表 10-13 进行评价，得评价结果。

河流健康评价指标体系准则层有四方面，把每一方面最佳状态视为"1"，那么沣河河流健康评价指数最佳状态为"4"，目标层评价有健康、亚健康、中等、差和病态 5 级，故得其评价标准。

表 10-13　河流健康评价标准

标准	健康	亚健康	中等	差	病态
分值	3.2 ~ 4	2.4 ~ 3.2	1.6 ~ 2.4	0.8 ~ 1.6	0 ~ 0.8

注：0.8 属于病态，1.6 属于差，2.4 属于中等，3.2 属于亚健康。

10.3　河流管理

10.3.1　河流管理理念

19 世纪 70 年代，"基于自然的解决方案"概念在文献中被提出。2008 年，世界银行发布报告《生物多样性、气候变化和适应性：来自世界银行投资的 NbS》，首次在官方文件中提出"基于自然的解决方案"（Nature-based Solutions，NbS）这一概念，要求人们更为系统地理解人与自然的关系。

2016 年，世界自然保护联盟（IUCN）发布"基于自然的解决方案"的框架，并定义"基于自然的解决方案"是指保护、可持续利用和修复自然的或被改变的生态系统的行动，从而有效地和适应性地应对当今社会面临的挑战，同时提供人类福祉和生物多样性（IUCN 第 WCC-2016-Res-069 号决议）。IUCN 将 NbS 定位于总领所有基于生态系统的方法的总框架，目标是解决重大社会挑战，产生人类福祉和生物多样性效益。框架下包含实施 NbS 的五大方向（图 10-1）。

①生态系统保护：以设立自然保护地的形式保护重要生态系统，例如建立国家公园体系。

②针对具体问题的生态系统方法：针对性增强生态系统，从而减缓气候变化、改善社区对气候变化的适应、降低自然灾害风险。

③基础设施建设类方法：采用绿色基础设施或自然基础设施建设等措施，保护、恢复和增强具备基础设施功能的生态系统和生态系统服务。

④基于生态系统的管理：综合规划和治理整个生态系统，不限于局部地区和生态学层面，综合经济学、社会学和政策研究。通常应用于学术研究和政策制定，例如综合水资源管理和综合海岸带管理。

⑤生态系统修复：根据生态学原理恢复生态系统的完整性和功能性，例如森林景观恢复；或以生态工程促进资源循环利用，例如建造人工湿地进行废水处理和循环。

图 10-1　"基于自然的解决方案"伞形模型

2020 年，IUCN 颁布了"基于自然的解决方案"的全球标准及使用指南，用于衡量生态修复工程是否属于"基于自然的解决方案"范畴。全球标准设定了 8 条准则（图 10-2）。

准则 1：NbS 应有效应对社会挑战

优先考虑权利持有者和受益者最迫切的社会挑战。NbS 干预措施必须应对明确的社会挑战，其对社会的影响应该是显著且可证实的。清楚地理解和记录所应对的社会挑战。对社会挑战形成清晰的理解，知晓其根本原因，并确保被记录，这对未来通过责任明确和战略优化提升人类福祉至关重要。识别、设立基准并定期评估 NbS 所产生的人类福祉。NbS 必须为人类福祉带来实质性的效益。应适当使用具体的、可测量的、可实现的、现实的、及时的（SMART）目标，因为它们对于明确责任及支持适应性管理至关重要。

准则 2：应根据尺度来设计 NbS

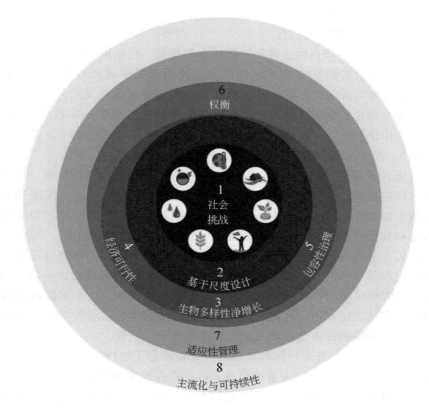

图 10-2　"基于自然的解决方案"全球标准 8 项准则

NbS 的设计应认识到经济、社会和生态系统之间的相互作用并做出响应。NbS 的成功不仅取决于技术干预的程度，理解和响应人、经济和生态系统之间的相互关系比技术干预更加重要。NbS 应与其他相关措施互补，并联合不同部门产生协同作用。NbS 寻求与其他类型的项目互补，这些措施包括工程项目、信息技术、金融措施等。NbS 的设计应纳入干预场地以外区域的风险识别和风险管理。

准则 3：NbS 应带来生物多样性净增长和生态系统完整性

NbS 行动必须对基于证据的评估做出直接响应，评估内容包括生态系统的现状、退化及丧失的主要驱动力。识别、设立基准并阶段性评估清晰的、可测量的生物多样性保护成效。为了向 NbS 的设计、监测和评估提供信息，应制定使关键生物多样性价值增加的目标。监测并阶段性评估 NbS 可能对自然造成的不利影响。生态系统由于其内部相互依存的组成部分与过程较为复杂，生态系统对特定措施或其他外部变化的响应总是存在一定程度的不确定性。识别加强生态系统整体性与连通性的机会并整合到 NbS 策略中。应用 NbS 将提供加强生物多样性保护和生态系统管理的机会。

准则 4：NbS 的经济可行性

确认和记录 NbS 项目的直接和间接成本及效益，包括谁承担成本，以及谁受益。采用成本有效性研究支持 NbS 的决策，包括相关法规和补贴可能带来的影响。NbS 设计时与备选的方案比照其有效性，并充分考虑相关的外部效应。NbS 的一个关键特性是它能够以经济可行并有效的方式应对至少一项社会挑战。NbS 设计应考虑市场、公共、自愿承诺等多种资金来源并保证资金使用合规。

准则 5：NbS 应基于包容、透明和赋权的治理过程

在实施 NbS 前，应与所有利益相关方商定和明确反馈与申诉机制。反馈和申诉机制可以包括正式的、合法的和非正式的、非法律的申诉制度。保证 NbS 的参与过程基于相互尊重和平等，不分性别、年龄和社会地位，并维护"原住民的自由，事前和知情同意权（FPIC）"。为了使治理安排有效发挥作用，所有受影响的利益相关方都需要及时获得准确的信息，他们的意见也需要被充分考虑。清楚记录决策过程并对所有参与及受影响的利益相关方权益的诉求做出响应。当 NbS 的范围超出管辖区域时，应建立利益相关方联合决策机制。生态系统没有政治和行政边界。在适当情况下，相关机构之间的跨区域合作协议将为 NbS 计划和实施提供支持，以帮助确保方法和预期成果的连贯性和一致性。

准则 6：NbS 应在首要目标和其他多种效益间公正地权衡

明确 NbS 干预措施不同方案的权衡，以及潜在成本和效益，并告知相关的保障措施和改进措施。在 NbS 的整个生命周期中，成本和效益都可能发生变化，需要随时进行协调 NbS 保障措施的关键功能是确保必要的权衡不会对社会最弱势的群体产生负面影响，或者同样地，确保他们可以从项目中受益。承认和尊重利益相关方在土地以及其他自然资源的权利与责任。需要尊重和维护利益相关方获得、使用和管理土地与自然资源的法律权利和习惯权利，特别是弱势和边缘群体的权利。定期检查已建立的保障措施，以确保各方遵守商定的权衡界限，并且不破坏整个 NbS 的稳定性。

准则 7：NbS 应基于证据进行适应性管理

制订 NbS 策略，并以此为基础开展定期监测和评估。NbS 策略最基本的方面应包括其背后的原因、对预期结果的精确表述，以及对如何通过所采取的行动来实现这些目标的清晰理解。制订监测与评估方案，并应用于 NbS 干预措施全生命周期。NbS 与其他干预措施或方法具有协同作用时，应将其纳入监测和评价（M&E）方案。如果观测到持续偏离 NbS 策略的关键要素，应触发适应性管理响应。建立迭代学习框架，使适应性管理在 NbS 干预措施全生命周期中不断改进。基于证据和事实的学习应该促进对 NbS 的管理。

准则 8：NbS 应具可持续性并在适当的辖区内主流化

分享和交流 NbS 在实施、规划中的经验教训，以此带来更多积极的改变。转型性变化包括将 NbS 向上扩展（政策或程序主流化）、向外扩展（在地域或部门层面上扩大）或进行复制。以 NbS 促进政策和法规的完善，有助于 NbS 的应用和主流化。NbS 的实施受一系列现有政策、法律和部门规章的制约，其中一些可能不一致或不能相辅相成。NbS 有助于实现全球及国家层面在增进人类福祉、应对气候变化、保护生物多样性和保障人权等方面的目标，包括《联合国原住民权利宣言（UNDRIP)》。NbS 可以对国家经济、社会和保护目标做出重大贡献，并有助于兑现国家对气候变化、人权、人类发展和生物多样性等国际进程的承诺。获得广泛和持久的政治承诺和社会支持，从而提高干预措施的长期可持续性。

10.3.2　河流适应性管理特征

河流生态修复适应性管理是一个在相互矛盾的形势下处理和解决各种河流生态修复问题的一整套方法，允许对何种理论、技术和措施的实施效果通过监测手段进行论证和检验，并基于新的认识和信息反馈，结合最近技术进展，对原来的修复方案进行修改、完善和提高。

河流生态修复是一个多学科交叉融合、技术经济和社会问题交织在一起的学科，适应性管理战略探究把自然系统和社会系统结合在一起并使双方收益的途径，其目的在于维持和修复生态系统的韧性，即关键生态系统结构和过程对自然和人类社会干扰的持续性和适应性。适应性管理具有以下特征：

①在一定程度上维持和修复生态系统的韧性。韧性的河流系统具有本土动物和植物多样性特征，其与河流水文、地貌等特征的多样性是紧密相关的。

②明确承认并需求利用不确定性。在生态系统管理中，大尺度下河流系统是复杂的，由于人类干扰引起的环境变化的速度、尺度和复杂性的增加，管理者不可能对每一个问题提出切实可行的解决办法，须在管理中增加适应性内容。

③促进多学科合作。河流生态修复除了生物物理概念外，具体的生态系统管理需考虑社会科学问题。在适应性管理中，水利工程师、水环境工程师、水文学家、生态学家、生物学家即社会学家应在各类问题上通力合作。

④应用模型支持决策和合作。适应性管理有利用模拟模型辅助决策的传统，在长期大量的资料收集之前，应用专家知识进行建模并帮助识别不确定性。

⑤相关利益者参与。在指定河流生态系统修复设想和目标时，应使不同利用相关者积极参与。河流生态修复应能代表广大民众的意愿，其对适应性管理的实施十分必要。

⑥生态系统监测，评估修复方案的影响。适应性管理在很大程度上有赖于生态系统状态的监测，以评价修复方案的影响和实施效果。

⑦信息反馈。监测项目应与适应性管理尝试和河流管理决策紧密联系在一

起，监测成果应及时反馈到适应性管理过程中，指导管理决策和修复策略的调整。

10.3.3　河流适应性管理方法

典型适应性管理方法示意图见图 10-3，其包含了一个理想的河流生态修复适应性管理的主要内容，各关键环节的相互联系及循环往复过程。主要步骤包括：①成立各利益相关参与者的适应性小组；②开展问题识别；③明确修复目的及目标；④建立一个概念性模型，对主要河流生态胁迫因子和不确定因素进行识别；⑤通过简单模拟，探讨战略措施，对不同修复措施可能带来的影响进行假设推断；⑥实施修复措施，建立示范工程、开展大规模修复工程，并进行专项研究；⑦对实施措施进行评价、评估及修改；⑧对问题重新评价，进一步修改目的和目标，重新定义模型及继续实施修复措施。

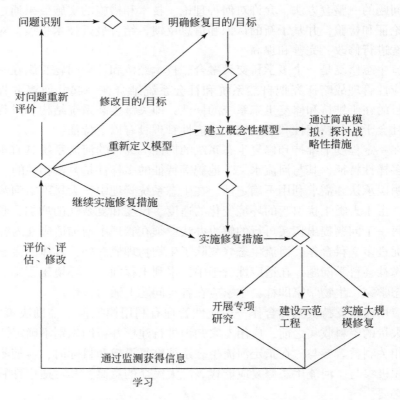

图 10-3　适应性管理方法示意图（Jessie Levine，2004）

参 考 文 献

董哲仁.2008. 河流生态系统结构功能模型研究［J］. 水生态学杂质, 1（1）: 1-7.

董哲仁.2013. 河流生态修复［M］. 北京: 中国水利水电出版社.

耿雷华, 刘恒, 钟华平.2006. 健康河流的评价指标和评价标准［J］. 水利学报, 37（3）: 253-258.

顾晓昀.2018. 北京市北运河水系城市河流生态系统健康评价［D］. 大连: 大连海洋大学.

郭娜.2017. 河流生态系统健康指标体系与评价方法研究——以辽河保护区为例［D］. 沈阳: 沈阳大学.

黄玉瑶, 滕德兴.1982. 应用大型无脊椎动物群落结构特征及其多样性指数监测蓟运河污染［J］. 动物学集刊, （2）: 133-146.

惠秀娟, 杨涛, 李法云, 等.2011. 辽宁省辽河水生态系统健康评价［J］. 应用生态学报, 22（1）: 181-188.

梁康, 王启烁, 王飞华, 等.2014. 人工湿地处理生活污水的研究进展［J］. 农业环境科学学报, 33（3）: 422-428.

刘昌明.2009. 谈谈"河流健康"［J］. 地理教育, 3: 1.

孙亚东, 董哲仁, 赵进勇.2007. 河流生态修复的适应性管理方法［J］. 水利水电技术, 38（2）: 57-59.

吴阿娜.2008. 河流健康评价: 理论、方法与实践［D］. 上海: 华东师范大学.

熊家晴, 杜晨, 郑于聪, 等.2014. 污染河水人工湿地生态净化工程设计［J］. 中国给水排水, 30（24）: 89-92.

修海峰, 朱仲元, 丁爱中, 等.2011. 潜流人工湿地生境因素分布及其除氮效应［J］. 人民黄河, 33（4）: 60-62, 65.

修海峰.2011. 水平潜流人工湿地氮循环微生物效应及生态模型研究［D］. 呼和浩特: 内蒙古农业大学.

徐志侠, 陈敏建, 董增川.2004. 河流生态需水计算方法评述［J］. 河海大学学报, 32（1）: 5-9.

杨文慧.2007. 河流健康的理论构架与诊断体系的研究［D］. 南京: 河海大学.

姚枝良.2008. 潜流人工湿地氮循环生态动力学模型研究［J］. 环境科学与管理, 33（4）: 34-38, 42.

尹德忠, 肖应凯.1997. 硝酸盐中氮和氧同位素比值的测定及其地质意义［J］. 盐湖研究, 7（1）: 61-66.

于洋.2012. 北运河水体中氨氮的氧化过程及微生物响应特征［D］. 北京: 首都师范大学.

苑韶峰, 吕军.2008. 曹娥江干流氮素与水环境因子时空变异特征［J］. 水土保持学报, 22（5）: 186-189.

张丹，刘耀平，徐慧，等．2003. OLAND 生物脱氮系统中硝化菌群 16S rDNA 的 DGGE 分析 [J]．生物技术，13（5）：1-3.

张楠，孟伟，张远，等．2009. 辽河流域河流生态系统健康的多指标评价方法 [J]．环境科学研究，22（2）：162-170.

张伟．2002. 硝化细菌的富集培养及氨单加氧酶基因片段的 PCR 扩增 [D]．杭州：浙江大学．

张文渊．2000. 水环境中的氮污染特征与影响因素 [J]．黑龙江环境通报，24（1）：27-28.

张莹．2007. 运用人工湿地生态净化工程治理东山湖水质的可行性研究 [J]．广东科技，（9）：110-111.

张于光，王慧敏，李迪强，等．2005. 三江源高寒草甸土固氮基因（nifH）的多样性和系统发育研究 [J]．微生物学报，45（2）：166-171.

赵进勇，董哲仁，孙东亚．2008. 河流生物栖息地评估研究进展 [J]．科技导报，26（17）：82-88.

赵彦伟，杨志峰，姚长青．2005. 黄河健康评价与修复基本框架 [J]．水土保持学报，19（5）：131-135.

赵彦伟，杨志峰．2005. 河流健康：概念、评价方法与方向 [J]．地理科学，25（1）：119-124.

郑丙辉，张远，李英博．2007. 辽河流域河流栖息地评价指标与评价方法研究 [J]．环境科学学报，27（6）：928-936.

郑江丽，邵东国，王龙，等．2007. 健康长江指标体系与综合评价研究 [J]．南水北调与水利科技，5（4）：61-63.

钟文辉，蔡祖聪，尹力初，等．2007. 用 PCR-DGGE 研究长期施用无机肥对种稻红壤微生物群落多样性的影响 [J]．生态学报，27（10）：4011-4018.

周九州．2010. 湘江与洞庭湖水体氮素时空变化特征及湘江水体中氮浓度预测方法研究 [D]．长沙：湖南农业大学．

周伟，陈勇．2010. 陕西省禽畜粪尿污染和农村生活污染估算研究 [J]．西部大开发–中旬刊，4：8-9.

周玉．2012. 内蒙古高原干涸湖泊湿地甲烷氧化菌群落的 T-RFLP 分析 [D]．呼和浩特：内蒙古大学．

朱亮．1998. 水体氮磷营养源控制对策研究 [J]．给水排水，23（1）：23-25.

朱梅，吴敬学，张希三．2010. 海河流域畜禽养殖污染负荷研究 [J]．农业环境科学学报，29（8）：1558-1565.

朱铭捷，胡洪营，何苗，等．2006. 河道滞留塘系统对污染河水中氮磷的去除特性 [J]．生态环境，15（1）：11-14.

Allan J D, Castillo M M. 2017. 河流生态学 [M]．黄玉玲，纪道斌，惠二青，等译．北京：中国水利水电出版社．

Allan J D. 1995. Stream Ecology Structure and Function of Running Waters [M]. New York: Chapman and Hall.

Amberger A, Schmidt H L. 1987. Natürliche isotopengehalte von nitrat als indikatoren für dessen herkunft [J]. Geochimica et Cosmochimica Acta, 51 (10): 2699-2705.

Anisfeld S C, Barnes R T, Altabet M A, et al. 2007. Isotopic apportionment of atmospheric and sewage nitrogen sources in two Connecticut rivers [J]. Environmental Science &Technology, 41: 6363-6369.

Baker M A, Vervier P. 2004. Hydrological variability, organic matter supply and denitrification in the Garonne river ecosystem [J]. Freshwater Biology, 49: 181-190.

Balestrini R, Arese C, Delconte C A, et al. 2011. Nitrogen removal in subsurface water by narrow buffer strips in the intensive farming landscape of the Po river watershed, Italy [J]. Ecological Engineering, 37: 148-157.

Barbour M T, Swietlik W F, Jackson S K, et al. 2000. Measuring the attainment of biological integrity in the USA: A critical element of ecological integrity [J]. Hydrobiologia, 422- 423 (4): 453-464.

Barnes R T, Raymond P A, Casciotti K L. 2008. Dual isotope analyses indicate efficient processing of atmospheric nitrate by forested watersheds in the northeastern US [J]. Biogeochemistry, 90: 15-27.

Bernot M J, Dodds W K. 2005. Nitrogen retention, removal, and saturation in lotic ecosystems [J]. Eco-Systems, 8: 442-453.

Beven K, Binley A. 1992. Future of distributed models: Model calibration and uncertainty prediction [J]. Hydrological Processes, 6 (3): 279-298.

Bisson P, Buffington J, Montgomery D. 2007. Methods in Stream Ecology [M]. Oxford, UK: Academic Press.

Bott T L, Brock J T, Cushing C E, et al. 1978. A comparison of methods for measuring primary productivity and community respiration in streams [J]. Hydrobiologia, (60): 3-12.

Bovee K D. 1982. A guide to stream habitat analysis using the instream flow incremental methodology [S]. U. S. Fish and Wildlife Service FWS/OBS-82/26.

Bremmer J M, Edwards A P. 1965. Determination and isotope- ratio analysis of different forlns of nitrogen in soils: I. Apparatus and procedure for distillation and determination of ammonium [J]. Soil Science Society of America Journal, 29: 504-507.

Brinson M M. 1993. A hydrogeomorphic classification for wetlands [R]. Technical Report WRP- DE-4, U. S. Army Corps of Engineers Engineer Waterways Experiment Station, Vicksburg, MS.

Brizga S, Finlays B. 2000. River Management the Australian Ex- perience Chischeste [M]. New York: John Wiley&Sons, 265-284.

Brooks H A, Gersberg R M, Dhar A K. 2005. Detection and quantification of hepatitis A virus in seawater via real-time RT-PCR [J]. Journal of Virological Methods, 127 (2): 109-118.

Brooks S S, Palmer M A, Cardinale B J, et al. 2002. Assessing stream ecosystem rehabilitation: Limitations of community structure data [J]. Restoration Ecology, (10): 156-168.

Buda A R, De Walle D R. 2009. Dynamics of stream nitrate sources and flow pathways during stormflows on urban, forest and agricultural watersheds in central Pennsylvania, USA [J]. Hydro-

Logical Processes, 23: 3292-3305.

Caaciotti K L, Sigman D M, Galanter H M, et al. 2002. Measurement of the oxygen isotopic composition of nitrate in seawater and freshwater using the denitrifier method [J]. Analytical Chemistry, 74 (19): 4905-4912.

Carpenter D D. 2003. Urban stream restoration [J]. Journal of Hydraulic Engineering, 7 (129): 491-493.

Cebron A, Berths T, Gamier J. 2003. Nitrification and nitrifying bacteria in the lower Seine river and Estuary (France) [J]. Applied and Environmental Microbiology, 69 (12): 7091-7100.

Chen F J, Ji G D, Chen J Y. 2009. Nitrate sources and watershed denitrification inferred from nitrate dual isotopes in the Beijiang river, south China [J]. Biogeochemistry, 94: 163-174.

Chen Z X, Liu G, Liu W G, et al. 2012. Identification of nitrate sources in Taihu Lake and its major inflow rivers in China, using $\delta^{15}N\text{-}NO_3^-$ and $\delta^{18}O\text{-}NO_3^-$ values [J]. Water Science and Technology, 66 (3): 536-542.

Church M J. 2005. Temporal patterns of nitrogenase gene (nifH) expression in the oligotrophic North Pacific Ocean [J]. Applied and Environmental Microbiology, 71 (9): 5362-5370.

Chutter F M. 1972. An empirical biotic index of the quality of the water on South African streams and rivers [J]. Water Research, 6: 19-30.

Chutter F M. 1998. Research on the rapid biological assessment of water quality impacts in streams and rivers [R]. Pretoria: Water Research Commission.

Cooke J G, White R E. 1987. The effect of nitrate in stream water on the relationship between denitrification and nitrification in a stream-sediment microcosm [J]. Freshwater Biology, 18: 213-226.

Darracq A, Destouni G. 2005. In-stream nitrogen attenuation: Model-aggregation effects and implications for coastal nitrogen impacts [J]. Environmental Science Technology, 39: 3716-3722.

Deutsch B, Voss M, Fischer H. 2009. Nitrogen transformation processes in the Elbe river: Distinguishing between assimilation and denitrification by means of stable isotope ratios in nitrate [J]. Aquatic Science, 71: 228-237.

Dolédec S, Statzner B. 2010. Responses of freshwater biota to human disturbances: Contribution of J-NABS to developments in ecological integrity assessments [J]. Journal of the North American Benthological Society, 29 (1): 286-311.

Donner S D, Kucharik C J, Foley J A. 2004. Impact of changing land use practices on nitrate export by the Mississippi river [J]. Global Biogeochem. Cycles, 18: 002093.

Dorioz J M, Cassel E A, Orand A, et al. 1998. Phosphorus storage, transport and export dynamics in the Foron river watershed [J]. Hydrological Processes, 12: 285-309.

Dunbar J, Ticknor L O, Kuske C R. 2001. Phylogenetic specificity and reproducibility and new method for analysis of terminal restriction fragment profiles of 16S rRNA genes from bacterial communities [J]. Applied and Environmental Microbiology, 67 (1): 190-197.

Durka W, Schulze E D, Gebauer G, et al. 1994. Effects of forest decline on uptake and leaching of deposited nitrate determined from ^{15}N and ^{18}O measurements [J]. Nature, 372: 765-767.

D'Angelo D J, Webster J R. 1991. Phosphorus retention in streams draining pine and hardwood catchments in the Southern Appalachian Mountains [J]. Freshwater Biology, 26: 35-45.

Elwood J W, Newbold J D, Trimble A F, et al. 1981. The limiting role of phosphorus in a woodland stream ecosystem: Effects of P enrichment on leaf decomposition and primary producers [J]. Ecology, 62: 146-158.

Enoksson V. 1993. Nutrient recycling by coastal sediments effects of added algal material [J]. Marine Ecology, 92 (3): 245-254.

Ensign S H, Doyle M W. 2006. Nutrient spiraling in streams and river networks [J]. Geophysical Research, 111: G04009.

Eugene A S, Oh I H. 2004. Aquatic ecosystem assessment using energy [J]. Ecological Indicators, 4 (3): 189-198.

Falk S, Hannig M, Gliesche C, et al. 2007. NirS- containing denitrifier communities in the water column and sediment of the Baltic Sea [J]. Biogeosciences, 4 (3): 255-268.

Fisher S G, Sponseller R A, Heffernan J B. 2004. Horizons in stream biogeochemistry: Flow paths to progress [J]. Ecology, 85: 2369-2379.

FISRWG. 2001. Stream corridor restoration: Principles, processes, and practices [R]. Washington DC: USDA- Natural Resources Conservation Service.

Frissel C A, Liss W J. A hierarchical framework for stream habitat classification: Viewing stream in a watershed context [J]. Environmental Management, 1986, 10: 199-214.

Gessner M O, Chauvet E. 2002. A case for using litter breakdown to assess functional stream integrity [J]. Ecological Applications, (12): 498-510.

Goede R W, Barton B A. 1990. Organisimic indices and an qutopsy- based assessment as indicators of health and condition of fish [J]. American Fisheries Society Symposium, (8): 93-108.

Grace M R, Imberger S J. 2006. Stream metabolism: Performing & interpreting measurements [D]. Melbourne: Monash University.

Griffith M B, Hill B H, Mccormick F H, et al. 2005. Comparative application of indices of biotic integrity based on periphyton, macroinvertebrates, and fish to southern Rocky Mountain streams [J]. Ecological Indicators, 5 (2): 117-136.

Grimm N B. 1987. Nitrogen dynamics during succession in a desert stream [J]. Ecology, 68: 1157-1170.

Gunderson L H, Holling C S, Light S S. 1995. Barriers and bridges to the renewal of ecosystems and institutions [M]. New York: Columbia University Press.

Hales H C, Ross D S, Lini A. 2007. Isotopic signature of nitrate in two contrasting watersheds of Brush Brook, Vermont, USA [J]. Biogeochemistry, 84: 51-66.

Harmelin- Vivien M, Loizeau V, Mellon C, et al. 2008. Comparison of C and N stable isotope ratios between surface particulate organic matter and microphytoplankton in the Gulf of Lions (NW Mediterranean) [J]. Continental Shelf Research, 28 (15): 1911-1919.

Head I M, Hiorns W D, Embley T M, et al. 1993. The phylogeny of autotrophic ammonia- oxidizing bacteria as determined analysis of 16S ribosomal RNA gene sequences [J]. Journal of General Microbiology, 139: 1147-1153.

Helton A M, Poole G C, Meyer J L, et al. 2011. Thinking outside the channel: Modeling nitrogen cycling in networked river ecosystems [J]. Frontiers in Ecology and the Environment, 9: 229-238.

Hering D, Moog O, Sandin L, et al. Overview and application of the AQEM assessment system [J]. Hydrobiologia, 2004, 516: 1-20.

Hill B H, Bolgrien D W. 2011. Nitrogen removal by streams and rivers of the upper Mississippi river basin. [J]. Biogeochemistry, 102: 183-194.

Hilsenhoff W L. 1988. Rapid field assessment of organic pollution with a family-level biotic index [J]. Journal of the North American Benthological Society, 7: 65-68.

Hilsenhoff W L. 1977. Use of arthropods to evaluate water quality of streams [C] // Hilsenhoff W L, Hime R L. Technical Bulleting No. 100, Madison, Wisconsin: Department of Natural Resources.

Hilsenhoff W L. 1982. Using a biotic index to evaluate water quality in streams [C] // Hilsenhoff W L, Hime R L. Technical Bulleting No. 132, Madison, Wisconsin: Department of Natural Resources.

Izagirre O, Agirre U, Bermejo M, et al. 2008. Environmental controls of whole- stream metabolism identified from continuous monitoring of Basque streams [J]. Journal of the North American Benthological Society, 27 (2): 252-268.

James C, Fisher J, Russell V, et al. 2005. Nitrate availability and hydrophyte species richness in shallow lakes [J]. Freshwater Biology, 50 (6): 1049-1063.

James R K. 1999. Defining and measuring river health [J]. Freshwater Biology, (41): 221-234.

Jansen A, Robertson A, Leigh T, et al. 2005. Rapid appraisal of riparian condition [M]. 2005: 16p.

Jansen A, Robertson A, Thompson L, et al. 2005. Rapid Appraisal of Riparian Condition (Version 2) [M]. Land & Water Australia: 16.

Jayakumar D A, Chris A F, Wajih S A, et al. 2004. Diversity of nitrite reductase genes (*nirS*) in the denitrifying water column of the coastal Arabian Sea [J]. Aquatic Microbial Ecology, 34: 69-78.

Jessie L. 2004. Adaptive management in riverrestoration: Theory *vs*. practice in western North America [R].

Jing Y, Peter R, Karim C, et al. 2007. Hydrological modelling of the Chaohe basin in China: Statistical model formulation and Bayesian inference [J]. Journal of Hydrology, 340: 167-182.

Jing Y, Peter R, Karim C, et al. 2008. Comparing uncertainty analysis techniques for a SWAT application to the Chaohe basin in China [J]. Journal of Hydrology, 358: 1-23.

Joanna Z W, Paulina N K. 2015. The cascade construction of artificial ponds as a tool for urban stream restoration: The use of benthic diatoms to assess the effects of restoration practices [J]. Science of the Total Environment, 538: 591-599.

Karim C A. 2008. SWAT Calibration and Uncertainty Programs Version 2 User's Manual [R].

Karl D M, Letelier R, Tupas L, et al. 1997. The role of nitrogen fixation in biogeochemical cycling in the subtropical North Pacific Ocean [J]. Nature, 388: 533-538.

Karr J P. 1981. Assessment of biotic integrity using fish communities [J]. Fisheries, 6 (6): 21-27.

Karr J R, Chu E W. 2000. Sustaining living rivers [J]. Hydrobiologia, 422/423: 1-14.

Karr J R. 1995. Ecological integrity and ecological health are not the same [M] //National Academy of Engineering. Engineering within Ecological Constraints. Washington D C: National Academy Press.

Karr J R. 1999. Defining and measuring river health [J]. Freshwater Biology, 41: 221-234.

Kaushal S S, Groffman P M, Band L E, et al. 2011. Tracking nonpoint source nitrogen pollution in human-impacted watersheds [J]. Envionmental Science &Technology, 45 (19): 8225-8232.

Kellman L, Hillaire-Marcel C. 1998. Nitrate cycling in streams: using natural abundances of NO_3^--$\delta^{15}N$ to measure in-situ denitrification [J]. Biogeochemistry, 43: 2273-2292.

Kemp W M, Sampou P, Caffrey J, et al. 1990. Ammonium recycling versus denitrification in Chesapeake bay sediments [J]. Limnology and Oceanography, 35 (7): 1545-1563.

Kendall C. Tracing Nitrogen Sources and Cycling in Catchments [M] //Kendall C, McDonnell J J. Isotope Tracers in Catchment Hydrology. Amsterdam: Elsevier, 1998: 521-576.

Kerans B L, Karr J R. 1994. A benthic index of biotic integrity (B-IBI) for rivers of the Tennessee valley [J]. Ecological Applications, 4 (4): 768-785.

Kevin J C. 2009. Linking multimetric and multivariate approaches to assess the ecological condition of streams [J]. Environmental Monitoring and Assessment, 157 (1-4): 113-124.

Kowalchuk G A, Bodelier P, Heilig G, et al. 1998. Community analysis of ammonia-oxidising bacteria, in relation to oxygen availability in soils and root-oxygenated sediments, using PCR, DGGE and oligonucleotide probe hybridization [J]. FEMS Microbiology Ecology, 27 (4): 339-350.

Kreitler C W, Browning L A. 1983. Nitrogen-isotope analysis of groundwater nitrate in carbonate aquifers: Natural sources versus human pollution [J]. Journal of Hydrology, 61: 285-301.

Kuczera G, Parent E. 1998. Monte Carlo assessment of parameter uncertainty in conceptual catchment models: The Metropolis algorithm [J]. Journal of Hydrology, 211 (1-4): 69-85.

Lexander R B, Boyer E W, Smith R A, et al. 2007. The role of headwater streams in downstream water quality [J]. Journal American Water Research Association, 43: 41-59.

Liu C Q, Li S L, Lang Y C, et al. 2006. Using $\delta^{15}N$- and $\delta^{18}O$-values to identify nitrate sources in karst ground water, Guiyang, southwest China [J]. Environmental Science & Technology, 40: 6928-6933.

Liu W T, Marsh T L, Cheng H, et al. 1997. Characterization of microbial diversity by determining terminal restriction fragment length polymorphisms of genes encoding 16S rRNA [J]. Applied Environmental Microbiology, 63 (11): 4516-4522.

Liu X D, Sonia M T, Gina H, et al. 2003. Molecular diversity of denitrifying genes in continental margin sediments within the oxygen-deficient zone off the pacific coast of Mexico [J]. Applied and Environmental Microbiology, 69 (6): 3549-3560.

Liu Y J, Hu B, Zhu J B, et al. 2005. *nifH* Promoter activity is regulated by DNA supercoiling in *Sinorhizobium meliloti* [J]. Acta Biochim BiophysSin (Shanghai), 37 (4): 221-226.

Lydmark P, Almstrand R, Samuelsson K, et al. 2007. Effect of environmental conditions on the nitrifying population dynamics in a pilot wastewater treatment plant [J]. Environmental Microbiology, 9 (9): 2220-2233.

Maribeb C G, Gesche B, Laura F, et al. 2005. Communities of *nirS*-type denitrifiers in the water column of the oxygen minimum zone in the eastern South Pacific [J]. Environmental Microbiology, 7 (9): 1298-1306.

Marla M R, Kim L H. 2014. Fractionation of heavy metals in runoff and discharge of a stormwater management system and its implications for treatment [J]. Environment Science, 26 (6): 1214-1222.

Matthews R A, Buikema A L, Cairns J, et al. 1982. Biological monitoring: Part Ⅱ A: Receiving system functional methods, relationships and indices [J]. Water Research, 16: 129-139.

Mcmillan H. 2020. Linking hydrologic signatures to hydrologic processes: A review [J]. Hydrological Processes, 34 (6): 1393-1309.

McTavish H, Fuchs J A, Hooper A B. 1993. Sequence of the gene coding for ammonia monooxygenase in Nitrosomonas europaea [J]. Journal of Bacteriology, 175 (8): 2436-2444.

Meybeck M. 1982. Carbon, nitrogen and phosphorus transport by world rivers [J]. American Journal of Science, 282: 40-450.

Meyer J L, McDowell W H, Bott T L. 1988. Elemental dynamics in streams [J]. Journal of the North American Benthological Society, 7: 410-432.

Middelburg J J, Nieuwenhuize J. 2001. Nitrogen isotope tracing of dissolved inorganic nitrogen behaviour in tidal estuaries [J]. Estuarine, Coastal and Shelf Science, 53 (3): 385-391.

Milner N J, Wyatt R J, Broad K. 1998. Habscore: Applications and future developments of related habitat models [J]. Auatic Conservation: Marine and Freshwater Ecosystem, (8): 633-644.

Mulholland P J, Helton A J, Poole G C, et al. 2008. Stream denitrification across biomes and its response to anthropogenic nitrate loading [J]. Nature, 452: 202-206.

Mulholland P J, Hous J N, Maloney K O. 2005. Stream diurnal dissolved oxygen profiles as indicators of instream metabolism and disturbance effects: Fort Benning as a case study [J]. Ecological Indicators, (5): 243-252.

Muyzer G, Smalla K. 1998. Application of denaturing gradient gel electrophoresis (DGGE) and temperature gradient gel electrophoresis (TGGE) in microbial ecology [J]. Antonie van Leeuwenhoek, 73: 127-141.

Nestler A, Berglund M, Accoe F, et al. 2011. Isotopes for improved management of nitrate pollution in aqueous resources: Review of surface water field studies [J]. Environmental Science and Pollution Research, 18: 519-533.

Niyogi D K, Lewis W M, Mcknight D M. 2002. Effects of stress from mine drainage on diversity, biomass, and function of primary producers in mountain streams [J]. Ecosystems, (5):

554-567.

Olden J D, Poff N L. 2003. Redundancy and the choice of hydrologic indices for characterizing streamflow regimes [J]. River Research and Applications, 19: 101-121.

Orme-Johnson W H. 1992. Nitrogenase structure: where to now? [J]. Science, 257: 1639-1640.

Otawa K, Asano R, Ohba Y, et al. 2006. Molecular analysis of ammonia- oxidizing bacteria community in intermittent aeration sequencing batch reactors used for animal wastewater treatment [J]. Environmental Microbiology, 8 (11): 1985-1996.

Ovreas L, Forney L, Daae F L, et al. 1997. Distribution of bacterioplankton in meromictic Lake Sael-envannet, as determined by denaturing gradient gel electrophoresis of PCR-amplified gene fragments coding for 16S rRNA [J]. Applied and Environmental Microbiology, 63 (9): 3367-3373.

Palmer M A, Filoso S, Fanelli R M. 2014. From ecosystems to ecosystem services: Stream restoration as ecological engineering [J]. Ecological Engineering, 65 (4): 62-70.

Panno S V, Kelly W R, Hackley K C, et al. 2008. Sources and fate of nitrate in the Illinois river basin, Illinois [J]. Journal of Hydrology, 359 (1/2): 174-188.

Pardo L H, Kendall C, Jennifer P R, et al. 2004. Evaluating the source of stream water nitrate using δ^{15}N and δ^{18}O in nitrate in two watersheds in New Hampshire, USA [J]. Hydrological Process, 18: 2699-2712.

Pauw N D, Vanhooren G. 1983. Method for biological quality assessment of watercourses in Begium [J]. Hydrobiologia, 100: 153-168.

Petersen R C. 1992. The RCE: A riparian, channel, and environmental inventory for small streams in the agricultural landscape [J]. Freshwater Biology, 27 (2): 295-306.

Peterson B J, Wollheim WM, Mulhollan D P J, et al. 2001. Control of nitrogen export from watershed by headwater streams [J]. Science, 292 (5514): 86-90.

Piatek K B, Christopher S F, Mitchell M J. 2009. Spatial and temporal dynamics of stream chemistry in a forested watershed [J]. Hydrology and Earth System Sciences, 13: 423-439.

Poff N L, Allan J D, Bain M B, et al. 1997. The natural flow regime: A paradigm for river conservation and restoration [J]. Bioscience, 47 (11): 769-784.

Poff N L. 2017. Beyond the natural flow regime? Broadening the hydro-ecological foundation to meet environmental flows challenges in a non-stationary world [J]. Freshwater Biology, 63: 1011-1021.

Reed S C, Townsend A R, Cleveland C C, et al. 2010. Microbial community shifts influence patterns in tropical forest nitrogen fixation [J]. Oecologia, 164: 521-531.

Richter B D, Baumgartner J V, Powell J, et al. 1996. A method for assessing hydrologic alteration within ecosystems [J]. Conservation Biology, 10 (4): 1163-1174.

Robinson J B, Whiteley H R, Stammers W, et al. 1979. The Fate of Nitrate in Small Streams and Its Management Implications [M] //Lohr R C, Haith D A, Walter M F, et al. Best Management Practices for Agriculture and Silviculture. Ann Arbor: Ann Arbor Science Publishers: 247-259.

Rotthauwe J H, Deboer W, Liesack W. 1995. Comparative analysis of gene sequences encoding ammonia monooxygenase of Nitrosospira sp. AHB1 and Nitrosolobus multiformis C-71 [J]. FEMS

Microbiology Letters, 133: 131-135.

Saxton K E, Rawls W J. 2005. Soil water characteristic estimates by texture and organic matter for hydrologic solutions [EB/OL].

Schofield N J, Davies P E. 1996. Measuring the health of our rivers [J]. Water, (5/6): 39-43.

Sebilo M, Billen G, Mayer B, et al. 2006. Assessing nitrification and denitrification in the Seine river and estuary using chemical and isotopic techniques [J]. Ecosystems, 9: 564-577.

Seitzinger S. 2008. Out of reach [J]. Nature, 452: 162-163.

Selvaraju S B, Kapoor R, Yadav J S. 2008. Peptide nucleic acid- fluorescence *in situ* hybridization (PNA-FISH) assay for specific detection of *Mycobacterium immunogenum* and DNA-FISH assay for analysis of pseudomonads in metalworking fluids and sputum [J]. Molecular and Cellular Probes, 22 (5/6): 273-280.

Sigman D M, Casciotti K L, Andreani M, et al. 2001. A bacterial method for the nitrogen isotopic analysis of nitrate in seawater and freshwater [J]. Analytical Chemistry, 73 (17): 4145-4153.

Silva S R, Kendall C, Wilkison D H, et al. 2000. A new method for collection of nitrate from fresh water and the analysis of nitrogen and oxygen isotope ratios [J]. Journal of Hydrology, 228: 22-36.

Simon N S. 1988. Nitrogen cycling between sediment and the shallow- water column in the transition zone of the Potomac river and Estuary. I. Nitrate and ammonium fluxes [J]. Estuarine, Coastal and Shelf Science, 26 (5): 483-497.

Simon N S. 1989. Nitrogen cycling between sediment and the shallow- water column in the transition zone of the Potomac river and Estuary. II. The role of wind- driven resuspension and adsorbed ammonium [J]. Estuarine, Coastal and Shelf Science, 28 (5): 531-547.

Simpson J, Norri R, Barmuta L, et al. 1999. AusRivAS—National river Health Program [R].

Smith B E. 2002. Nitrogenase reveals its inner secrets [J]. Science, 297: 1654-1655.

Smith M J, Kay W R, Edward D H D, et al. 1999. AusRivAS: Using macroinverteberates to assess ecological condition of rivers in Western Australia [J]. Freshwater Biology, 41 (2): 269-282.

Spence R, Hickley P. 2000. The use of PHABSIM in the management of water resources and fisheries in England and Wales [J]. Ecological Engineering, 16 (1): 153-158.

Stewart R J, Wollheim W M, Gooseff M N, et al. 2011. Separation of river network- scale nitrogen removal among the main channel and two transient storage compartments [J]. Water Resources Research: 10. 1029/2010WR009896.

Sugimoto R, Kasai A, Fujita K, et al. 2011. Assessment of nitrogen loading from the Kiso- Sansen rivers into Ise bay using stable isotopes [J]. Journal of Oceanography, 67 (2): 231-240.

Tank J L, Rosi-Marshall E J, Baker M A, et al. 2008. Are rivers just big streams? A pulse method to quantify nitrogen demand in larger rivers [J]. Ecology, 89: 2935-2945.

Thomas D, Andreas L, Michael H. 2004. Conceptual models and adaptive management in ecological restoration: the CALFED Bay-Delta Environmental Restoration Program [J]. CALFED Bay-Delta Program, Sacramento, CA.

Thomson J R, Taylor M P, Fryirs K, et al. 2001. A geomorphological framework for river characterization and habitat assessment [J]. Aquatic Conservation Marine & Freshwater Ecosystems, 11 (5): 373-389.

Tony P. 1999. Multiple attribute decision analysis for ecosystem management [J]. Ecological Economics, 30 (2): 207-222.

Townsend-Small A, McCarthy M J, Brandes J A, et al. 2007. Stable isotopic composition of nitrate in Lake Taihu, China, and major inflow rivers [J]. Hydrobiologia, 581: 135-140.

Vannote R L, Min shall G W, Cummins K W, et al. 1980. The river continuum concept [J]. Canadian Journal of Fisheries and Aquatic Science, 37: 130-137.

Viola F, Noto L V, Cannarozzo M, et al. 2009. Daily streamflow prediction with uncertainty in ephemeral catchments using the GLUE methodology [J]. Physics and Chemistry of the Earth, 34: 701-706.

Voss M, Deutsch B, Elmgren R, et al. 2006. Sources identification of nitrate by means of isotopic tracers in the Baltic Sea catchments [J]. Biogeosciences, 3: 663-676.

Ward J V. 1989. The four-dimensional nature of lotic ecosystems [J]. Journal of the North American Benthological Society, 8: 2-8.

Wassenaar L I. 1995. Evaluation of the origin and fate of nitrate in the Abbotsford aquifer using the isotopes of ^{15}N and ^{18}O in NO_3^- [J]. Applied Geochemistry, 10 (4): 391-405.

Wiley M J, Osbourne L L, Larimore R W. 1990. Longitudinal structure of an agricultural prairie river system and its relationship to current stream ecosystem theory [J]. Canadian Journal of Fisheries and Aquatic Sciences, 47, 373-384.

Wilhm J L, Dorris T C. 1968. Biological parameters for water quality criteria [J]. Bioscience, 18: 477-481.

Woese C R, Stackebrandt E, Weisburg W G, et al. 1984. The phylogeny of purple bacteria: The alpha subdivision [J]. Systematic and Applied Microbiology, 5 (3): 316-326.

Wollheim W M, Vörösmarty C J, Peterson B J, et al. 2006. Relationship between river size and nutrient removal [J]. Geophysical Research Letters, 22 (6): GL025845.

Wollheim W M, Vörösmarty C J, Bouwman A F, et al. 2005. A Spatially Distributed Framework for Aquatic Modeling of the Earth System (FrAMES) [D]. Hampshire: University of New Hampshire Durham.

Wollheim W M, Vörösmarty C J, Bouwman A F, et al. 2008. Global N removal by freshwater aquatic systems using a spatially distributed, within-basin approach [J]. Global Biogeochemical Cycles, 22: GB002963.

Wood P J, Hannah D M, Sadler J P. 2009. 水文生态学与生态水文学：过去、现在和未来 [M]. 王浩，严登华，秦大庸，等译. 北京：中国水利水电出版社.

Wright J F, Sutclfffe D W, Furse M T. 2000. Assessing the Biological Quality of Fresh Waters: RIVPACS and other Techniques [M]. Ambleside: The Freshwater Biological Association.

Xiang B, Masataka W, Wang Q X, et al. 2006. Nitrogen budgets of agricultural fields of the Chang jiang river basin from 1980 to 1990 [J]. Science of the Total Environment, 363: 136-148.

Xing G X, Zhu Z L. 2002. Regional nitrogen budgets for China and its major watersheds [J]. Biogeochemistry, 57-58: 405-427.

Xiong L H, Kieran M O. 2008. An empirical method to improve the prediction limits of the GLUE methodology in rainfall-runoff modeling [J]. Journal of Hydrology, 349: 115-124.

Xue D M, Baets B D, Cleemput O V, et al. 2012. Use of Bayesian isotope mixing model to estimate proportional contributions of multiple nitrate sources in surface water [J]. Environmental Pollution, 161: 43-49.

Xue D M, Botte J, Baets B D, et al. 2009. Present limitations and future prospects of stable isotope methods for nitrate source identification in surface- and groundwater [J]. Water Research, (43): 1159-1170.

Yeom D H, Adams S M. 2007. Assessing effects of stress across levels of biological organization using an aquatic ecosystem health index [J]. Ecotoxicology and Environment Safety, 67 (2): 286-295.

Young R, Townsend C, Matthaei C. 2004. Functional indicators of river ecosystem health: An interim guide for use in New Zealand. Final report prepared for the New Zealand Ministry for the Environment-Sustainable Management Fund Contract 2208 [R].

Zhang X S, Raghavan S, David B. 2009. Calibration and uncertainty analysis of the SWAT model using Genetic Algorithms and Bayesian Model Averaging [J]. Journal of Hydrology, 374: 307-317.